SOLIDWORKS®全球培訓教材系列

SOLIDWORKS CAM標準培訓教材 繁體中文版

Dassault Systèmes SOLIDWORKS® 公司 著
陳超祥、胡其登 主編

博碩文化

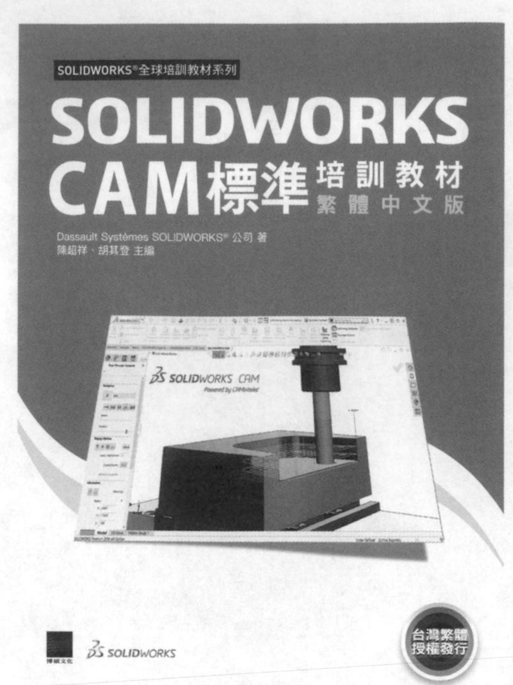

作　　者：Dassault Systèmes SolidWorks Corp.
主　　編：陳超祥、胡其登
繁體編譯：林致瑋

董 事 長：陳來勝
總 編 輯：陳錦輝

出　　版：博碩文化股份有限公司
地　　址：221 新北市汐止區新台五路一段 112 號 10 樓 A 棟
電話 (02) 2696-2869　傳真 (02) 2696-2867

發　　行：博碩文化股份有限公司
郵撥帳號：17484299　戶名：博碩文化股份有限公司
博碩網站：http://www.drmaster.com.tw
讀者服務信箱：dr26962869@gmail.com
訂購服務專線：(02) 2696-2869 分機 238、519
（週一至週五 09:30 ～ 12:00；13:30 ～ 17:00）

版　　次：2022 年 1 月初版

建議零售價：新台幣 520 元
I S B N：978-986-434-983-8
律師顧問：鳴權法律事務所 陳曉鳴律師

本書如有破損或裝訂錯誤，請寄回本公司更換

國家圖書館出版品預行編目資料

SOLIDWORKS CAM 標準培訓教材 /Dassault Systèmes SOLIDWORKS Corp. 作 . -- 初版 . -- 新北市 : 博碩文化股份有限公司 , 2022.01
面；　公分
繁體中文版
譯自 : SOLIDWORKS CAM standard
ISBN 978-986-434-983-8(平裝)
1.SolidWorks(電腦程式)
312.49S678　　110021535

Printed in Taiwan

博碩粉絲團

歡迎團體訂購，另有優惠，請洽服務專線
(02) 2696-2869 分機 238、519

序

We are pleased to provide you with our latest version of SOLIDWORKS training manuals published in Chinese. We are committed to the Chinese market and since our introduction in 1996, we have simultaneously released every version of SOLIDWORKS 3D design software in both Chinese and English.

We have a special relationship, and therefore a special responsibility, to our customers in Greater China. This is a relationship based on shared values – creativity, innovation, technical excellence, and world-class competitiveness.

SOLIDWORKS is dedicated to delivering a world class 3D experience in product design, simulation, publishing, data management, and environmental impact assessment to help designers and engineers create better products. To date, thousands of talented Chinese users have embraced our software and use it daily to create high-quality, competitive products.

China is experiencing a period of stunning growth as it moves beyond a manufacturing services economy to an innovation-driven economy. To be successful, China needs the best software tools available.

The latest version of our software, SOLIDWORKS 2022, raises the bar on automating the product design process and improving quality. This release includes new functions and more productivity-enhancing tools to help designers and engineers build better products.

These training manuals are part of our ongoing commitment to your success by helping you unlock the full power of SOLIDWORKS 2022 to drive innovation and superior engineering.

Now that you are equipped with the best tools and instructional materials, we look forward to seeing the innovative products that you will produce.

Best Regards,

Gian Paolo Bassi

Chief Executive Officer, SOLIDWORKS

前言

DS SOLIDWORKS® 公司是一家專業從事三維機械設計、工程分析、產品資料管理軟體研發和銷售的國際性公司。SOLIDWORKS 軟體以其優異的性能、易用性和創新性，極大地提高了機械設計工程師的設計效率和品質，目前已成為主流 3D CAD 軟體市場的標準，在全球擁有超過 250 萬的忠實使用者。DS SOLIDWORKS 公司的宗旨是：To help customers design better product and be more successful（幫助客戶設計出更好的產品並取得更大的成功）。

"DS SOLIDWORKS® 公司原版系列培訓教材" 是根據 DS SOLIDWORKS® 公司最新發佈的 SOLIDWORKS 軟體的配套英文版培訓教材編譯而成的，也是 CSWP 全球專業認證考試培訓教材。本套教材是 DS SOLIDWORKS® 公司唯一正式授權在中華民國台灣地區出版的原版培訓教材，也是迄今為止出版最為完整的 DS SOLIDWORKS 公司原版系列培訓教材。

本套教材詳細介紹了 SOLIDWORKS 軟體及 CAM 軟體模組的功能，以及使用該軟體進行三維產品設計、工程分析的方法、思路、技巧和步驟。值得一提的是，SOLIDWORKS 不僅在功能上進行了多達數百項的改進，更加突出的是它在技術上的巨大進步與持續創新，進而可以更好地滿足工程師的設計需求，帶給新舊使用者更大的實惠！

本套教材保留了原版教材精華和風格的基礎，並按照台灣讀者的閱讀習慣進行編譯，使其變得直觀、通俗，可讓初學者易上手，亦協助高手的設計效率和品質更上一層樓！

本套教材由 DS SOLIDWORKS® 公司亞太區高級技術總監陳超祥先生和大中國區技術總監胡其登先生共同擔任主編，由台灣博碩文化股份有限公司負責製作，實威國際協助編譯、審校的工作。在此，對參與本書編譯的工作人員表示誠摯的感謝。由於時間倉促，書中難免存在疏漏和不足之處，懇請廣大讀者批評指正。

陳超祥　胡其登

陳超祥 先生
現任 DS SOLIDWORKS 公司亞太地區高級技術總監

陳超祥先生畢業於香港理工大學機械工程系，後獲英國華威大學製造資訊工程碩士及香港理工大學工業及系統工程博士學位。多年來，陳超祥先生致力於機械設計和 CAD 技術應用的研究，曾發表技術文章二十餘篇，擁有多個國際專業組織的專業資格，是中國機械工程學會機械設計分會委員。陳超祥先生曾參與歐洲航天局「獵犬 2 號」火星探險專案，是取樣器 4 位發明者之一，擁有美國發明專利（US Patent 6, 837, 312）。

胡其登 先生
現任 DS SOLIDWORKS 公司大中國地區高級技術總監

胡其登先生畢業於北京航空航天大學飛機製造工程系，獲「計算機輔助設計與製造（CAD/CAM）」專業工學碩士學位。長期從事 CAD/CAM 技術的產品開發與應用、技術培訓與支持等工作，以及 PDM/PLM 技術的實施指導與企業諮詢服務。具有二十多年的行業經歷，經驗豐富，先後發表技術文章十餘篇。

推薦序

3D 設計軟體 SOLIDWORKS 所具備的易學易用特性，成為提高設計人員工作效率的重要因素之一，從 SOLIDWORKS 95 版在台灣上市以來至今累計了數以萬計的使用者，此次的 SOLIDWORKS 新版本發佈，除了提供增強的效能與新增功能之外，同時推出 SOLIDWORKS 繁體中文版原廠教育訓練手冊，並與全球的使用者同步享有來自 SOLIDWORKS 原廠所精心設計的教材，嘉惠廣大的 SOLIDWORKS 中文版用戶。

這一次的 SOLIDWORKS 最新版的功能，囊括了多達 100 項以上的更新，更有完全根據使用者回饋所需，而產生的便捷新功能，在實際設計上有絕佳的效果，可以說是客製化的一種體現。不僅這本 SOLIDWORKS 的繁體中文版原廠教育訓練手冊，目前也提供完整的全系列產品詳盡教學手冊，包括分析驗證的 SOLIDWORKS Simulation、數據管理的 SOLIDWORKS PDM、與技術文件製作的 SOLIDWORKS Composer 中文培訓手冊，可以讓廣大用戶參考學習，不論您是 SOLIDWORKS 多年的使用者，或是剛開始接觸的新朋友，都能夠輕鬆使用這些教材，幫助您快速在設計工作上提升效率，並在產品的研發上帶來 SOLIDWORKS 所擁有的全面協助。這本完全針對台灣使用者所編譯的教材，相信能在您卓越的設計研發技巧上，獲得如虎添翼的效用！

實威國際本於〝誠信服務、專業用心〞的企業宗旨，將全數採用 SOLIDWORKS 原廠教育訓練手冊進行標準課程培訓，藉由質量精美的教材，佐以優秀的師資團隊，落實教學品質的培訓成效，深信在引領企業提升效率與競爭力是一大助力。我們也期待 DS SOLIDWORKS 公司持續在台灣地區推出更完整的解決方案培訓教材，讓台灣的客戶可以擁有更多的學習機會。感謝學界與業界用戶對於 SOLIDWORKS 培訓教材的高度肯定，不論在教學或自修學習的需求上，此系列書籍將會是您最佳的工具書選擇！

SOLIDWORKS/ 台灣總代理

實威國際股份有限公司

總經理

許泰源

本書使用說明

關於本書

本書的主要目標是教您如何使用 SOLIDWORKS CAM Standard，並用於產生加工刀具路徑，以完成 SOLIDWORKS 檔案的加工。SOLIDWORKS CAM 的軟體功能是相當強大且豐富的，要仔細說明每個功能細節，又要維持課程的合理長度是非常不容易的。因此，本書的重點將聚焦在軟體的基本觀念及流程。

範例練習主要的目的是展示如何使用 SOLIDWORKS CAM 軟體來產生刀具路徑，或許它會與現實生活中的經驗不相符。在現實生活中我們可能需要考量的點會更多，例如：製程拆解、夾治具設計、排刀順序…等。因此您應該將本書視為輔助您學習的工具，而非唯一圭臬。而軟體中不常使用的指令，您可以參考 Help 文件。

先決條件

在開始進行學習之前，建議您必須具備以下技能或經驗：

- SOLIDWORKS 3D 設計繪圖。
- 熟悉 Windows 作業系統。
- 手動 CNC G 碼編程。

課程長度

建議的課程長度最少為 2.5 天。

課程設計理念

本書的設計理念是基於以步驟和任務為主的方式來進行教育訓練，這個以步驟為主的訓練課程強調必須經過一定的步驟及程序來完成一個特定的目的。藉由實際案例操作的方式，您將在過程中學習到必要的指令、使用的方式時機及選項。

使用本書

本書希望是在教室環境，由有經驗講師的指導下使用，它不是一個自學教材。書本中所用到的實例和研究案例是需要講師以臨場的方式講解。

範例練習

範例練習讓您有機會應用和練習在書中所學習到的內容及知識。這些題目都是經過設計，且能讓您用於練習刀具路徑建立的任務，同時它也足夠在課堂時間完成。

關於範例實作檔與動態影音教學檔

本書的「01Training Files」收錄了課程中所需要的所有檔案。這些檔案是以章節編排，例如：Lesson02 資料夾包含 Case Study 和 Exercises。每章的 Case Study 為書中演練的範例；Exercises 則為練習題所需的參考檔案。範例實作檔案和動態影音教學檔皆可至「博碩文化」官網（http://www.drmaster.com.tw/），於首頁中搜尋該書名，進入書籍介紹頁面後，即可下載範例檔案與前往瀏覽影片教學連結之網址。

此外，讀者也可以從 SOLIDWORKS 官方網站下載本書的 Training Files，網址是 http://www.solidworks.com/trainingfilessolidworks，下拉選擇版本後再按 Search，下方即會列出所有可練習檔案的下載連結，下載後點選執行即會自動解壓縮。

本書書寫格式

本書使用以下的格式設定：

設定	說明
功能表：檔案→列印	指令位置。例如：檔案→列印，表示從下拉式功能表的檔案中選擇列印指令。
提示	要點提示。
技巧	軟體使用技巧。
注意	軟體使用時應注意的問題。
操作步驟	表示課程中實例設計過程的各個步驟。

Windows 10

本書中所看到的畫面截圖，都是在 Windows 10 環境下執行 SOLIDWORKS 所截圖的。若您使用的環境並非 Windows 10，或者您自行調整了不同的環境設定，那麼您所看到的畫面可能會與本書的截圖有所出入，但這並不影響軟體操作。

關於印刷色彩

SOLIDWORKS CAM 使用者介面使用豐富的色彩，來凸顯選擇並為您提供視覺上的回饋。這大大地增加了 SOLIDWORKS CAM 的直觀性和易用性，在某些情況下，插圖中可能使用了其他顏色。用來增強概念交流、特徵識別，藉以傳達重要訊息。此外，視窗背景已更改為純白色，以便圖示能更清楚地在呈現在白色頁面上，且因本書印製採用單色印刷呈現，故您在螢幕上看到的顏色和圖示可能與書中的顏色和圖示不盡相同。

更多 SOLIDWORKS 教育訓練資源

任何時間、任何地點、任何設備上，您都可以透過 MySolidWorks.com 獲得相關的 SOLIDWORKS 內容及服務，提高您的工作效率。此外，透過 MySolidWorks 培訓，您可以按照自己的進度、節奏，提高 SOLIDWORKS 技能。

後處理

本書包括了僅用於培訓目的的後處理器，這些後處理器不能於生產環境中使用。請聯繫您的 SOLIDWORKS CAM 經銷商以獲取相關的後處理訊息，您的經銷商將為您提供客製的後處理器，以滿足您的加工要求。

01 SOLIDWORKS CAM 基礎知識及使用者介面

02 自動特徵辨識（AFR）與加工計劃

03 交互式特徵辨識（IFR）

04 手動加入加工計劃

05 結合加工法

06 加工及防護區域

07 複製排列特徵及鏡射刀具路徑

08 特徵與加工計劃的進階運用

09 使用者定義刀具及加工技術資料庫

A 水刀、電漿及雷射切割

B 基於公差的加工 (Tolerance Based Machining)

01

SOLIDWORKS CAM 基礎知識及使用者介面

順利完成本章課程後，您將學會：

- 如何附加 SOLIDWORKS CAM
- SOLIDWORKS CAM 使用者介面
- SOLIDWORKS CAM 操作設定流程
- 定義機器
- 定義素材
- 定義座標系統
- 建立加工特徵
- 產生加工計劃
- 產生刀具路徑
- 模擬刀具路徑
- 輸出 NC 碼

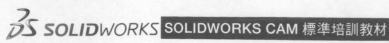

1.1 什麼是 SOLIDWORKS CAM

SOLIDWORKS CAM 是一套完全整合於 SOLIDWORKS 當中的 CAM 系統，其技術核心源自於 CAMWorks。使用者可以直接利用 SOLIDWORKS 進行 NC 碼的編程，無須轉成其他中繼格式或其他軟體，可加快產品開發的速度並減少錯誤發生的機會，大幅減少開發成本。

SOLIDWORKS CAM 提供了強大的資料庫系統，使用者可將自己習慣使用的刀具、轉速進給、切削條件，寫入至資料庫當中。當我們在進行 NC 碼的編程時，便能根據我們的知識及經驗，來編寫刀具路徑，進而達到基於知識的加工方式（Knowledge based machining）。

SOLIDWORKS CAM 提供了 2.5 軸銑床及車床的功能，而 2.5 軸的功能亦包含了水刀、雷射，甚至是電漿切割的功能。根據軟體版本的不同，凡具備 SOLIDWORKS 維護合約，無論您是 SOLIDWORKS Standard、Professional、Premium 版本，都可以使用 SOLIDWORKS CAM Standard 版本。SOLIDWORKS CAM Standard 版本僅提供 2.5 軸銑床功能，並只允許使用者使用零件環境進行編程，如果有一模多穴的需求，僅能使用多本體的方式。

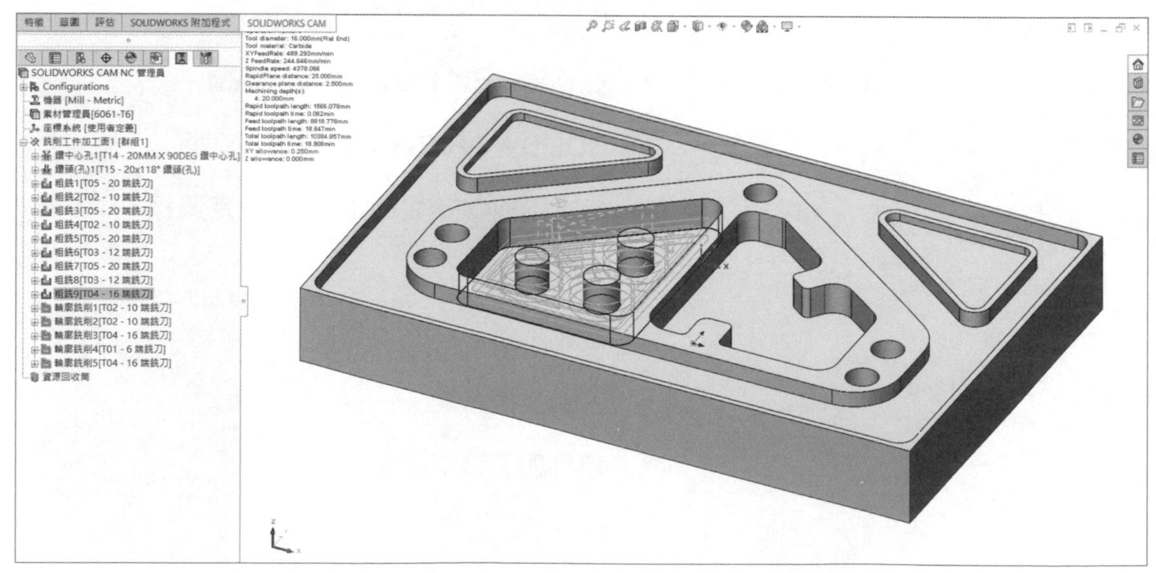

而 SOLIDWORKS CAM Professional 除了本身 2.5 軸的基礎功能之外也提供了組合件環境加工、3+2 軸加工、高速加工（VoluMill）、車床模組。

1.1.1 附加 SOLIDWORKS CAM

要使用 SOLIDWORKS CAM，必須使用**工具→附加**來啟動，並勾選 SOLIDWORKS CAM 的**啟動附加程式**及**啟動**兩個核取方塊，再按下**確定**。

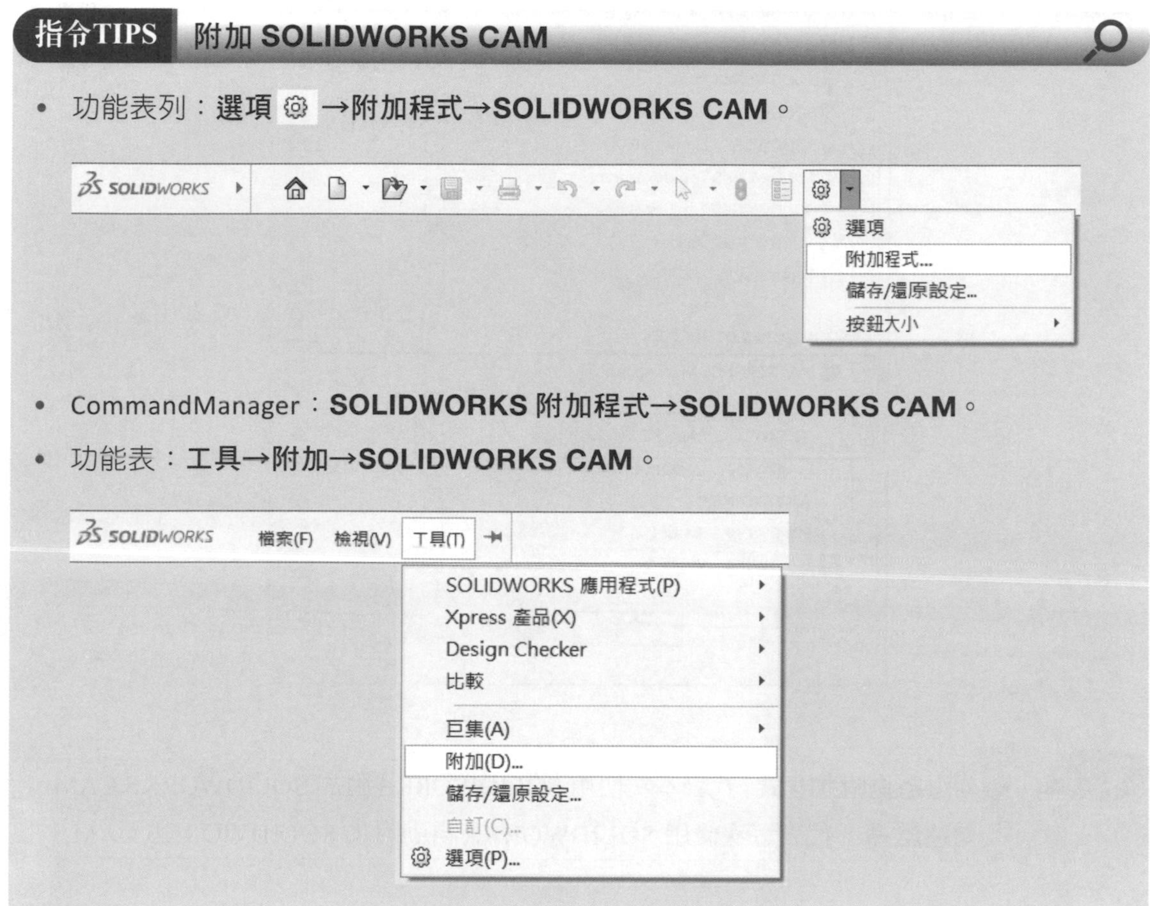

操作步驟

STEP 1 開啟 SOLIDWORKS

STEP 2 載入附加

點選**工具→附加**，勾選 **SOLIDWORKS CAM** 核取方塊。

點選**確定**。

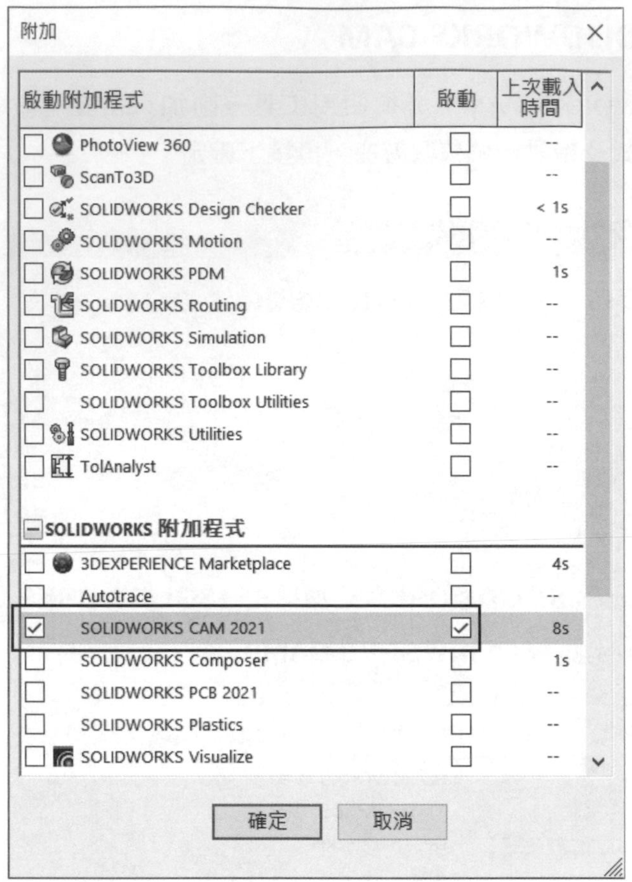

提示

- 勾選**啟動附加程式**：代表本次使用 SOLIDWORKS 附加 SOLIDWORKS CAM。
- 勾選**啟動**：代表每次使用 SOLIDWORKS 自動附加 SOLIDWORKS CAM。

1.2 SOLIDWORKS CAM 使用者介面

SOLIDWORKS CAM 的使用者介面，與 SOLIDWORKS 相同，都是透過樹狀結構項次來進行管理。使用者在啟動 SOLIDWORKS CAM 之後，會於 FeatureManager（特徵管理員）樹狀設計結構中額外新增三個介面。

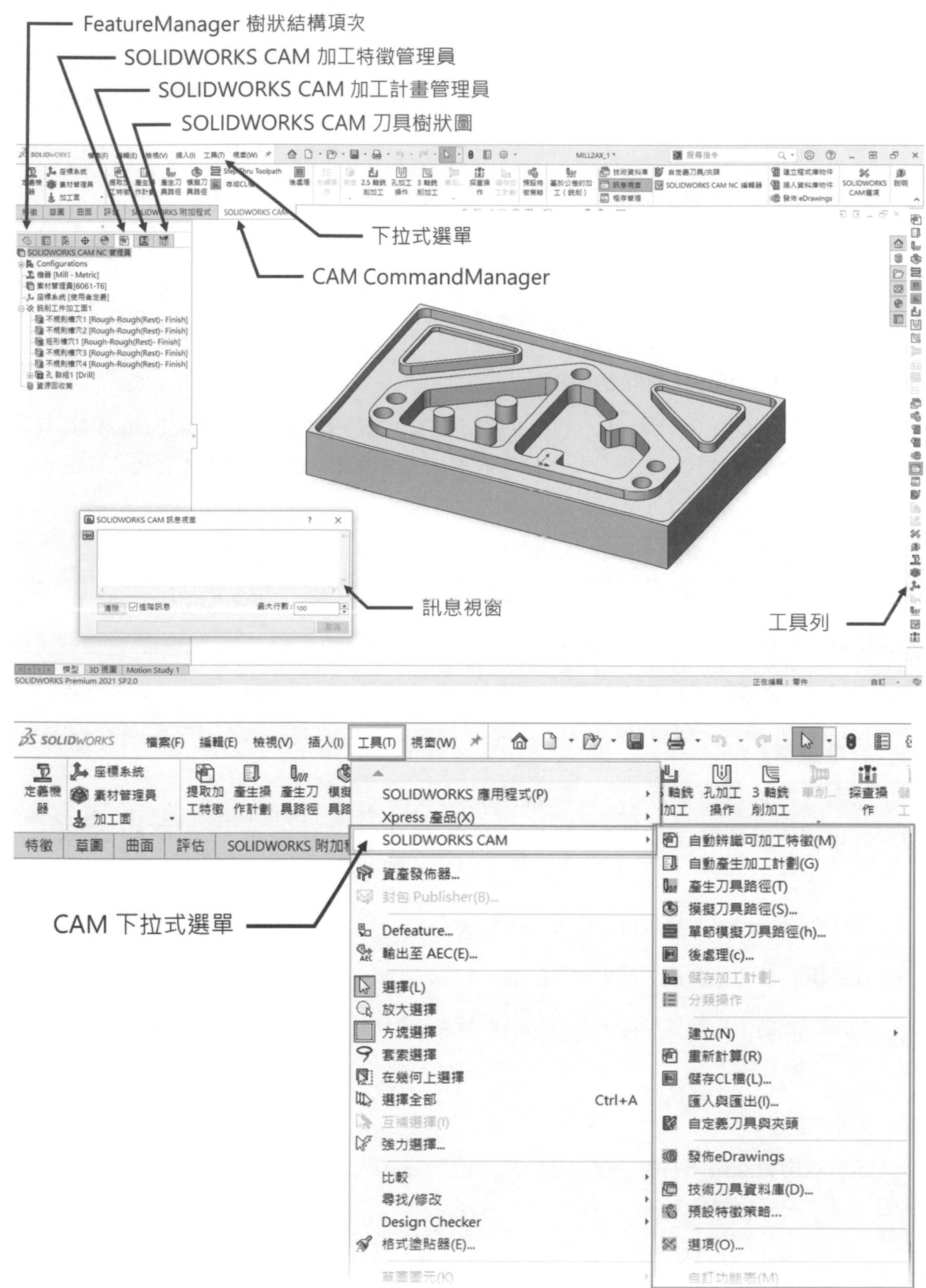
FeatureManager 樹狀結構項次
SOLIDWORKS CAM 加工特徵管理員
SOLIDWORKS CAM 加工計畫管理員
SOLIDWORKS CAM 刀具樹狀圖
下拉式選單
CAM CommandManager
訊息視窗
工具列
SOLIDWORKS Premium 2021 SP2.0
檔案(F)
編輯(E)
檢視(V)
插入(I)
工具(T)
視窗(W)
定義機器
座標系統
素材管理員
加工面
提取加工特徵
產生操作計劃
產生刀具路徑
特徵
草圖
曲面
評估
SOLIDWORKS 附加程式
SOLIDWORKS 應用程式(P)
Xpress 產品(X)
SOLIDWORKS CAM
資產發佈器...
封包 Publisher(B)...
Defeature...
輸出至 AEC(E)...
選擇(L)
放大選擇
方塊選擇
套索選擇
在幾何上選擇
選擇全部 Ctrl+A
互補選擇(I)
強力選擇...
比較
尋找/修改
Design Checker
格式塗貼器(E)...
草圖圖元(K)
自動辨識可加工特徵(M)
自動產生加工計劃(G)
產生刀具路徑(T)
摸擬刀具路徑(S)...
單節模擬刀具路徑(h)...
後處理(c)...
儲存加工計劃...
分類操作
建立(N)
重新計算(R)
儲存CL檔(L)...
匯入與匯出(I)...
自定義刀具與夾頭
發佈eDrawings
技術刀具資料庫(D)...
預設特徵策略...
選項(O)...
自訂功能表(M)
孔加工操作
3 軸銑削加工
探查操作
CAM 下拉式選單

下拉式選單

您可以透過下拉式選單來找尋所有 SOLIDWORKS 提供的指令，例如您想尋找與 CAM 相關的選項，您可以至**工具→SOLIDWORKS CAM**，找到對應的指令。透過右上方的釘選，您可以常駐顯示這些下拉式選單。

CommandManager

提供了許多與 CAM 相關的選項並且整理好操作順序。使用者可以依序點擊從左到右的圖示，即可快速提取特徵、產生加工計劃及路徑、模擬刀具路徑…。而上方的按鈕，會根據您設備的不同決定啟用或不啟用，例如當您在銑床的模式底下，就無法選擇外徑粗車。

FeatureManager 樹狀結構項次

與 SOLIDWORKS 繪圖一樣，加工的設定是具有順序性的。所以透過 FeatureManager 樹狀結構項次來管理加工的部位及工序。在附加完 SOLIDWORKS CAM 之後，於樹狀結構項次會額外多出三個分頁，依序是：

- 特徵管理員：用於管理加工的部位，例如：槽穴、輪廓、孔或牙紋…。
- 加工計劃管理員：針對特徵管理員當中的特徵，安排刀具及加工法，例如：6mm 端銑刀粗銑。
- 刀具樹狀圖：管理刀具庫當中有哪些刀具，哪幾把有使用到，刀號及切削條件。

右鍵選單

透過滑鼠右鍵選單，可以於 FeatureManager 特徵樹當中快速選擇與當前相關之命令。例如：您可以：

- 在特徵上按滑鼠右鍵，快速修改特徵參數。
- 在特徵上按滑鼠右鍵，產生加工計劃。
- 在加工計劃上按滑鼠右鍵，修改加工參數或產生 NC 檔案。

訊息視窗

訊息視窗會回饋所有與設定相關的訊息給您，例如：提取可加工之特徵，並產生加工計劃、目前進度及錯誤為何。

Help

SOLIDWORKS CAM 提供了完整的說明，您只需要點選說明，即可得到您所需的資訊。

指令TIPS　SOLIDWORKS CAM Help

- 功能表：**說明→SOLIDWORKS CAM→說明和主題** 。
- 工具列：**SOLIDWORKS CAM→說明**
- CommandManager：**SOLIDWORKS CAM→說明** 。

SOLIDWORKS CAM 同樣也針對每個對話框設置了 Help，如果您對當前的設定不了解時，您只需點選對話框右上角的說明符號 ⓘ，即可得到您所需的資訊。

1.3 操作流程

SOLIDWORKS CAM 允許使用者可以透過自動化特徵辨識的方式，或是透過交互式的方式來提取加工的特徵及部位，並透過 SOLIDWORKS CAM 獨有的加工技術資料庫，來實現基於知識的加工方式（Knowledge based machining），快速地產生加工計劃，減少設定的時間。以下我們將說明 SOLIDWORKS CAM 是如何產生刀具路徑並生成 NC 碼。

1. 在 SOLIDWORKS 開啟或者繪製一個 3D Model。
2. 切換到 SOLIDWORKS CAM 加工特徵管理員。
3. 定義使用的機器，例如：車床或銑床。
4. 定義素材，例如：六面體的塊料、棒材、鍛胚…。
5. 建立加工特徵。
6. 產生加工計劃，並調整加工參數：例如刀具大小、轉速進給、分層預留…。
7. 產生刀具路徑。
8. 模擬刀具路徑。
9. 輸出 NC 碼。

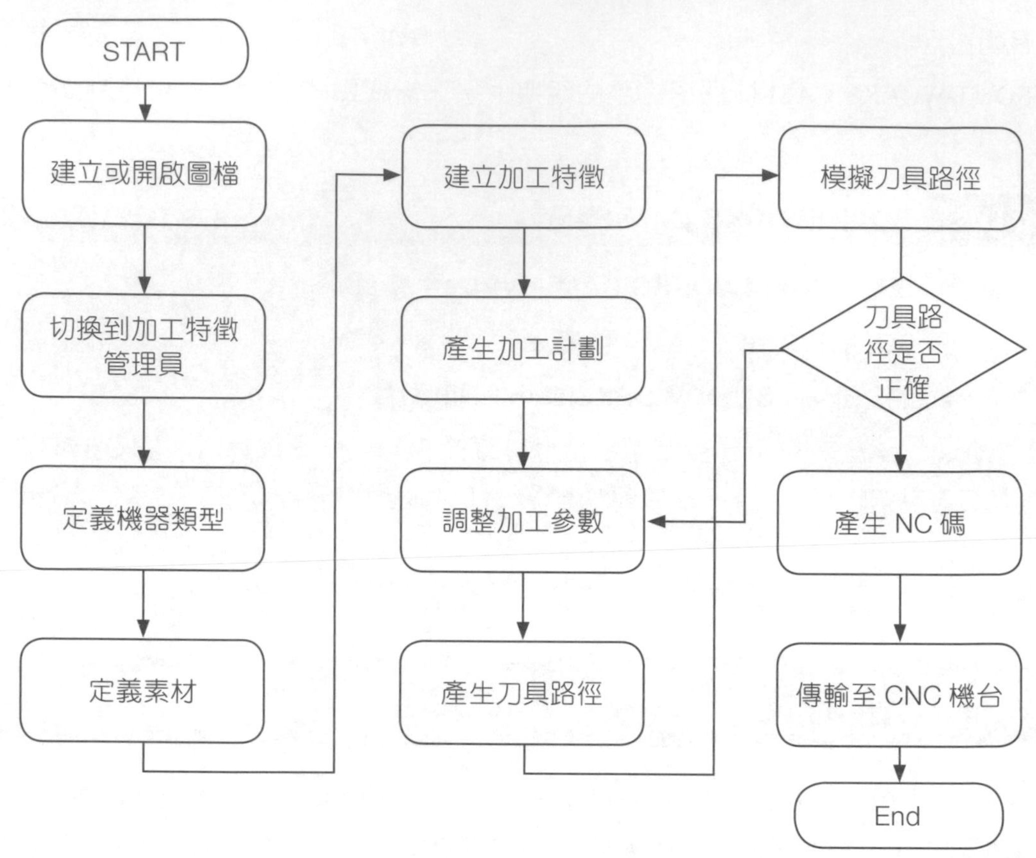

1.3.1 範例練習：產生刀具路徑及 NC 碼

在此範例中，您將學習到如何利用 SOLIDWORKS 零件來產生 2.5 軸刀具路徑及輸出 NC 碼。而此零件可以是使用 SOLIDWORKS 繪製，或者是來自其他 CAD 軟體，亦或者是其他中繼格式如：IGES、STEP、x_t…。此範例我們將使用現有的 SOLIDWORKS 零件檔案。

注意 SOLIDWORKS 維護合約所提供的 SOLIDWORKS CAM 為 Standard 版本，僅提供零件環境使用。若需組合件加工，則必須額外購買 SOLIDWORKS CAM Professional 版本。

STEP 3 開啟檔案

請至範例資料夾 Lesson 01\Case Study，並開啟檔案「Cuts.sldprt」。

STEP 4 切換至 SOLIDWORKS CAM

請至 CommandManager 點選 SOLIDWORKS CAM，並切換至 SOLIDWORKS CAM 加工特徵管理員。

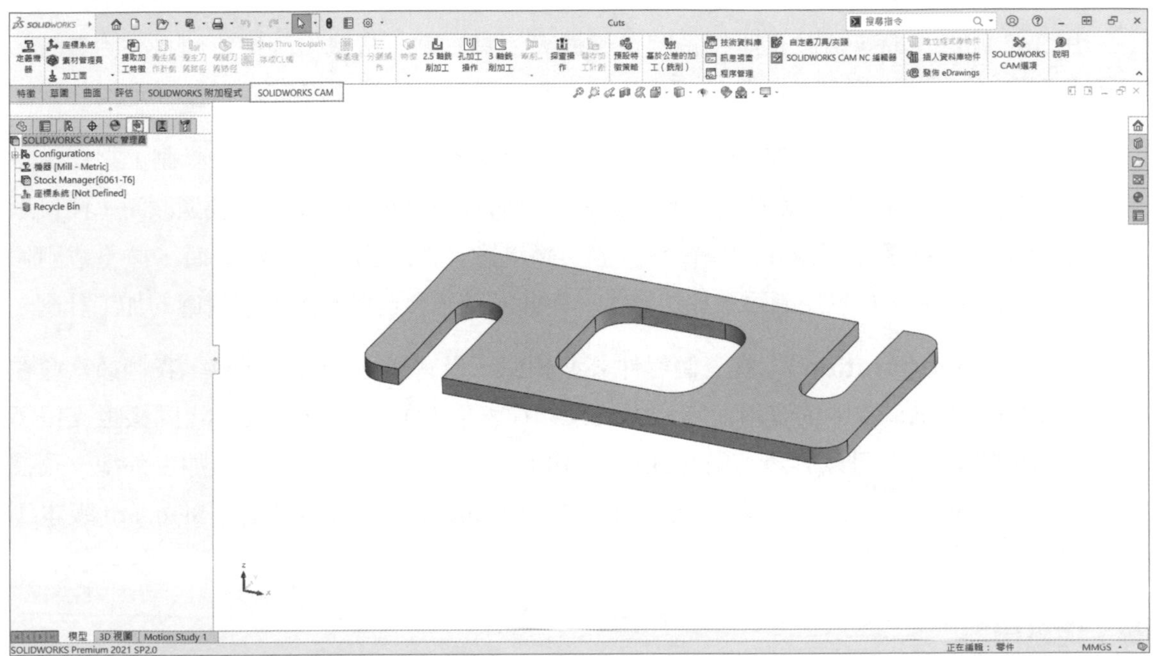

1.3.2 SOLIDWORKS CAM 加工特徵管理員

SOLIDWORKS CAM 的三個樹狀結構的分頁，依序是加工特徵管理員、加工計劃管理員、刀具樹狀圖，它分別管理了我們要加工的部位、使用的加工方式以及所使用的刀具。操作軟體時，只要循著這個邏輯，即可以順利地達到我們要的結果。所以我們先將畫面切換至**加工特徵管理員**，此時，於 SOLIDWORKS CAM NC 管理員下的依序會是機器、素材、座標系統及資源回收桶。我們依序設定所需要的參數，進而設定加工方向及加工特徵。

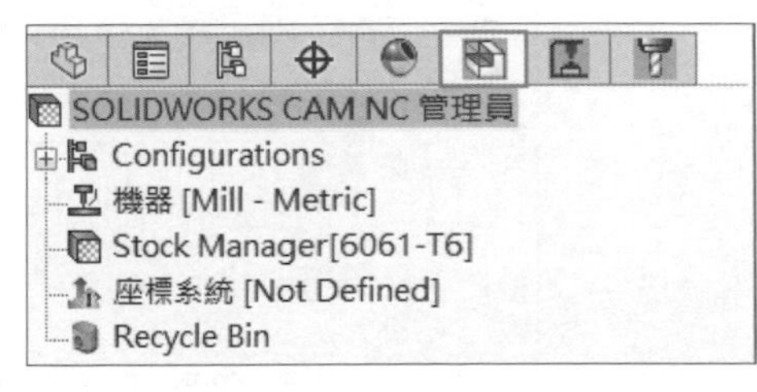

- **機器**：此項目可用來決定加工使用的設備，如：車床、銑床，以及對應的後處理範本。但請注意 SOLIDWORKS CAM Standard 版本僅提供 2.5 軸銑床功能。3+2 軸銑床及車床功能，則是包含在 SOLIDWORKS CAM Professional 版本中。

- **素材管理員**：此項目主要是用來管理加工零件的材料，當您選擇為銑床時，您可以選擇六面體、伸長草圖或棒材來作為素材。針對不規則外型，例如鍛造件的材料，您可以選擇 stl 或 sldprt 等格式。
- **座標系統**：此項目允許您建立自己的座標系統來作為夾治具的原點使用。特別是當您使用 3+2 軸加工時，可設定座標系統是根據夾治具原點，當機械旋轉或傾斜夾治具時，軟體便會自動抓取翻轉的角度值。單純 2.5 軸加工，此選項沒有強制性一定要設定。
- **資源回收桶（Recycle Bin）**：此項目可以儲存您不需要的特徵及加工計劃，當您刪除一加工特徵或計劃時，軟體會自動將其儲存於資源回收桶中，當您需要還原時，便可以至資源回收桶還原已刪除的特徵或計劃。請注意，當您刪除加工計劃時，並不會刪除您的加工特徵。一旦您刪除了加工特徵，與此同時也會自動刪除與它對應的加工計劃。
- **組態（Configuration）**：當一個零件外型相似，僅有尺寸上的差異時，我們通常會在 SOLIDWORKS 當中，使用組態的方式來建模。而 SOLIDWORK CAM 同樣也支援了組態的功能，您可以於同一個 SOLIDWORKS 零件檔案中切換不同的加工外型，及找到對應匹配的加工計劃。請注意，此功能為 Professional 版本功能，Standard 版本不支援組態加工。

定義機器

將滑鼠移至機器的選項上，並按滑鼠右鍵選擇編輯定義，或是在滑鼠左鍵上快點兩下，即可進入機器的設定選項。在此選項當中，您可以調整機器的類型、刀具庫及後處理範本。

- **機器**：透過**機器**對話框，您可以選擇機器的類型為銑床或車床。根據設備的不同，所對應的加工方式也會有所不同，包括顯示於樹狀結構的圖示與機器類型：代表銑床；代表車床。

> **提示**
> SOLIDWORKS CAM Standard 版本僅有銑床的功能，車床的功能則是包含在 SOLIDWORKS CAM Professional，如果您的 SOLIDWORKS CAM 為 Standard 版本，則車床將無法選用。

- **刀塔**：此功能主要是可讓您建立自己的刀具庫，您可以將公司內部所有常用的刀具建立至刀具庫。根據設備的不同，您還可以給予每台不同的設備各自的刀具庫，以確保所選的刀具都能符合機台的加工參數。在此範例中，我們將使用預設的刀塔 Tool Crib 2(Metric)。
- **後處理程序**：此功能主要是讓您根據設備控制器的不同，可以選擇不同的後處理範本（*.ctl）。舉例來說，假設您使用的是 FANUC 的控制器，那麼您就必須於後處理程序當中，選擇 FANUC 的後處理，以確保轉出來的 NC 碼，能符合 FANUC 規範。在預設的情況下，您在可用的後處理列表中，會看見原廠所提供的後處理範本 M3Axis-Tutorial.ctl，此範本為 FANUC 格式，也是最通用的格式之一。而後處理的客製化，請洽詢您所在地的軟體經銷商。

> **提示**
> 隨軟體安裝所附贈的後處理，預設位置資料夾為 C:\ProgramData\SOLIDWORKS\SOLIDWORKS CAM <yyyy>\Posts。而其他特殊的後處理範本，則是放置於子資料夾 \Mill 或 \Turn 當中。

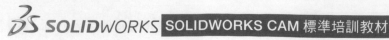

技巧

無論是零件或組合件的後處理程序，任何時間都可以自由的切換選擇。舉例來說，假設 A 零件第一次加工的時候使用的是 FANUC 的銑床，您在輸出 NC 碼的時候，只需要選擇 FANUC 的後處理，即可輸出 FANUC 的格式。但假設排程的關係，第二次的加工使用的是 Siemens 的銑床，您只需要切換後處理的範本為 Siemens 即可，不需要重新編輯檔案。

- **加工面、旋轉軸、傾斜軸**：這三個分頁主要運用於 4/5 軸和組合件的加工。本書並不涵蓋此部分。

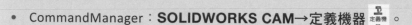

指令TIPS　定義機器

- CommandManager：**SOLIDWORKS CAM→定義機器** 。
- SOLIDWORKS CAM 加工特徵管理員：在機器上按滑鼠右鍵，並選擇**編輯定義**；或是在機器上快按滑鼠左鍵兩下。
- 工具列：**定義機器** 。

STEP 5　選擇機器

首先將畫面切換至 SOLIDWORKS CAM 加工特徵管理員的分頁，並於特徵樹底下找到**機器**的選項，按滑鼠右鍵選擇**編輯定義**，即可進入機器的設定頁面。

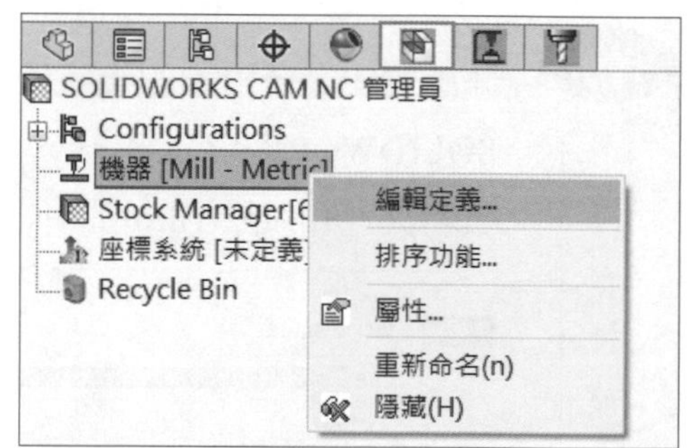

提示

機器的單位，預設會根據您圖面的單位而定。若在機器的選項旁邊註明 Mill-Metric，代表您所選擇的單位為 Metric；若您的機器顯示為 Mill-Inch 則代表您的圖檔為英制單位。請先至系統選項中，將圖檔的單位調整為 Metric，再進入機器的選項，即可選擇公制單位的銑床。

在**可用的機器**中：

銑床：選擇 **Mill-Metric**，並點選**選擇**鈕。

在**啟用的機器**中：

機器機能：選擇 **Light duty**。

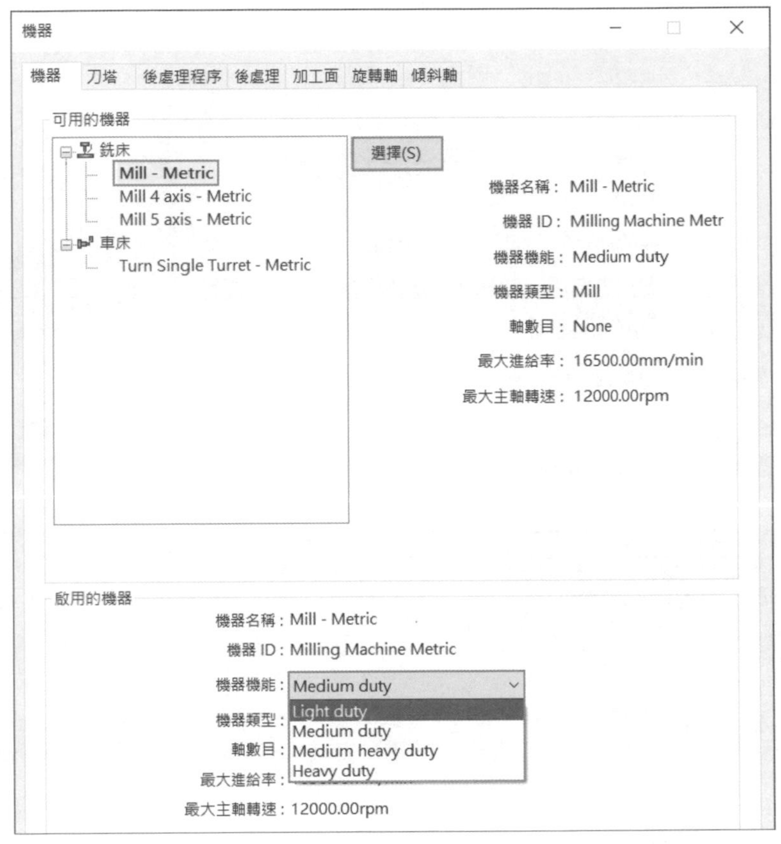

> **提示** 若您的轉速進給值是根據資料庫當中的素材，此選項會給予您較保守的切削參數。此部分我們將在後續的章節進行說明。

STEP 6 選擇刀塔

切換分頁至**刀塔**。請確認 Tool Crib 2(Metric) 為**啟用的刀塔**。

如果不是，請至**可用的刀塔**中，選擇 Tool Crib 2(Metric)，並點選**選擇鈕**。

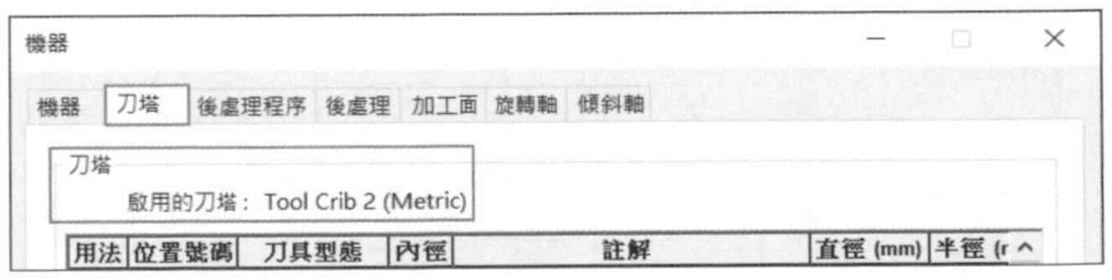

STEP 7 選擇後處理程序

切換分頁至**後處理程序**。在此會顯示已安裝於您電腦當中可用的後處理。

如果**可用的後處理**為空白，可點選**瀏覽**，去指向後處理的所在資料夾，選擇後處理範本 M3AXIS-TUTORIAL.ctl，並點選**選擇**按鈕。

參數	值
Machine Name	MILL TUTORIAL
Controller Type	FANUC TYPE
Z Home	508.00000mm
Traverse Rate	250
Version	2020
Version Date	5-13-2019
Library Version	2020
Library Subversion	1

STEP 8 設定後處理

切換分頁至**後處理**。在 **Program number** 的欄位中輸入 1001，並在 **Part Thickness** 的欄位中輸入 5mm。此兩個欄位會與後處理範本相互對應，當輸出 NC 碼時，此兩個資訊會一併列於 NC 碼中。

注意 此選項必須與後處理匹配，若您的後處理無對應的欄位，則當輸出 NC 碼的時候，就不會一併被帶出。

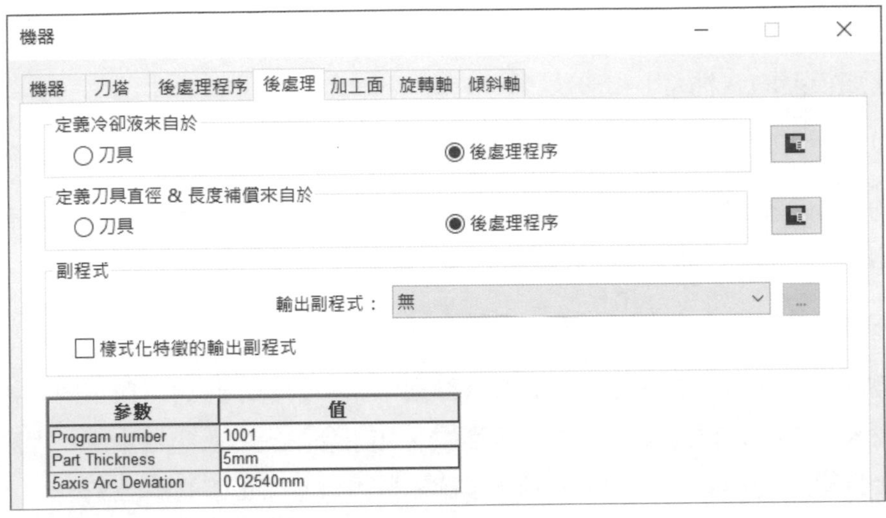

定義素材

在進行 CAM 的設定之前，最重要的事情，就是定義素材。素材的大小會直接影響切削的範圍，預設的素材類型會是外觀邊界，它會根據零件的大小自動抓取最小的六面體。當然，您可以依照您實際上的需求進行調整，SOLIDWORKS CAM 還提供了伸長草圖、stl、sldprt、模型組態…等眾多的素材方式。

素材類型	說明
外觀邊界範圍	根據零件大小，自動抓取適當的長、寬、高，並且可以根據 X、Y、Z 三個不同的方向輸入偏移距離。
預定義的外觀邊界範圍	2021 版本新增功能。與外觀邊界範圍類似，都是六面體。差別在於您可以於技術資料庫當中新增常用的素材大小，減少重複設定的時間。
伸長草圖	外觀邊界的優點在於迅速，但實際上我們在準備材料時，很多時候是以現有的規格品為主。使用外觀邊界不見得實際，因為往往零件的大小並非整數值，使用外觀邊界還得計算實際尺寸。伸長草圖只需繪製草圖，並標註尺寸即可長出與實際相等的素材。
圓柱的	2021 版本新增功能。與外觀邊界範圍類似，差別在於一個是六面體，一個則是圓柱體，讓素材的設定多了一種新的選擇。
STL 檔案	假設您的素材為鍛造或鑄造，是具有不規則幾何的素材，那麼您可以將素材的外觀另存為 *.stl 格式。
組件檔案	除了 *.stl 格式之外，素材的部分同時也支援了 SOLIDWORKS 零件格式。組件檔案的方式，還可以直接使用組態，來作為素材使用，不需要額外再儲存一個新的零件檔案。

素材有幾個主要的用途：

- 定義了要模擬的素材大小和形狀。
- 您可以給予材質，並根據材質計算轉速及進給率。
- 素材的大小與形狀，可以作為粗銑的參考依據，減少刀具空跑的時間。所有 3 軸的加工計劃，都支援了 WIP（work in process）素材。
- 部分的輪廓特徵，會參考素材大小來延伸 X、Y 方向，甚至切削深度。

根據機器的不同，於 SOLIDWORKS 特徵樹中素材的圖示也會有所不同。如果您的機器設定為銑床，那麼素材的圖示則為六面體。如果您的機器設定為車床，那麼素材的圖示則為圓柱體。所以當進行加工時別忘了確認是否設定了正確的機器。

素材主要由兩個條件定義：

- **外型大小。**
- **材質**：材質的選擇會直接影響切削條件的給予，假設您的切削條件設定為**資料庫**。那麼就代表您選了根據資料庫內的材質參數，自動更新刀具的切削條件。您可以自由的變更材質，但如果您變更了材質，別忘了點選重新計算刀具路徑，確保切削條件的正確性。

指令TIPS 素材管理員 

- CommandManager：**SOLIDWORKS CAM→素材管理員**。
- 工具列：**素材管理員**。
- SOLIDWORKS CAM 加工特徵管理員：在**素材管理員**上按滑鼠右鍵，並選擇**編輯定義**；或是在**素材管理員**上快按滑鼠左鍵兩下。

STEP 9 定義素材

請至 SOLIDWORKS CAM 加工特徵管理員中找到**素材管理員**，按滑鼠右鍵選擇**編輯定義**來開啟素材管理員。

材質：選擇 304，作為我們的切削材料。

本例題我們將使用外觀邊界範圍作為我們的素材大小，從下方的資訊欄中您可以看到軟體自動抓取的素材尺寸。

點選**確定** ✔。

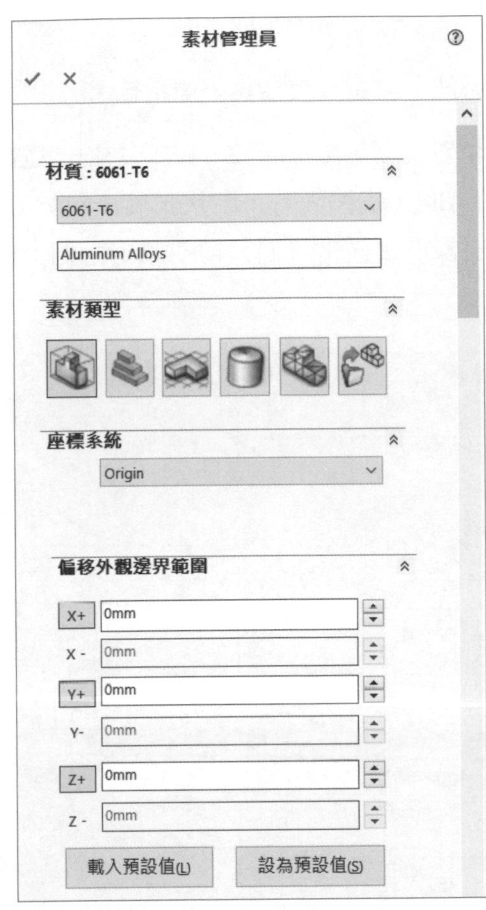

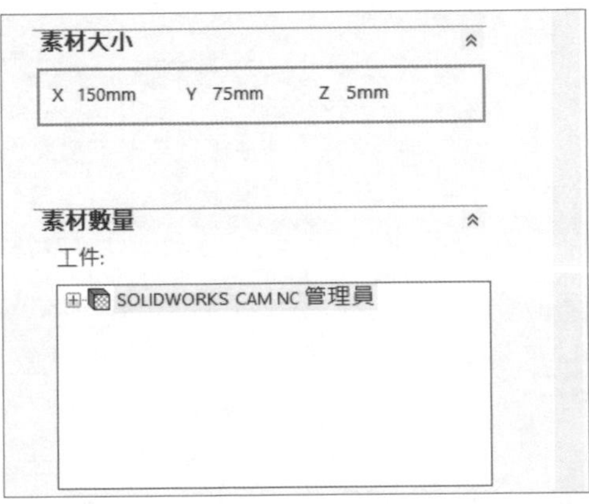

技巧

您可以透過**偏移**，來變更素材大小。請注意，這邊的 X、Y、Z 都是根據 SOLIDWORKS 預設的環境座標系統，而非零件的擺放方向（有時輸入中繼檔案時，方向不見得會如預期）。尺寸的偏移，六個面都是獨立的欄位，因此您可以指定各自的偏移量，但假設您需要做對稱的偏移，那麼您可以點選 **X+**、**Y+** 或 **Z+** 按鈕來設定對稱，因此您只需要輸入單一邊的數字，兩側即會做對稱的偏移了。

定義座標系統

座標系統主要是告訴電腦哪裡是我們的程式原點，軟體會根據此原點位置，去推算其他加工的相對應座標位置。請注意，這邊的座標系統指的是夾治具座標系統，是用來說明整體的原點及參考方向為何。很多時候此選項不一定要做，因為很多時候我們輸出程式是一面一面的輸出，但假設我們今天有使用到 4/5 軸設備，需要一個基準的 0 度面來說明我們是如何擺放，下一個加工面是幾度，那麼此選項就必須得做。

座標系統的介面，主要提供以下幾個功能：

- 用於創造新的座標系統，並指定其作為我們的夾治具座標系統。
- 您可以利用已經建立好的參考幾何→座標系統，來做為夾治具座標系統。
- 您可以利用它的對話式介面，來選擇原點位置為何，X、Y、Z 的方向為何。選擇方向的時候您可以選擇邊線或面，來說明它的方向（選擇面時，則代表其法向量），且設定 X、Y、Z 方向時，不需要同時給予三組條件，通常我們只需要給定兩個方向，第三個方向就會自動求解了。

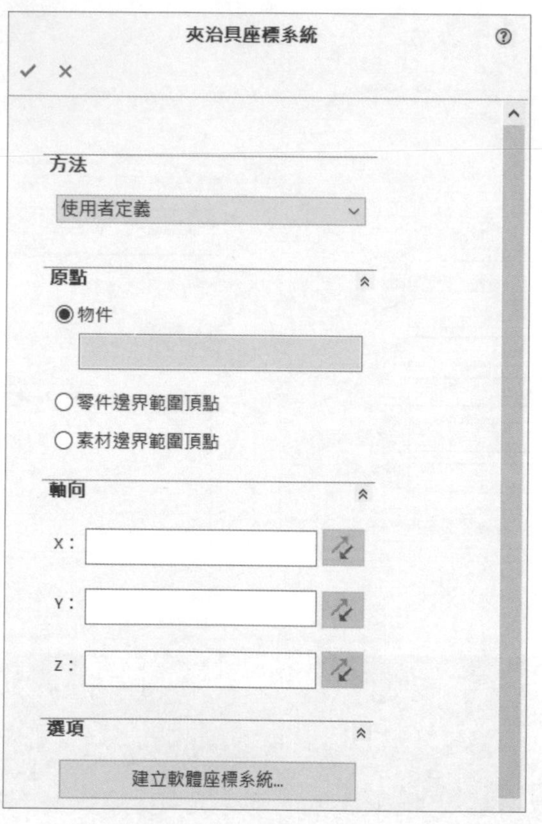

指令TIPS　夾治具座標系統

- CommandManager：**SOLIDWORKS CAM→座標系統**。
- 工具列：**座標系統** 。
- SOLIDWORKS CAM 加工特徵管理員：在**座標系統**上按滑鼠右鍵，並選擇**編輯定義**；或是在**座標系統**上快按滑鼠左鍵兩下。
- 編輯**機器→加工面**：在夾治具座標系統上點選**定義**的按鈕。

STEP 10 定義座標系統

請至 SOLIDWORKS CAM 加工特徵管理員中找到**座標系統**，按滑鼠右鍵選擇**編輯定義**來開啟夾治具座標系統。

方法：選擇**使用者定義**。

原點：選擇**零件邊界範圍頂點**，作為夾治具座標系統原點。

點選**確定**。

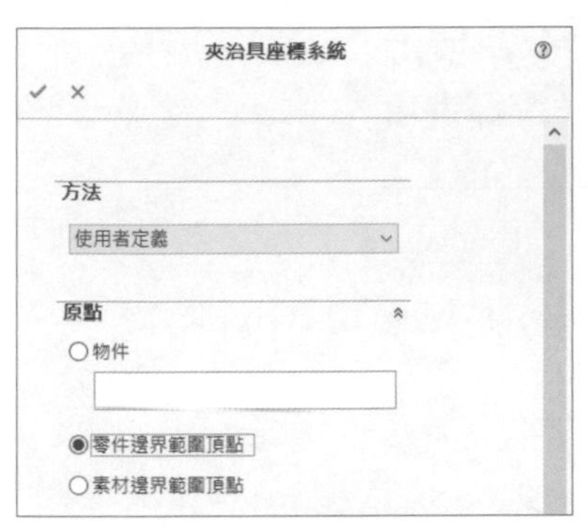

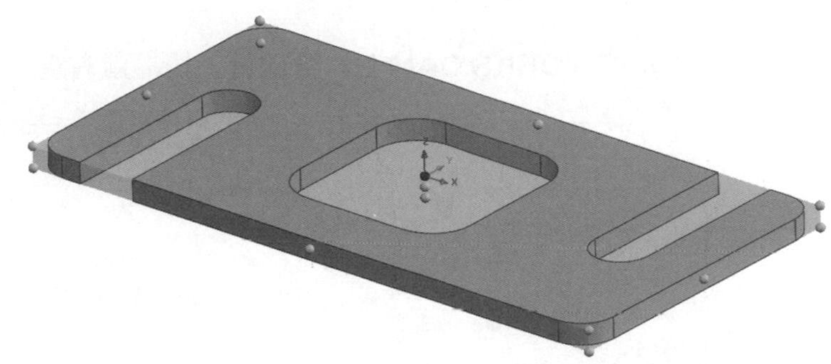

定義可加工之特徵

在 SOLIDWORKS CAM 當中，我們必須先定義要加工的特徵有哪些，例如：槽穴、孔…，方能進行下一步的設定。而在軟體當中，定義特徵的方式有兩種：自動特徵辨識與交互式特徵辨識。

- **自動特徵辨識（Automatic Feature Recognition, AFR）**：AFR 會分析零件外型，並篩選出適當的加工特徵，例如：槽穴、孔、邊、島嶼…。點選**提取加工特徵**即可啟動 AFR，根據零件的複雜性，AFR 可節省大量的設定時間。
    - 提取加工特徵：當執行**提取加工特徵**時，自動特徵辨識（AFR）會對零件進行分析。其中包括具有尺寸公差的特徵，或是帶有錐度的槽穴或島嶼特徵，都能被篩選出來。

指令TIPS　提取加工特徵

- CommandManager：**SOLIDWORKS CAM→提取加工特徵** 
- 功能表：**工具→SOLIDWORKS CAM→提取加工特徵**。
- 工具列：**提取加工特徵**。
- SOLIDWORKS CAM 加工特徵管理員：在 **SOLIDWORKS CAM NC 管理員**上按滑鼠右鍵，並選擇**自動辨識可加工特徵**。

- **交互式特徵識別（Interactive Feature Recognition, IFR）**：AFR 無法辨識複雜零件上的每個特徵，因此，當 AFR 無法滿足您的需求時，就必須透過手動的方式來建立加工特徵。要定義這些加工部位，您需要透過建立 2.5 軸特徵指令，以交互的方式來定義特徵。

> **提示** AFR 將在第二章中進行詳細的說明，而 IFR 則會安排在第三章。

STEP 11 設定 AFR 選項

請至 **SOLIDWORKS CAM NC 管理員**上按滑鼠右鍵，並選擇**選項**。

切換到**銑削特徵**分頁，在**自動辨識可加工特徵→特徵型態**中，決定哪些特徵需要被篩選出來，哪些特徵不需要被篩選出來，如下圖所示。

點選**確定**。

STEP 12 提取加工特徵

請至 CommandManager 中點選**提取加工特徵**，SOLIDWORKS CAM 將會分析此零件，並產生加工特徵。透過 **SOLIDWORKS CAM 訊息視窗**，您將可以知道目前分析的進度。

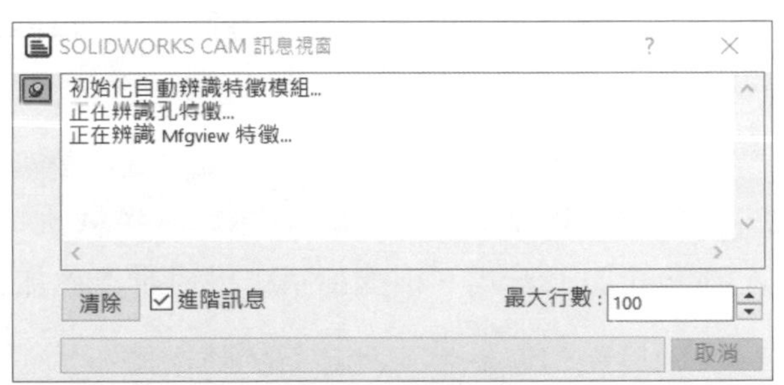

技巧

SOLIDWORKS CAM 訊息視窗，會於辨識完畢後自動關閉，如果您想要將其強制顯示。您可以至 CommandManager 上，點選**訊息視窗**並強制顯示其視窗。

STEP 13 辨識結果

辨識完後，您會看到在加工特徵管理員下，會自動產生銑削工件加工面 1 及三個特徵。

> **提示** 請注意，剛產生的特徵，其顏色為藍色，而藍色的字，在軟體裡面代表著尚未完成下一個步驟。以此題為例，因為我們尚未對這三個特徵安排對應的加工計劃。因此它會是藍色的字。一旦您針對這些特徵產生了加工計劃，那麼這些字就會轉為黑色的。

1.3.3 加工計劃

在建立加工特徵之後，我們將針對這些特徵，產生對應的加工計劃。舉例來說，當我們建立了一個槽穴特徵，它所對應的加工計劃就會是粗銑及精修；當我們建立了一鑽孔特徵，其對應的加工計劃就會是鑽中心孔及鑽頭。而我們要做的，就是調整內部的參數，如刀具大小、轉速進給、分層及預留…，一旦定義完畢，刀具路徑也就跟著生成了。

> **提示** 加工參數的預設值，主要來自技術資料庫，而您可以將您的加工習慣儲存至技術資料庫，藉此達到智能加工的最佳實踐。

產生加工計劃

為了提高效率，SOLIDWORKS CAM 提供了自動產生加工計劃，來為每個加工特徵加入適當的加工方式。根據樹狀結構自動**產生加工計劃**適用於以下幾個地方：

- 如果您想要針對零件所有的特徵產生加工計劃，您可於 CommandManager 上，點選**產生加工計劃**，即可以針對所有包含不同加工面的特徵產生加工計劃。
- 如果您是想針對單一加工面的特徵，產生加工計劃，您就必須將滑鼠移至**銑削工件加工面**上，並按滑鼠右鍵選擇**產生加工計劃**。而所產生的加工計劃，就只有針對此加工面的所有特徵。
- 如果您只有針對單一特徵產生加工計劃，那麼您只需要將滑鼠指向該特徵，並按滑鼠按滑鼠右鍵選擇**產生加工計劃**，如此便可針對此特徵，建立它的加工計劃了。

當您**產生加工計劃**之後，於畫面左方的樹狀結構，就會自動切換頁面來到 SOLIDWORKS CAM 加工計劃管理員的頁面。此時注意文字的顏色，因為我們尚未針對這些加工計劃產生刀具路徑，所以文字的顏色是藍色的，一旦刀具路徑生成了，這些文字的顏色，就會轉為黑色的。

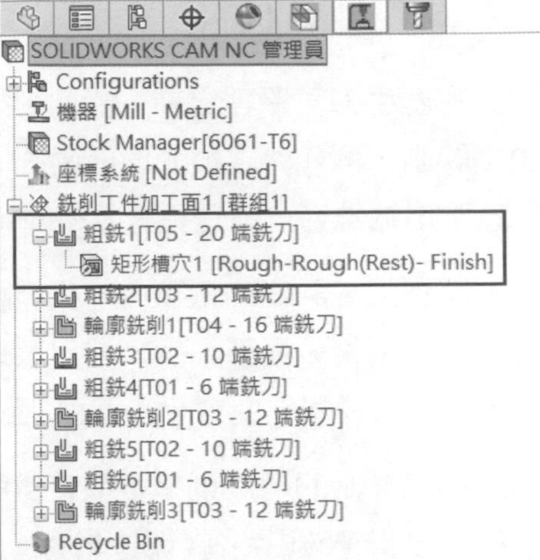

每一個加工計劃，都會顯示它的加工計劃名稱，以及刀具號碼還有描述。

在加工計劃管理員的樹狀結構中，您可以展開並查看對應的特徵為何。以右圖為例，我們於加工計劃管理員的頁面上，找到**粗銑 1**，並將其樹狀結構展開，您就可以看到，粗銑 1 對應的加工特徵，就是**矩形槽穴 1**，其加工特徵為**粗銑 - 粗銑（殘料）- 精修**。

指令TIPS　產生加工計劃

- CommandManager：**SOLIDWORKS CAM →產生加工計劃**。
- 功能表：**工具→ SOLIDWORKS CAM →產生加工計劃**。
- 工具列：**產生加工計劃**。
- SOLIDWORKS CAM 加工特徵管理員：在 **SOLIDWORKS CAM NC 管理員**、**銑削工件加工面**，或加工特徵上按滑鼠右鍵，並選擇**產生加工計劃**。

STEP 14　請至銑削工件加工面 1 上按滑鼠右鍵，並選擇產生加工計劃

STEP 15　當加工計劃產生之後，注意頁面會跳轉至加工計劃管理員

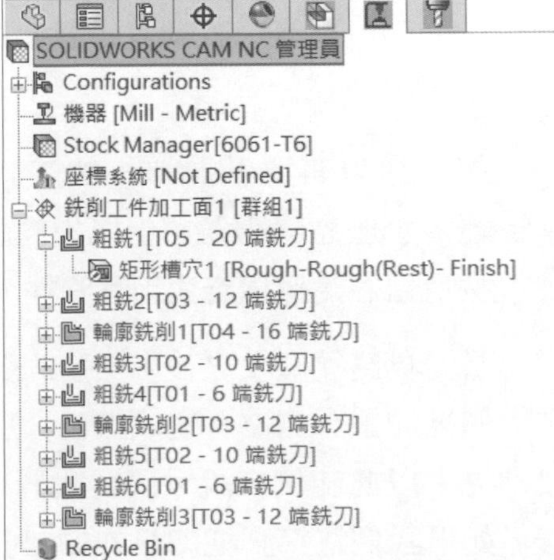

提示　加工的策略及刀具尺寸的選用，是根據你加工技術資料庫決定的內容，關於此部分我們將會在後面的章節內進行說明。

1.3.4 刀具路徑

在產生刀具路徑之前，我們必須先確認加工特徵是否正確，以及它是否匹配了適當的加工計劃，例如：直徑 60mm 的孔，用鑽頭加工可能就不會是最佳的解，加工計劃的安排可以改用端銑刀，會是更有效率的。

而在加工計劃的選項內，我們將詳細的定義每個特徵的刀具選用、切削條件，例如分層量及裕留量、提刀高度、進刀形式…，而這些條件就會直接的影響刀具路徑的產生。最後，這些刀具路徑就會化為直線及圓弧等幾何，並輸出為 NC 碼，供加工機台讀取。

加工計劃的順序則是根據特徵的順序。例如我們同時有槽穴 1 及槽穴 2，那麼軟體產生的加工計劃順序，就會是粗銑、精修、粗銑、精修。為了提升加工效率減少換刀的次數，加工計劃的順序是可以排列調整的。

產生刀具路徑

產生刀具路徑的原理與產生加工計劃一樣，都是根據樹狀結構，看您要計算哪一層刀具路徑。產生刀具路徑適用於以下幾個地方：

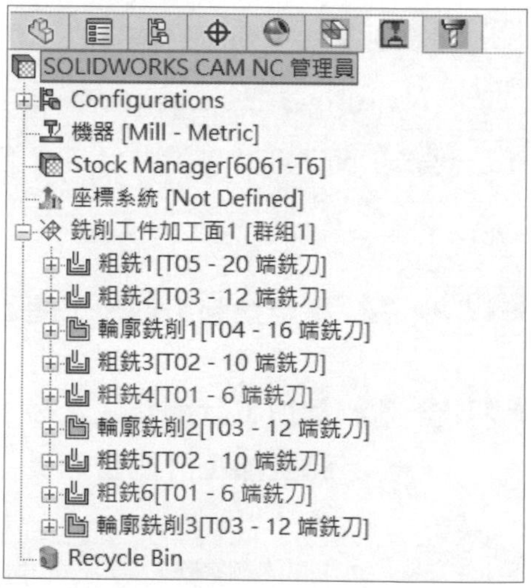

- 如果您想要針對零件所有的加工計劃產生刀具路徑，您可於 CommandManager 上，點選**產生刀具路徑**，即可以針對所有包含不同加工面的加工計劃產生刀具路徑。
- 如果您是想針對單一加工面的加工計劃產生刀具路徑，您就必須將滑鼠移至**銑削工件加工面**上，並按滑鼠右鍵選擇**產生刀具路徑**。而所產生的刀具路徑，就只有針對此加工面的所有加工計劃。
- 如果您只有要針對單一加工計劃產生刀具路徑，那麼您只需要將滑鼠指向該加工計劃，並按滑鼠右鍵選擇**產生刀具路徑**，如此便可針對此加工計劃，產生它的刀具路徑了。

SOLIDWORKS CAM NC 管理員
Configurations
機器 [Mill - Metric]
Stock Manager[6061-T6]
座標系統 [Not Defined]
銑削工件加工面1 [群組1]
粗銑1[T05 - 20 端銑刀]
粗銑2[T03 - 12 端銑刀]
輪廓銑削1[T04 - 16 端銑刀]
粗銑3[T02 - 10 端銑刀]
粗銑4[T01 - 6 端銑刀]
輪廓銑削2[T03 - 12 端銑刀]
粗銑5[T02 - 10 端銑刀]
粗銑6[T01 - 6 端銑刀]
輪廓銑削3[T03 - 12 端銑刀]
Recycle Bin

當刀具路徑產生之後，文字的顏色一樣會從藍色轉為黑色，代表完成下一個階段的操作；如果加工計劃沒有變成黑色，那麼通常意味著沒有足夠的材料可以切除。這在加工時很常見，以此範例來說，因為我們預設的加工策略為三把刀具，粗銑、粗銑（殘料）、精修，如果我們在第一把刀具的加工已經移除大部分的材料，那麼在第二把刀具的加工，就有可能沒有足夠的殘料可以進行銑削，此時您可以更換為較小的刀具，或直接刪除此加工計劃，都是可以做的選擇。

您可以於 SOLIDWORKS 的圖形窗口查看每把刀具的刀具路徑，您也可以一次顯示所有刀具路徑，如果您想要一次顯示所有刀具的路徑線，您可以於加工計劃管理員當中，先選擇第一個加工計劃，並且按住鍵盤的 **Shift** 鍵，再選擇最後一個加工計劃，就能一次性的全部選取了。

而每把刀的起點位置，會以方框的方式表示，您可以於 SOLIDWORKS CAM **選項→顯示**，調整其大小比例。

選項
- ☐ 使用進給設定的顏色 　編輯進給/顏色
- ☐ 顯示素材外形
- ☐ 顯示 第4/C 軸標籤
- ☐ 顯示 第5/B 軸標籤
- ☐ 顯示 第3 原點標記
- ☑ 在工法參數顯示刀尖
- ☑ 分離有效對話框的樹型視角
- ☑ 預覽加工法摺疊對話框
- ☑ 打開所有加工法對話框到最後一頁

圖示顏色：預設
顯示：線
原來尺寸因素：1
刀具路徑開始記號大小因素：1
線寬(w)：2

指令TIPS　產生刀具路徑

- CommandManager：**SOLIDWORKS CAM →產生刀具路徑**。
- 功能表：**工具→ SOLIDWORKS CAM →產生刀具路徑**。
- 工具列：**產生刀具路徑** 。
- SOLIDWORKS CAM 加工計劃管理員：在 **SOLIDWORKS CAM NC 管理員**、**銑削工件加工面**，或是在加工計劃上按滑鼠右鍵，並選擇**產生刀具路徑**。

STEP 16 請至銑削工件加工面 1 上按滑鼠右鍵，並選擇產生刀具路徑

STEP 17 當刀具路徑產生之後，您可以選擇所有加工計劃，並檢視其路徑是否有異常

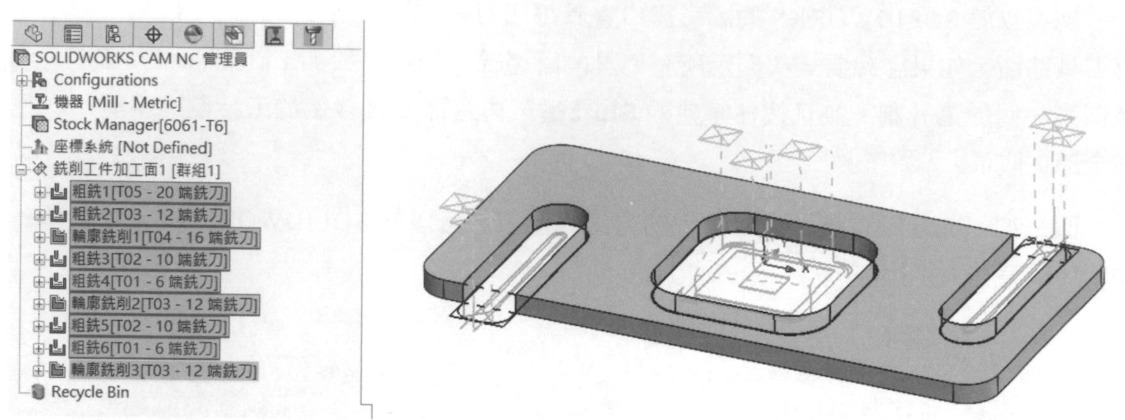

模擬刀具路徑

SOLIDWORKS CAM 提供了模擬刀具路徑的功能，您可以利用**模擬刀具路徑**切削的功能，來模擬刀具實際切削工件的狀態，檢查是否有過切或者是有殘料，以及是否會產生碰撞，以確保加工的安全性。您只需要針對您所需要模擬的地方，可能是一個加工面所有的刀具，也有可能是其中的一把刀具，都可以直接按滑鼠右鍵，選擇模擬刀具路徑。

下圖為模擬刀具路徑介面的說明。

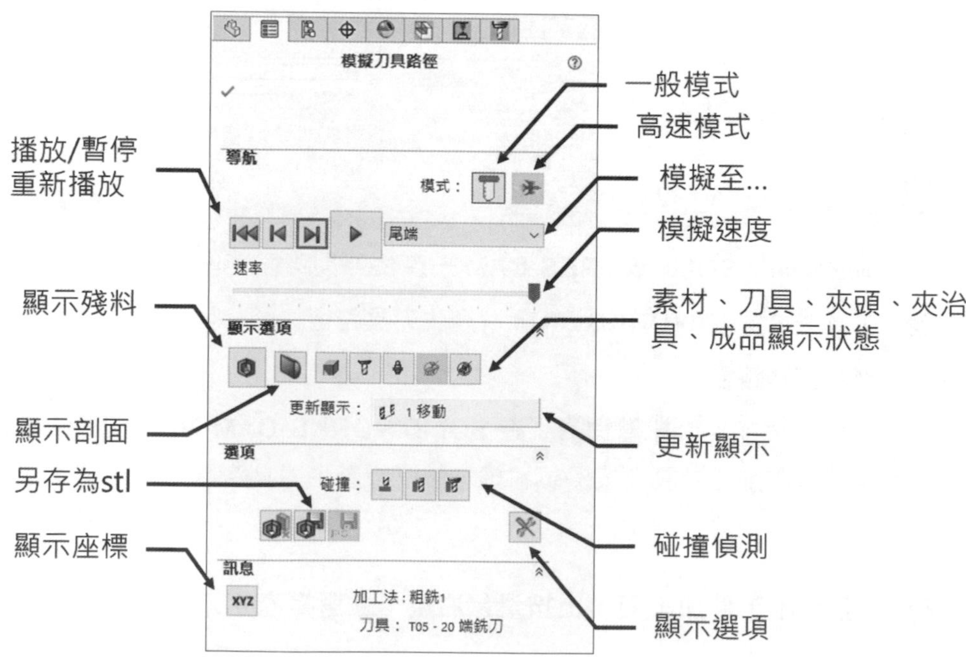

指令TIPS 模擬刀具路徑

- CommandManager：**SOLIDWORKS CAM →模擬刀具路徑** 。
- 功能表：**工具→ SOLIDWORKS CAM →模擬刀具路徑**。
- 工具列：**模擬刀具路徑**。
- SOLIDWORKS CAM 加工計劃管理員：在 **SOLIDWORKS CAM NC 管理員**、**銑削工件加工面**，或是在加工計劃上按滑鼠右鍵，並選擇**模擬刀具路徑**。

STEP 18 模擬刀具路徑

在 CommandManager 中，點選**模擬刀具路徑**來開啟對話框。

在**導航**中：

- 選擇**一般模式**。
- 設定模擬**速率**為 50%。

在**顯示選項**中：

- 素材：**半透明**。
- 刀具：**塗彩顯示**。
- 夾頭：**沿邊線覆蓋**。

接著在**導航**中點選**開始**，當模擬完畢，您會得到以下結果。

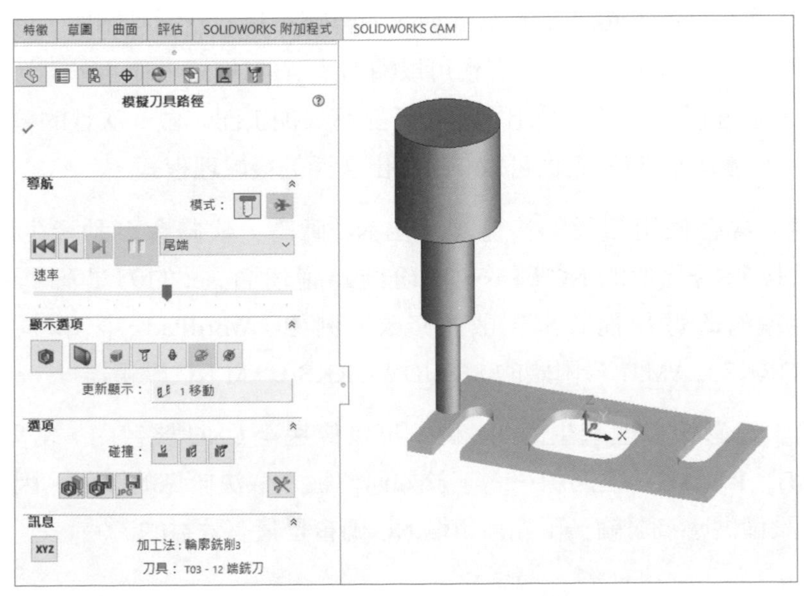

在**顯示選項**中點選**顯示殘料**，即可比對模擬結果，是否有過切或殘料的部分。依照顏色，紅色代表過切、綠色代表加工結果與圖面吻合、藍色則代表殘料的部分，必須加以清除。

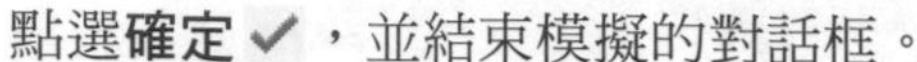

點選**確定** ✓，並結束模擬的對話框。

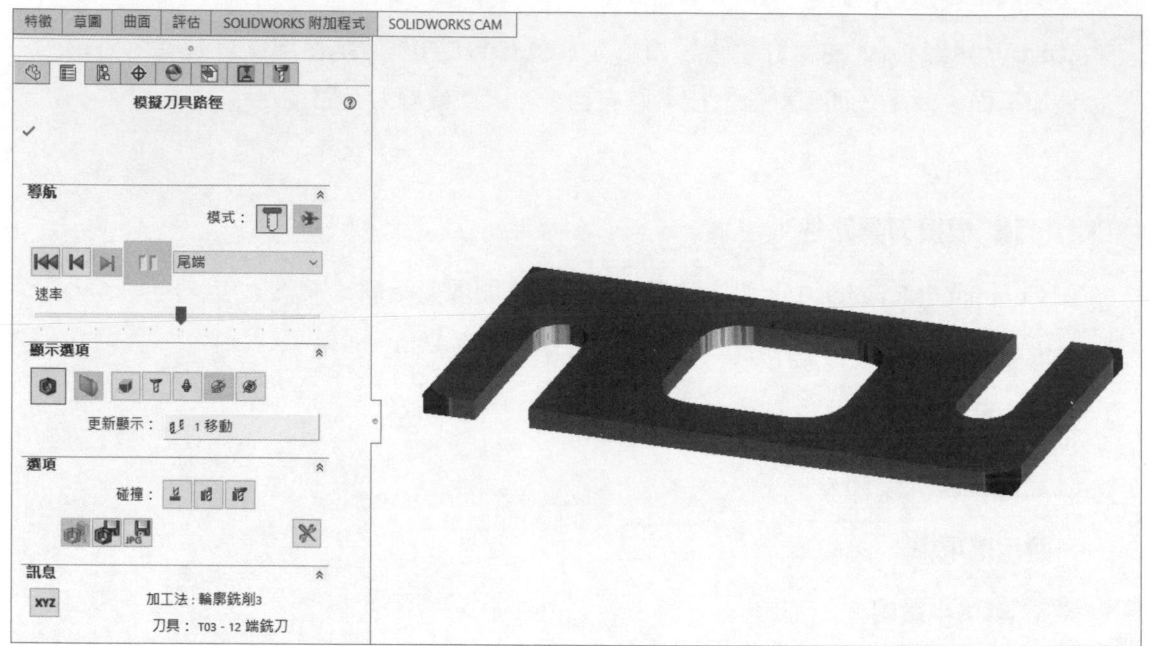

後處理程式刀具路徑

後處理程式是產生 NC 碼的最後一個動作。在此階段，我們會將畫面當中所看到的刀具路徑轉譯為控制器能讀取的 NC 碼。有了 NC 碼之後，我們就能將其傳輸至機器上，並進行實際加工的動作。至於輸出的格式為何，適合哪一種型號的控制器，就得仰賴副檔名為 .ctl 的後處理檔案。除了 NC 碼，您也可以輸出成 APT 格式，作為外部切削模擬使用，產生 NC 碼時，您可以逐一刀具輸出，亦可針對單一加工面，做一次性的輸出。甚至您的後處理有搭配 3+2 軸加工時，您也可以一次輸出多面的後處理程式。

- **輸出文件**：當您使用預設的後處理輸出 NC 碼時，軟體會自動產生兩份文件，一份為提供控制器讀取的 NC 碼，另一份則為副檔名 .set 的刀具清單。您可以使用任何文字編輯的應用程式來開啟並修改，例如：WordPad、記事本。或者是利用 SOLIDWORKS CAM 本身附贈的 SOLIDWORKS CAM NC 編輯器。
- **程式傳輸**：經過後處理產生的 NC 碼，可以傳送至 CNC 機台內。常見的做法有 CF card、USB、RS-232、網路線…。至於如何傳輸，取決於您的設備。因此，建議您可以與您的設備供應商討論一下如何傳輸 NC 碼會是最有效益的。

- **發布後查看 SOLIDWORKS CAM 與後處理相關屬性及程式碼**：SOLIDWORKS CAM 提供了一下功能，您可以在輸出後處理程式後，於**後置處理器詳細資訊**查看與零件相關的屬性，例如：機器名稱、控制器型號、後處理版本⋯。這些資訊都是可以藉由後處理器進行客製化的。

- **後處理對話框**：後處理對話框允許您執行啟動後處理的計算，位於畫面左上方的後處理控制按鈕，可以逐一播放，並生成 NC 碼，或者直接播放，甚至快速播放（無文字預覽）。

  單節。當您點選單節的時候，後處理對話框會單節單節生成 NC 碼，每按一下按鈕，就產生一行程式碼。這樣的方式，最適合初期用來檢查程式檔頭是否有異樣。

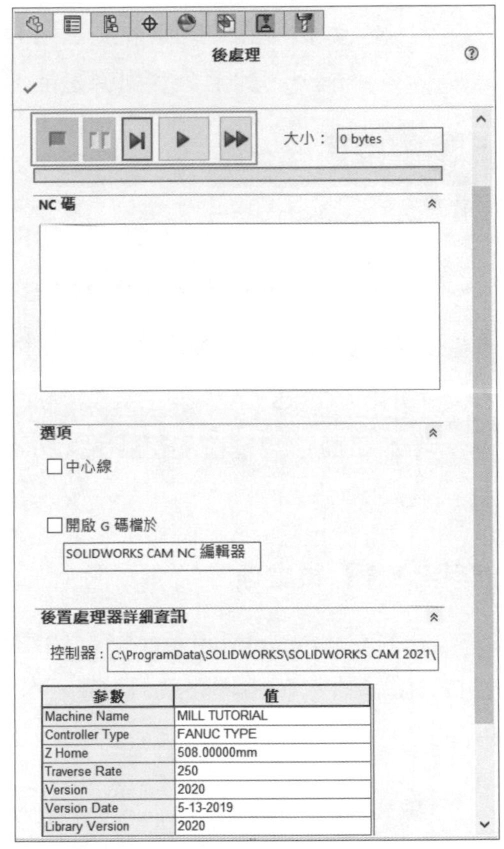

  開始模擬。當您點選開始模擬的時候，後處理器便會自動開始生成 NC 碼，並將轉出的程式碼，顯示於對話框之中。一直到程式全部輸出完畢為止。

  在開始模擬的過程當中，您也可透過**暫停**及**停止**，來終止後處理的計算。

  快速。或者您也可以等到程式全部輸出之後再來檢查程式碼內容。因此您也可以點選快速的按鈕，其計算的速度較快，並且於預覽的窗格不會顯示目前轉譯的 NC 碼進度。經原廠統計，使用快速的按鈕，可提升轉譯的速度 50~60%。

  - NC 碼：顯示於後處理期間生成的 NC 碼，您可以透過滾動視窗來查看程式細節。
  - 選項：
    - ☑ 中心線：當您勾選此選項並生成 NC 碼時，於 SOLIDWORKS 的視窗中，會同步亮顯每一行對應的刀具路徑線，無論直線或圓弧。此選項不支援循環指令，當您輸出鑽孔循環的時候，僅會看到一條直線由上至下加工。請注意，此選項不支援快速發佈模式。
    - ☑ 開啟 G 碼檔於：當您勾選此選項時，在輸出 NC 碼之後，軟體會自動開啟 SOLIDWORKS CAM NC 編輯器，以便後續您編輯或模擬 NC 碼。

> **提示** 您無法透過選項更改此編輯器，但是您可以於 SOLIDWORKS CAM 的選項當中設定：當您轉出 NC 碼時，預設用什麼編輯器開啟，如記事本。如此一來，當您輸出 NC 碼後，軟體便會自動開啟記事本並顯示程式碼。於選項當中，您也可以勾選，是否預設就直接使用 SOLIDWORKS CAM NC 編輯器來開啟 NC 碼。

- 後置處理器詳細資訊：
  - ☑ 控制器：顯示目前所使用的後處理檔案位置。
  - ☑ 參數 / 值：此處會顯示所有與後處理相關的資訊，例如：機器名稱、後處理名稱…，此部分資訊都是能客製化的。

指令TIPS 後處理

- CommandManager：**SOLIDWORKS CAM →後處理** 。
- 功能表：**工具→ SOLIDWORKS CAM →後處理**。
- 工具列：**後處理** 。
- SOLIDWORKS CAM 加工計劃管理員：在 **SOLIDWORKS CAM NC 管理員**、**銑削工件加工面**，或是在加工計劃上按滑鼠右鍵，並選擇**後處理**。

STEP 19 後處理

請至 CommandManager 點選**後處理**，此時軟體會自動跳出**後處理輸出檔案**的視窗，並提示您要將 NC 碼儲存於何處。本章我們可以將檔案儲存於 Lesson 01\Case Study\Post Process 中。

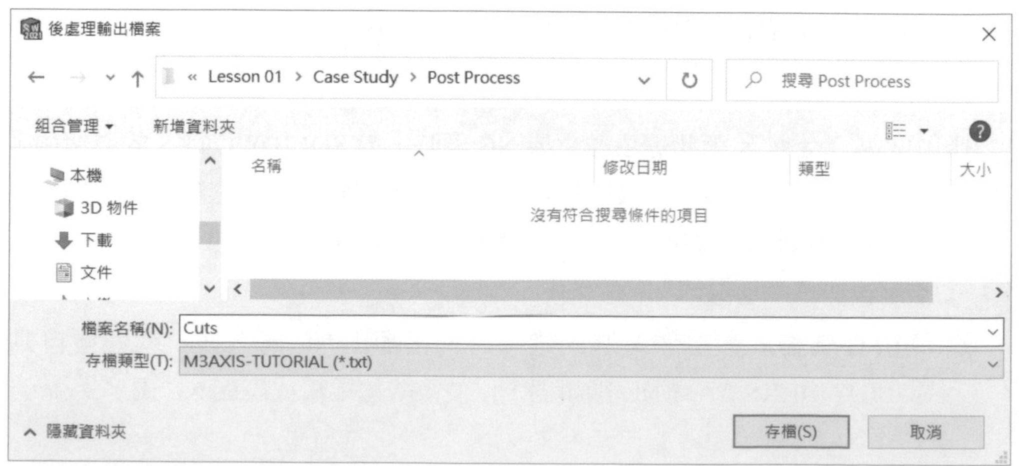

點選**存檔**後，軟體會自動開啟**後處理**的對話框，點選**開始模擬**來產生 NC 碼於此資料夾當中。

點選**確定** ✓ 以關閉視窗。

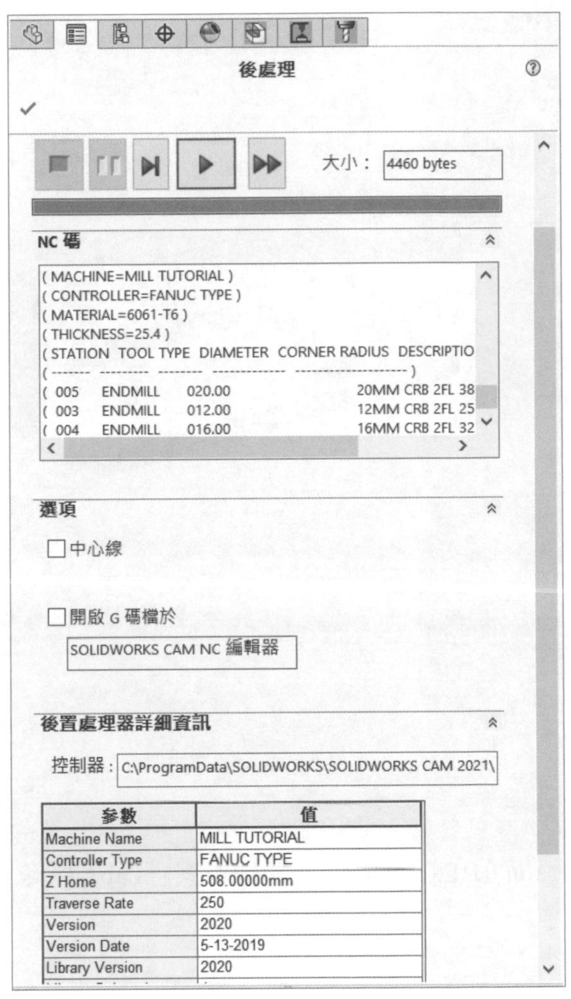

STEP 20 儲存並關閉檔案

練習 1-1 產生刀具路徑及 NC 碼

藉此範例，利用自動特徵辨識的方式，試著產生刀具路徑及 NC 碼。

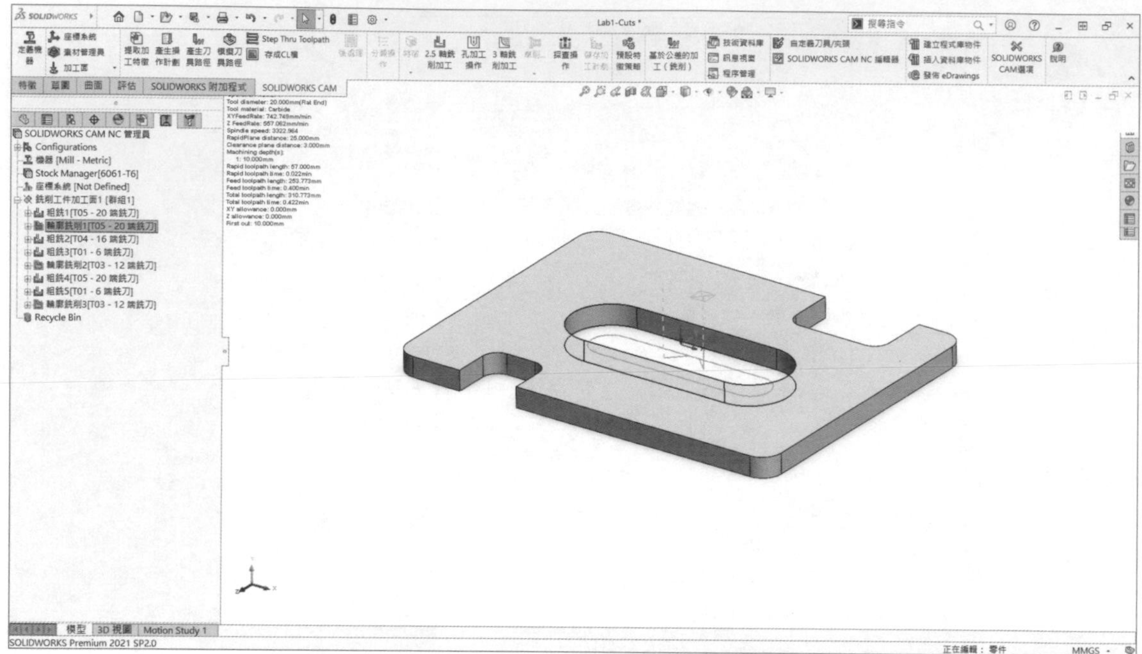

操作步驟

STEP 1 開啟檔案

請至範例資料夾 Lesson 01\Exercises，並開啟檔案「Lab1-Cuts.sldprt」。

STEP 2 定義機器

請使用以下參數：

- 機器：Mill-Metric。
- 機器機能：Light duty。
- 刀塔：Tool Crib 2(Metric)。
- 後處理程序：M3AXIS-TUTORIAL。
- 後處理：

  Program Number:5001。

  Part Thickness:10mm。

STEP 3 SOLIDWORKS CAM 選項

依序點選**選項→銑削特徵→自動辨識可加工特徵→特徵型態**，並勾選：

- 孔
- 無孔
- 島嶼外形
- 面
- 錐度與圓角

STEP 4 定義素材

請至素材管理員中，定義材質及大小，如下：

- 材質：304L。
- 素材類型：外觀邊界。
- Y+：2mm。

素材大小應為 X：200.00mm、Y：12.00mm、Z：150.00mm。

STEP 5 定義座標系統

定義夾治具座標系統為左上角，並且確認 Z 軸方向是否正確。

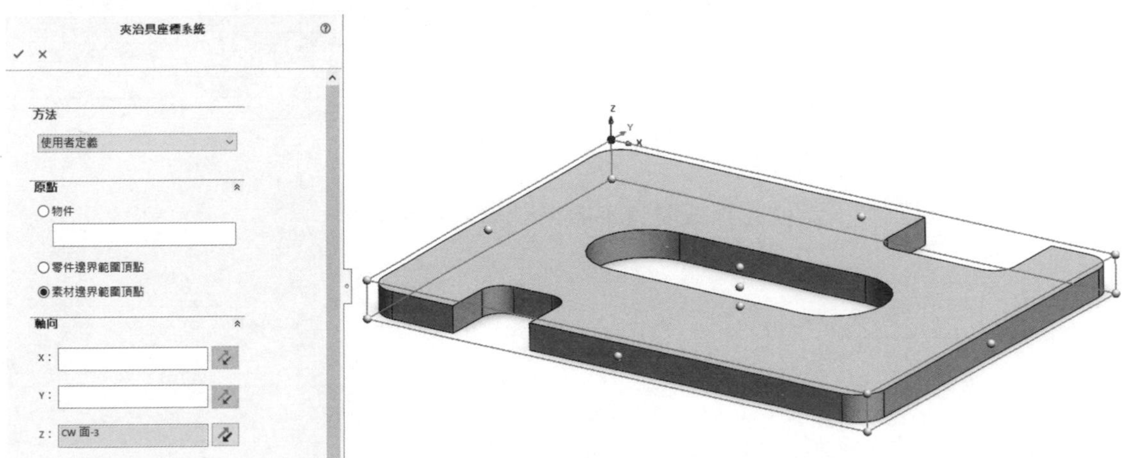

STEP 6 產生加工特徵

使用AFR的方式來辨識此零件可加工的部位。

STEP 7 產生加工計劃

利用產生加工計劃來加入排刀。

STEP 8 產生刀具路徑

點選產生刀具路徑，讓軟體根據現有參數來計算刀具路徑。

STEP 9 模擬刀具路徑

點選模擬刀具路徑來檢查是否有過切或殘料。

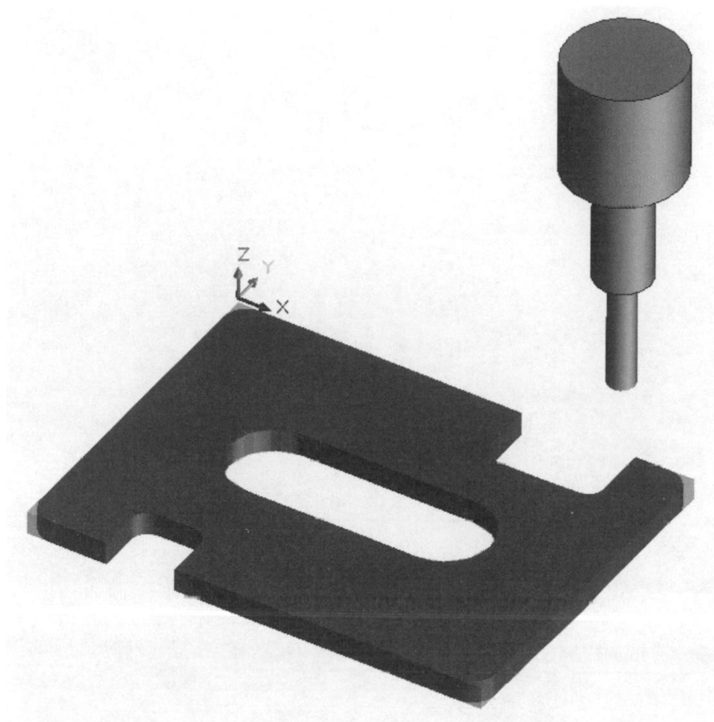

STEP 10 產生 NC 碼

點選後處理來輸出 NC 碼。

STEP 11 儲存並關閉檔案

NOTE

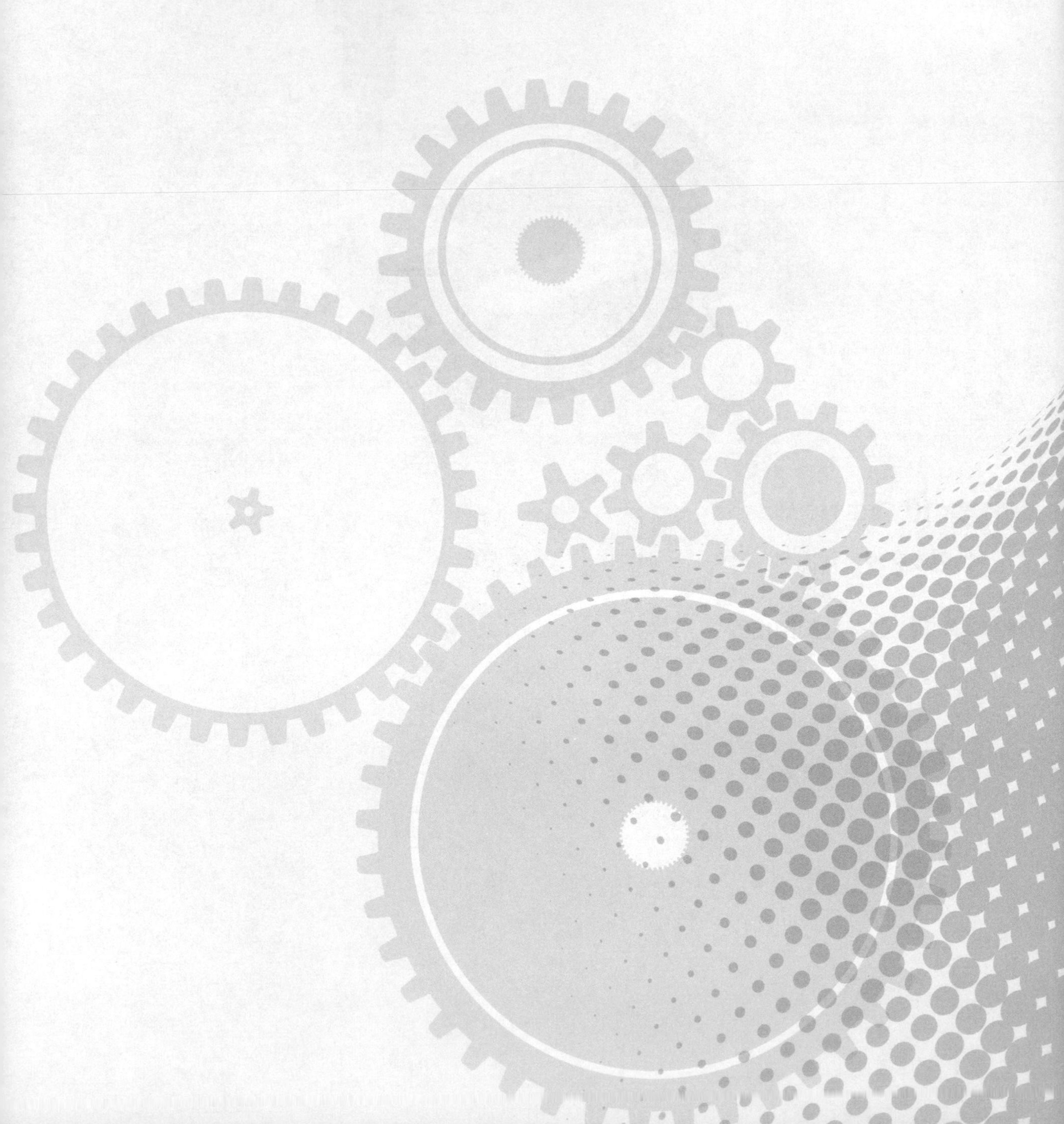

02

自動特徵辨識（AFR）與加工計劃

順利完成本章課程後，您將學會：

- 設定自動特徵辨識
- 產生加工特徵
- 產生加工計劃
- 清除刀具警告
- 產生刀具路徑
- 刪除加工計劃
- 排序加工計劃
- 儲存加工計劃
- 修改刀具
- 修改加工參數
- 設變後如何重新產生刀具路徑

2.1 特徵、加工計劃與刀具路徑

基於特徵的加工是驅動 SOLIDWORKS CAM 背後主要的概念，透過定義不同的特徵，SOLIDWORKS CAM 可以應用更多自動化及智能化的刀具路徑。因為透過不同特徵所對應的不同加工方式，可以為使用者帶來更直觀、更安全，甚至更有效率的加工方式。加工特徵像是槽穴、島嶼或者是孔，都能透過 AFR 的方式自動辨識出來，或者您也可以透過半自動交互的方式，利用模型的邊線、面及草圖來建立 2.5 軸特徵。

以下特徵是 SOLIDWORKS CAM 可支援的加工特徵：

- 不具有拔模角的島嶼及槽穴。
- 具有相同拔模角度的島嶼及槽穴。無論底部是否有圓角。
- 矩形、圓形和不規則形狀之島嶼及槽穴。
- 具有垂直面的開放式輪廓。
- 矩形或不規則開放槽。
- 孔、柱孔及錐孔。
- 孔的部分甚至可以衍生為一般鑽孔、搪孔、絞孔、牙紋…等。
- 階級孔。

在前一章，我們已經學習了 SOLIDWORKS CAM 的操作流程，甚至輸出 NC 碼。過程中我們是透過 AFR 的方式來建立加工特徵，並產生加工計劃及刀具路徑。本章我們將更進一步探討 AFR、AFR 選項、手動建立及修改加工特徵，並說明設變後，我們將如何調整加工特徵。

2.1.1 自動特徵辨識

透過 AFR（Automatic Feature Recognition）技術，軟體會自動針對常見的幾何進行篩選，例如：槽穴、島嶼、孔…。點選提取加工特徵，則軟體將啟動 AFR，並進一步針對模型的幾何進行分析。

下圖為 AFR 可辨識的 2.5 軸特徵：

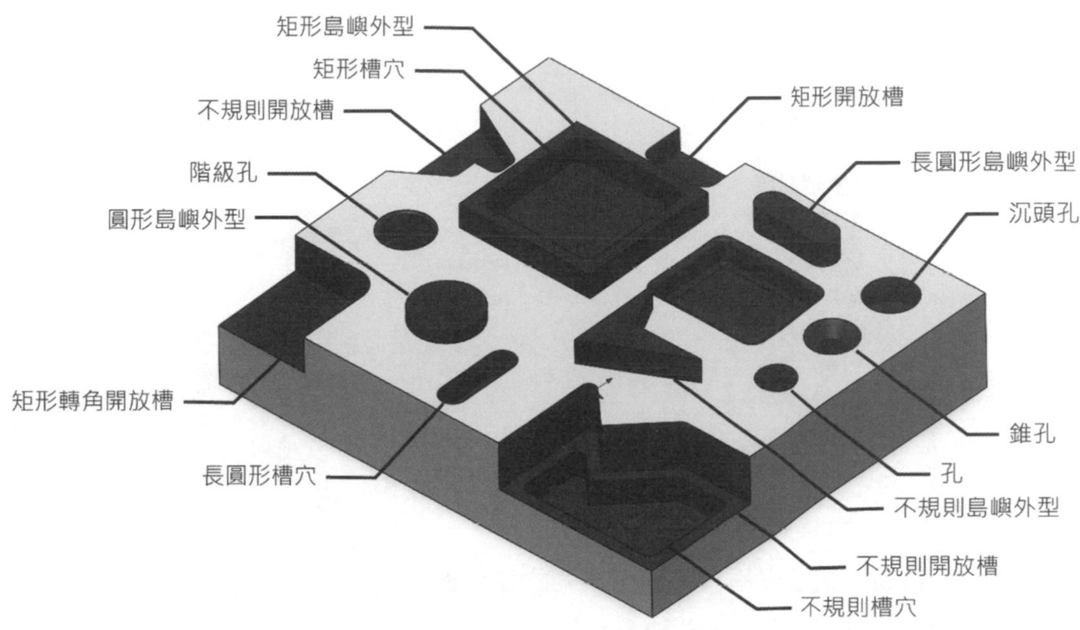

根據辨識的結果，SOLIDWORKS CAM 會在加工特徵管理員中產生銑削工件加工面及加工特徵。銑削工件加工面的方向，就代表加工的方向，刀具會在此平面上進行 2 軸的移動及切削。而銑削工件加工面會列出在此方向可以執行加工的特徵，並按照它們被辨識的順序排列。

使用 AFR 可以快速的查看我們要加工的零件需要拆解為多少個銑削工件加工面。它可協助我們檢測出很多視覺上難以分辨的特徵，例如今天畫面當中有兩個鑽孔，一個為垂直 Z 軸方向的鑽孔，另一個偏差了 3°，當我們使用手動的方式來設定時，可能會以為兩者是同一個方向的加工。而使用 AFR，軟體便會自動產生兩個銑削工件加工面，避免人為的錯誤。AFR 的分析僅限於實體，隱藏的實體或草圖，都無法辨識。

在前一章節，加工特徵是透過提取加工特徵（AFR）的方式來產生，並**產生加工計劃**及**產生刀具路徑**。

AFR 選項

您可以於 **SOLIDWORKS CAM 選項**中，對 AFR 進行細部的設定。例如，您可以於**銑削特徵**分頁的**特徵型態**中，勾選哪些特徵需要被辨識。

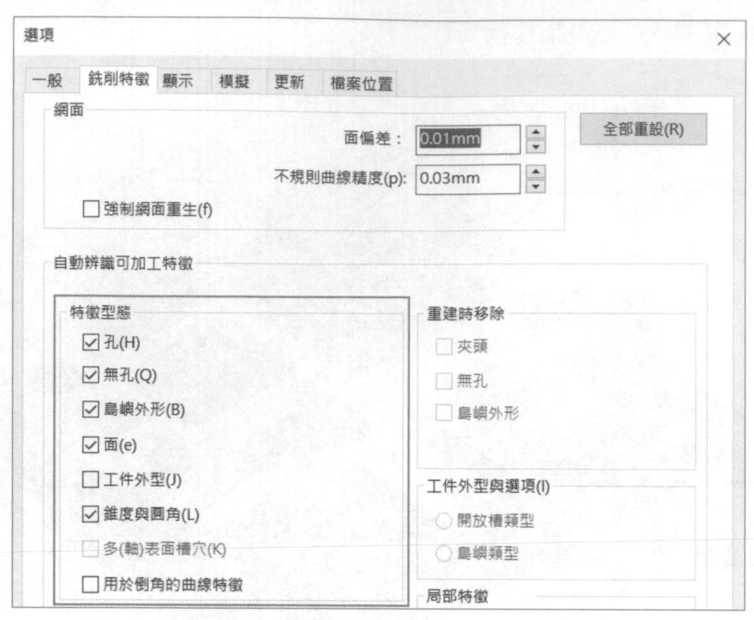

除此之外，**孔識別選項**可用於定義可鑽孔的**最大直徑**，以下圖為例，我們設定最大直徑為 50.8mm，一旦我們遇到孔小於 50.8mm，那麼它就會被判別為一個鑽孔，並給予鑽中心孔及鑽頭。但假使此孔大於 50.8mm，那麼它將會被判別為一個圓形槽穴，對應的刀具就會變成為端銑刀。而勾選**識別柱孔**係指假設您有 2 個甚至更多不同直徑的孔，只要它們的中心線都是一致的，那麼它們將被視為柱孔；如果不勾選的話，那麼它將被視為兩個毫無關係的孔或槽。

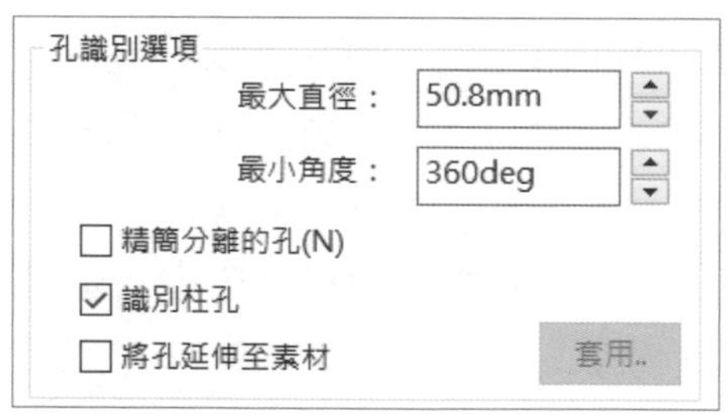

勾選**建立特徵群組**選項，則相同直徑及深度的孔，將會被視為相同規格的孔，並分類於同一群組。

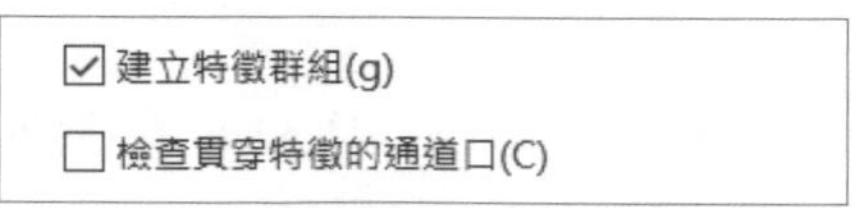

當我們在操作軟體時，通常會依序點選提取加工特徵、產生加工計劃、產生刀具路徑。而這樣制式的操作流程可以再更進一步的自動化，您可以至**選項→更新**中勾選**對新特徵產生加工法、為沒有刀具路徑加工產生刀具路徑**。

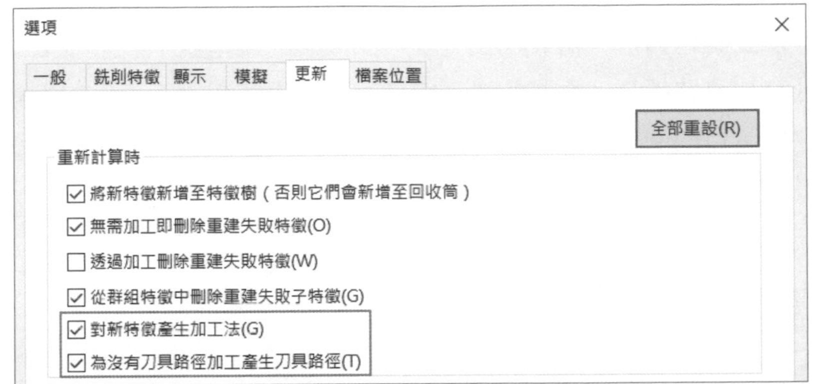

一旦勾選了此兩個選項，當您執行特徵辨識後，所得到的新特徵，軟體便會自動為此特徵產生對應的加工計劃，又因為新的加工計劃沒有刀具路徑，所以軟體就會自動的產生刀具路徑。如果您未勾選這兩個選項，那麼您就必須手動額外再產生加工計劃及路徑。

指令TIPS　SOLIDWORKS CAM 選項

- CommandManager：**SOLIDWORKS CAM → SOLIDWORKS CAM 選項**。
- 功能表：**工具→ SOLIDWORKS CAM →選項**。
- 工具列：**選項**。
- SOLIDWORKS CAM 加工特徵管理員：在 **SOLIDWORKS CAM NC 管理員**上按滑鼠右鍵，並選擇**選項**。

提取加工特徵

執行**提取加工特徵**會啟動特徵辨識的功能，並且將可加工之特徵條列於 SOLIDWORKS CAM 加工特徵管理員的**銑削工件加工面**下。如右圖所示，經過特徵辨識後我們得到了這幾種特徵：

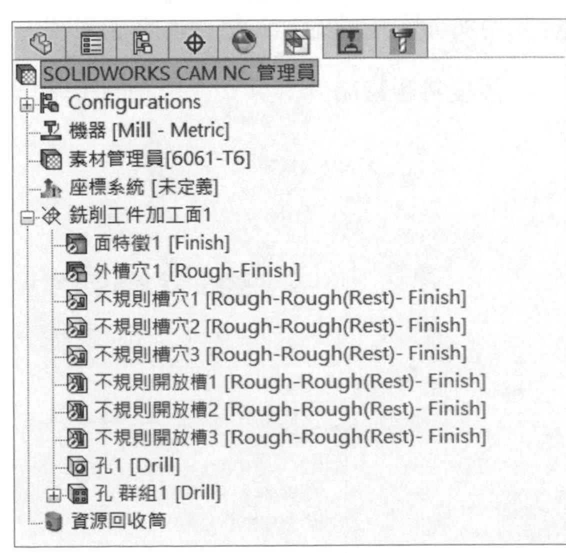

1. 面特徵
2. 外槽穴
3. 不規則槽穴
4. 不規則開放槽
5. 孔

提示

提取加工特徵通常只需要點選一次，如果您的模型做了設計變更，並且需要重新計算刀具路徑時，軟體會提示您是否需要更新或重新產生加工計劃。選擇**更新**會保留目前的設定值，如：刀具大小、轉速進給；若選擇**重新產生**，則會重新根據資料庫預設值，重設加工條件。

2.1.2 特徵策略

當特徵產生時，軟體會根據技術資料庫，預設給予加工策略，如右圖所示，當我建立了一個不規則槽穴特徵時，其預設策略為粗銑 - 粗銑（殘料）- 精修。所以當我執行產生加工計劃時，軟體會自動為我們加入三把刀具，作為粗銑、中胚及精修使用。

預設特徵策略

當執行產生加工計劃時，軟體會根據策略進行排刀。而策略通常也與特徵相關。舉例來說，假設我們建立了一個矩形特徵，在建立特徵的過程當中，會有一個欄位可以選擇對應的策略，您可以選擇是粗胚 - 精修，或者是粗胚 - 中胚 - 精修。根據您選擇的策略，會決定後續配置的刀具為 2 把刀具或是 3 把刀具。更進一步，技術資料庫會根據特徵的大小、深度來調整預設的刀具…，而這些加工策略是可以透過技術資料庫進行儲存的。您可以將您常使用的加工條件，修改之後儲存回技術資料庫，下次遇到相同特徵的時候，就可以直接使用與前次相同的加工條件進行加工了。

預設特徵策略允許你修改預設的策略。

預設特徵策略

銑削

編輯/檢視以下項目的策略方案： 目前文件/機床

策略方案： Default

特徵	預設策略
Hole (0)	Drill
Countersunk Hole (0)	Drill
Counterbore Hole (0)	Drill
Rectangular Pocket (0)	Rough-Rough(Rest)- Finish
Circular Pocket (0)	Rough-Rough(Rest)- Finish

- **編輯 / 檢視以下項目的策略方案**
  - 目前文件 / 機床：當您選擇目前文件 / 機床時，代表本次的修改，僅有針對此單一檔案，並不會修改軟體的預設值，下次開新檔案時，仍舊會以原技術資料庫為主。
  - 技術資料庫：當您選擇技術資料庫時，代表本次的修改是針對所有檔案，之後所開啟的任何新文件，都將以此策略為主。

提示　如果您想了解更多細節，可以參考說明文件。

指令TIPS　預設特徵策略 

- CommandManager：**SOLIDWORKS CAM→預設特徵策略**。

2.1.3　範例練習：特徵、加工計劃與刀具路徑

在此範例中，我們將使用 AFR 的方式來針對 SOLIDWORKS 零件檔案產生加工特徵、加工計劃及刀具路徑，並試著調整其加工順序、所使用的刀具，並調整加工參數。最後，我們會對此零件進行設計變更，並學習如何重新產生刀具路徑。

STEP 1　開啟舊檔

請至範例資料夾 Lesson 02\Case Study，並開啟檔案「Mill2AX_1.sldprt」。

STEP 2　選擇機器

將畫面切換至加工特徵管理員，並在**機器**上按滑鼠右鍵，選擇編輯定義。

銑削特徵：選擇 Mill-Metric，並點選**選擇**鈕。

STEP 3　選擇刀塔

切換至**刀塔**的分頁，並選擇 Tool Crib 2(Metric) 作為目前**啟用的刀塔**。

STEP 4 後處理程序

切換至**後處理程序**的分頁，點選**瀏覽**按鈕，選擇後處理範本 fadalcnc.ctl 後，按下**開啟**。

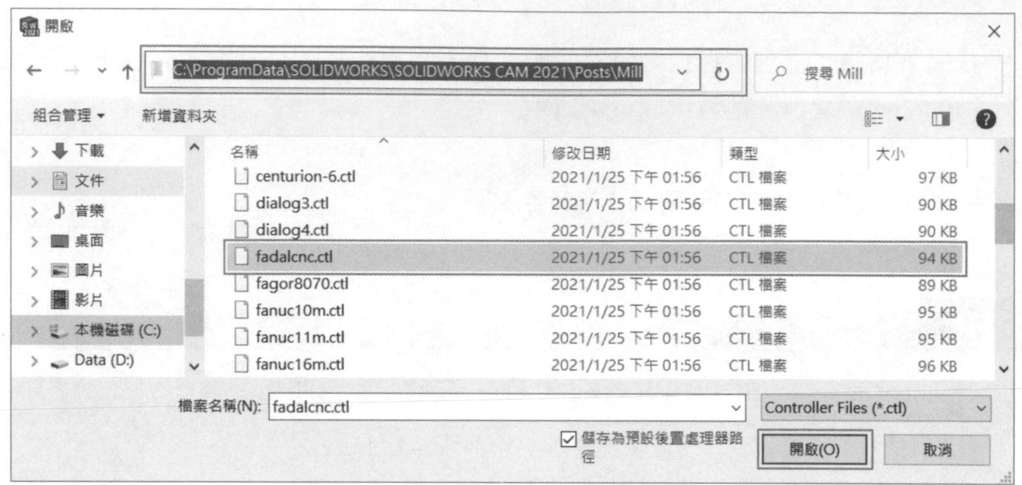

選擇後處理範本 fadalcnc.ctl，並點選**選擇**鈕。

點選**確定**。

STEP 5 定義素材

請至**素材管理員**上按滑鼠右鍵，並選擇**編輯定義**。

材質：選擇 6061-T4。

素材類型：選擇外觀邊界範圍，並針對素材的大小，各增加 10mm 的厚度。

在**偏移外觀邊界範圍**中，點選 **X+**（X 相同）的按鈕，輸入 10mm，此時您會發現 **X-** 方向將會變成灰色的，代表您只要輸入 X 正方向的偏移尺寸，即可得到對稱的偏移量。

重複此動作，並偏移 **Y**、**Z** 兩方向各 10mm。

點選**確定** ✓。

STEP 6 定義座標系統

請至 SOLIDWORKS CAM 加工特徵管理員中找到**座標系統**，並按滑鼠右鍵選擇**編輯定義**。

我們設定左上角的角點作為程式原點，並確認 Z 軸方向是否與加工面垂直。

點選**確定**。

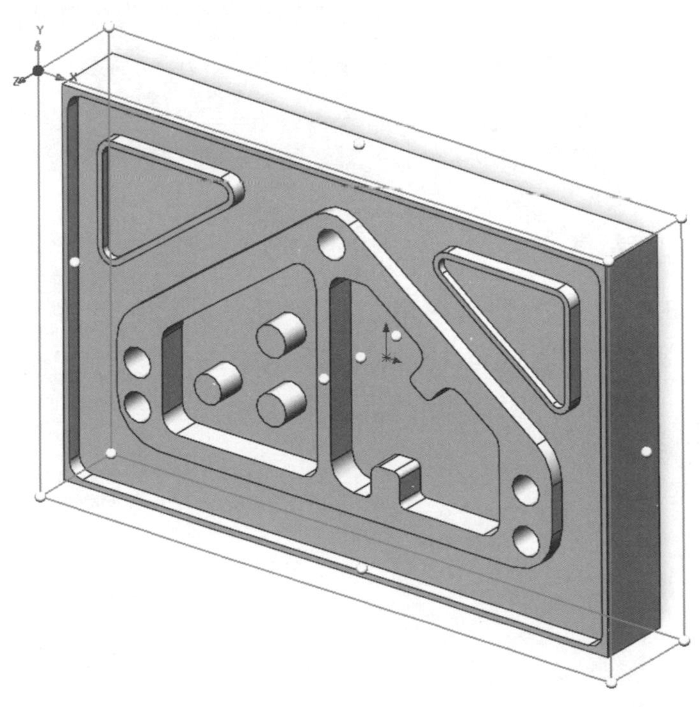

STEP 7 設定選項

請至 SOLIDWORKS CAM NC 管理員上按滑鼠右鍵，並選擇**選項**。在**銑削特徵**分頁的**自動辨識可加工特徵**中，勾選與右圖對應之特徵。

切換至**更新**的分頁，並參考右圖勾選選項。

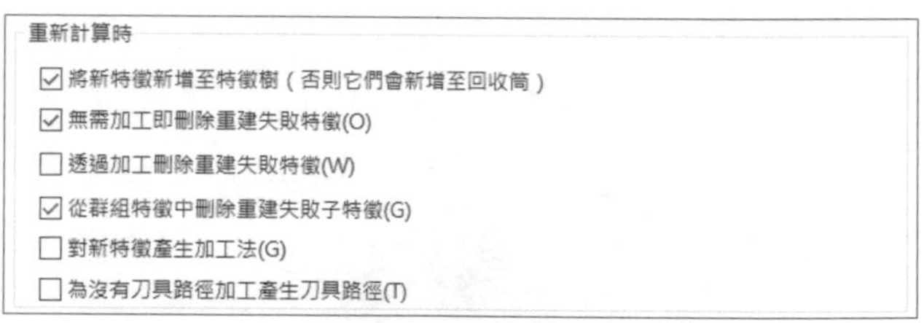

STEP 8 提取加工特徵

請至 CommandManager 上點選**提取加工特徵**。軟體會自動建立一銑削工件加工面 1，以及其包含之特徵，如右圖所示。孔的部分因為都是相同直徑及深度，所以被分類至同一類別。

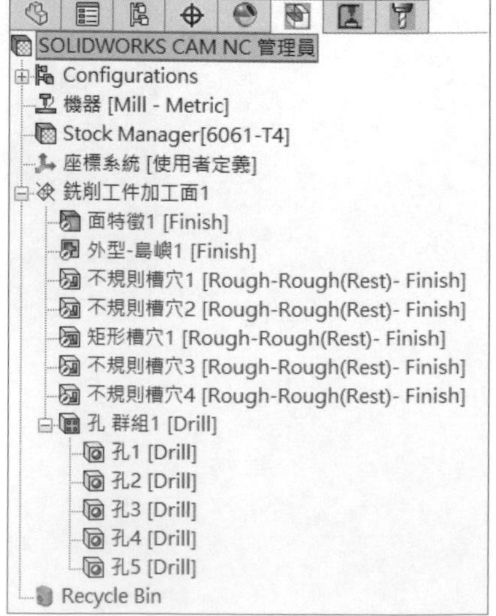

STEP 9 產生加工計劃

請至 SOLIDWORKS CAM 加工特徵管理員，於銑削工件加工面 1 上按滑鼠右鍵，並選擇**產生加工計劃**。

警告訊息

請注意，當我們產生加工計劃之後，於最後兩把刀具：鑽中心孔及鑽頭，會出現黃色的驚嘆號於樹狀結構中。驚嘆號的作用，通常是用在提醒使用者潛在的問題，並不見得完全是錯誤訊息。以此範例，因為此孔的直徑為 20mm，在我們預設的刀塔內，並沒有 20mm 的鑽頭，而軟體為了加工出 20mm 的鑽孔，於是便從技術資料庫中新增了一把刀具。

操作流程

我們根據以下操作來排除警告訊息：

1. 針對具有黃色驚嘆號的刀具，按滑鼠右鍵，並勾選**錯誤為何？**。
2. 訊息視窗會顯示其錯誤的原因：選擇的刀具並非來自刀塔。

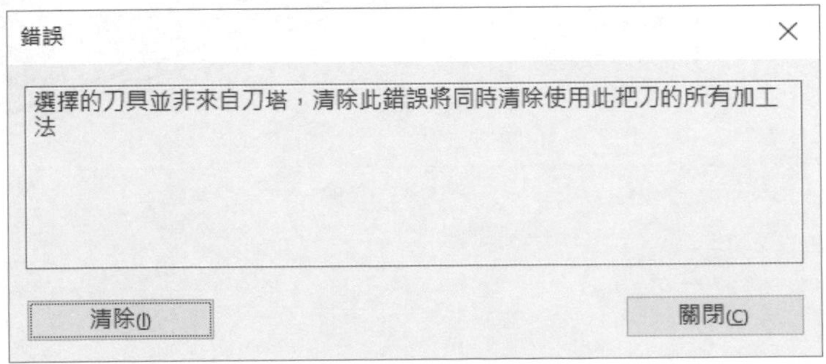

3. 點選**清除**按鈕，即可消除錯誤訊息。

4. 重複上述動作，即可清除所有警告訊息了。以此範例來說，您必須清除鑽中心孔及鑽孔兩把刀具的錯誤訊息。

STEP 10 清除錯誤訊息

請至鑽中心孔的加工計劃上按滑鼠滑鼠右鍵，並勾選**錯誤為何**？

點選**清理**。

請至鑽頭的加工計劃上按滑鼠右鍵，並勾選**錯誤為何**？

點選**清理**。

STEP 11 預覽加工法參數

將滑鼠停留在面銑削 1[T12-50 面銑削] 上，於視窗的左上角，即可瀏覽加工資訊。

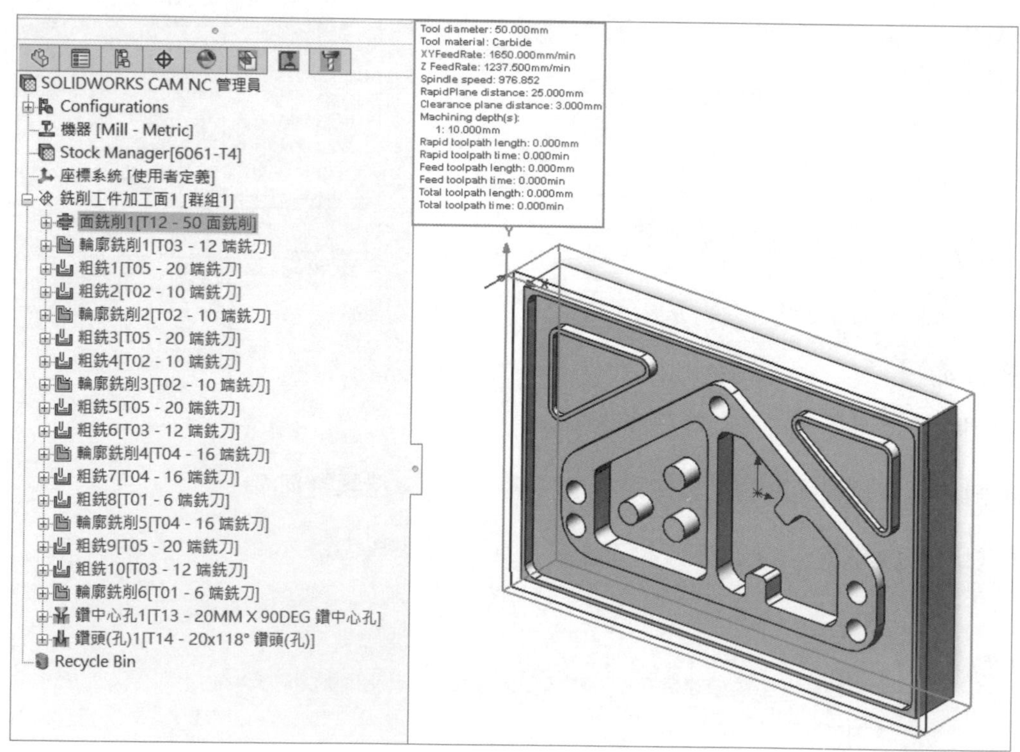

技巧

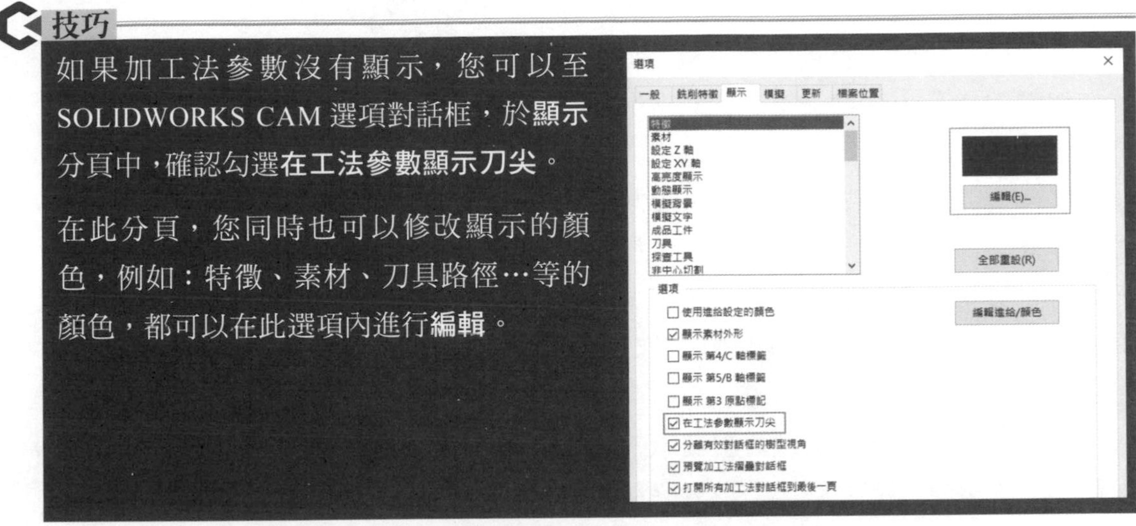

如果加工法參數沒有顯示，您可以至 SOLIDWORKS CAM 選項對話框，於**顯示**分頁中，確認勾選**在工法參數顯示刀尖**。

在此分頁，您同時也可以修改顯示的顏色，例如：特徵、素材、刀具路徑…等的顏色，都可以在此選項內進行**編輯**。

STEP 12 產生刀具路徑

請至 SOLIDWORKS CAM 加工計劃管理員，於銑削工件加工面 1 上按滑鼠右鍵，並選擇**產生刀具路徑**。

STEP 13 預覽刀具路徑

將滑鼠移至面銑削 1 上，即可預覽刀具路徑。

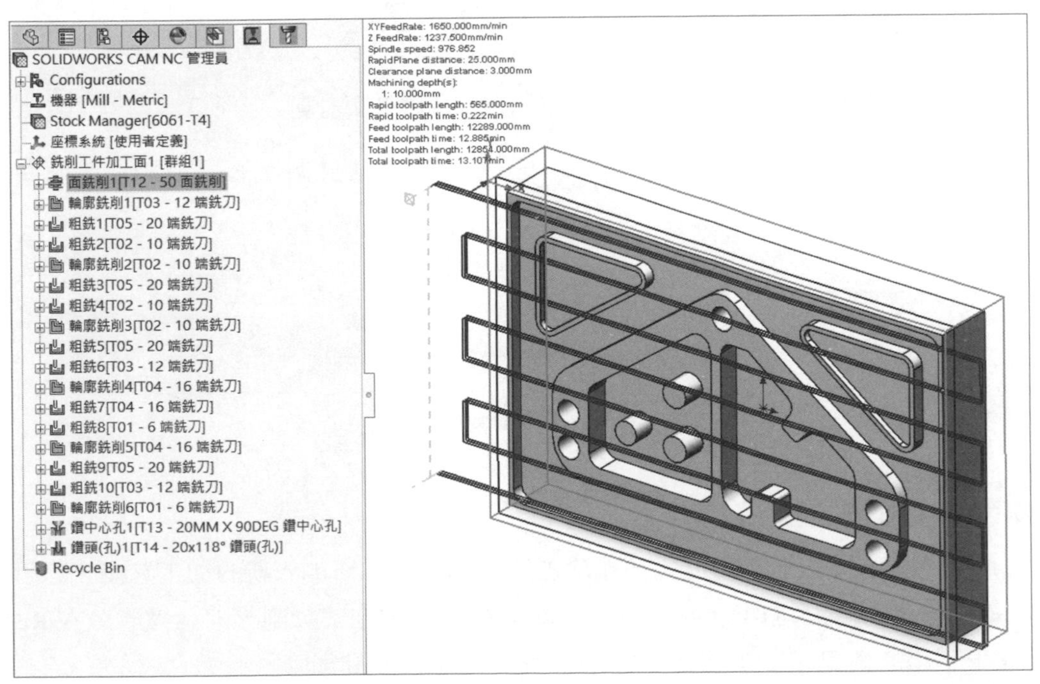

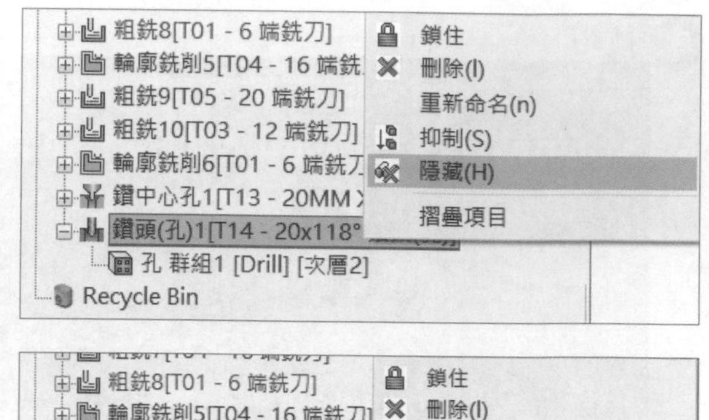

而刀具路徑可以根據您所選擇的刀具，透過按滑鼠右鍵並點選**隱藏**，將其作隱藏的動作，如此一來，畫面當中將不再顯示刀具路徑。此操作可適用於一個或多個刀具路徑。當您將特徵設為隱藏，軟體僅刪除刀具路徑的顯示，您仍然可以針對此刀具路徑進行修改（編輯、重新命名、移動…）並產生刀具路徑。您也可以針對此刀具路徑進行模擬甚至輸出程式。如果您希望再次顯示刀具路徑，請再次於刀具路徑上按滑鼠右鍵，並選擇**顯示**。

2.1.4 修改加工計劃

SOLIDWROKS CAM 允許您透過拖曳放置的方式來修改加工順序，您可以在加工特徵管理員中，針對特徵拖曳放置來修改特徵的順序，並重新產生加工計劃。也可以在加工計劃管理員中，針對加工計劃重新排序。

在 SOLIDWORKS CAM 加工計劃管理員中，您可以：

- 顯示 / 隱藏刀具路徑顯示
- 刪除加工計劃
- 調整加工順序
- 排序加工計劃
- 抑制加工計劃
- 重新命名
- 合併加工計劃
- 鎖住加工計劃
- 修改加工參數

提示 如果您想了解更多細節，可以參考說明文件。

刪除加工計劃

在某些情況之下，我們可能需要刪除加工計劃，並重新加入新的加工計劃。您可以按滑鼠右鍵，並選擇刪除加工計劃來將其刪除。被刪除的加工計劃，則會被收藏在 Recycle Bin。如果不小心誤刪了加工計劃，也可從 Recycle Bin 將其復原。

指令TIPS 刪除加工計劃

- SOLIDWORKS CAM 加工計劃管理員：在要刪除的加工計劃上按滑鼠右鍵，並選擇刪除。

調整加工的順序

在 SOLIDWORKS CAM 加工計劃管理員中，預設的加工順序是根據您建立特徵的順序。當您加入一個新的特徵，並產生加工計劃，則新的加工計劃的順序會安置在現有加工計劃之後。當然，這樣的方式不見得會是最有效率的加工方式，通常我們會將相同的刀具或類似的操作放置在一塊，減少更換刀具的時間。

操作流程

如何移動單一加工計劃：

1. 針對您要調整順序的加工計劃，按住滑鼠左鍵不放並拖曳。
2. 將加工計劃拖曳至您想放置的加工計劃上方。
3. 放開滑鼠左鍵。
4. 被您拖曳的加工計劃將會被移至您指定的加工計劃之後。

如何移動多個加工計劃：

1. 針對您要調整的加工計劃，透過 **Ctrl** 鍵複選。或者是透過 **Shift** 鍵，一次選取多個連續加工計劃。
2. 按住滑鼠左鍵不放並拖曳。
3. 將加工計劃拖曳至您想放置的加工計劃上方。
4. 放開滑鼠左鍵。

排序加工計劃

您可以於軟體內預先定義加工計劃的優先順序，例如：面銑刀→粗銑→精修→鑽中心孔→鑽孔→螺絲攻。那麼軟體將依照這個順序，重新調整刀具順序。

指令TIPS 分類操作

- CommandManager：**SOLIDWORKS CAM →分類操作**。
- 功能表：**工具→ SOLIDWORKS CAM →分類操作**。
- 工具列：**分類操作** 。
- SOLIDWORKS CAM 加工計劃管理員：在 **SOLIDWORKS CAM NC 管理員**，或**銑削工件加工面**上按滑鼠右鍵，並選擇**分類操作**。

STEP 14 刪除加工計劃

選擇粗銑 8，並按滑鼠右鍵選擇**刪除**。再按**是**。此加工計劃將被移至 **Recycle Bin**。

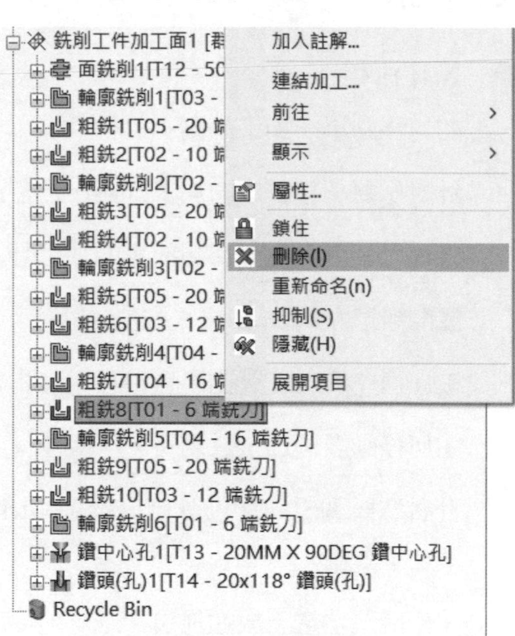

STEP 15 重新排序加工計劃

選擇粗銑 3 並拖曳至粗銑 1。此時粗銑 3 的順序將會排在粗銑 1 之後，選擇粗銑 5 及粗銑 9 並拖曳至粗銑 3，此時所有使用 **20mm 端銑刀**的加工計劃，將會被安排在一起執行。

銑削工件加工面1 [群組1]
面銑削1[T12 - 50 面銑削]
輪廓銑削1[T03 - 12 端銑刀]
粗銑1[T05 - 20 端銑刀]
粗銑3[T05 - 20 端銑刀]
粗銑5[T05 - 20 端銑刀]
粗銑9[T05 - 20 端銑刀]
粗銑2[T02 - 10 端銑刀]
輪廓銑削2[T02 - 10 端銑刀]
粗銑4[T02 - 10 端銑刀]
輪廓銑削3[T02 - 10 端銑刀]

STEP 16 加工法排序

請至銑削工件加工面 1 上按滑鼠右鍵，並選擇**分類操作**。軟體會自動開啟加工法排序的視窗，請切換至**排序**分頁。

在左側的**依…排序**中，我們將粗銑的加工計劃往上拖曳至面銑削之後。

在右側的**然後依…**中，我可以在這邊選擇順位，例如粗銑同時使用到了 20mm 跟 16mm，請問哪一支要先做？

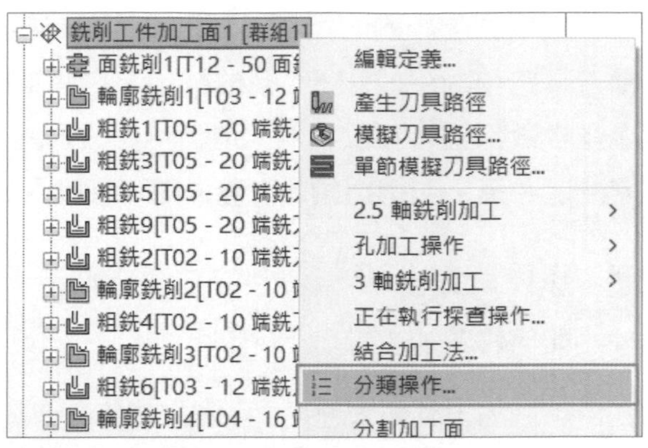

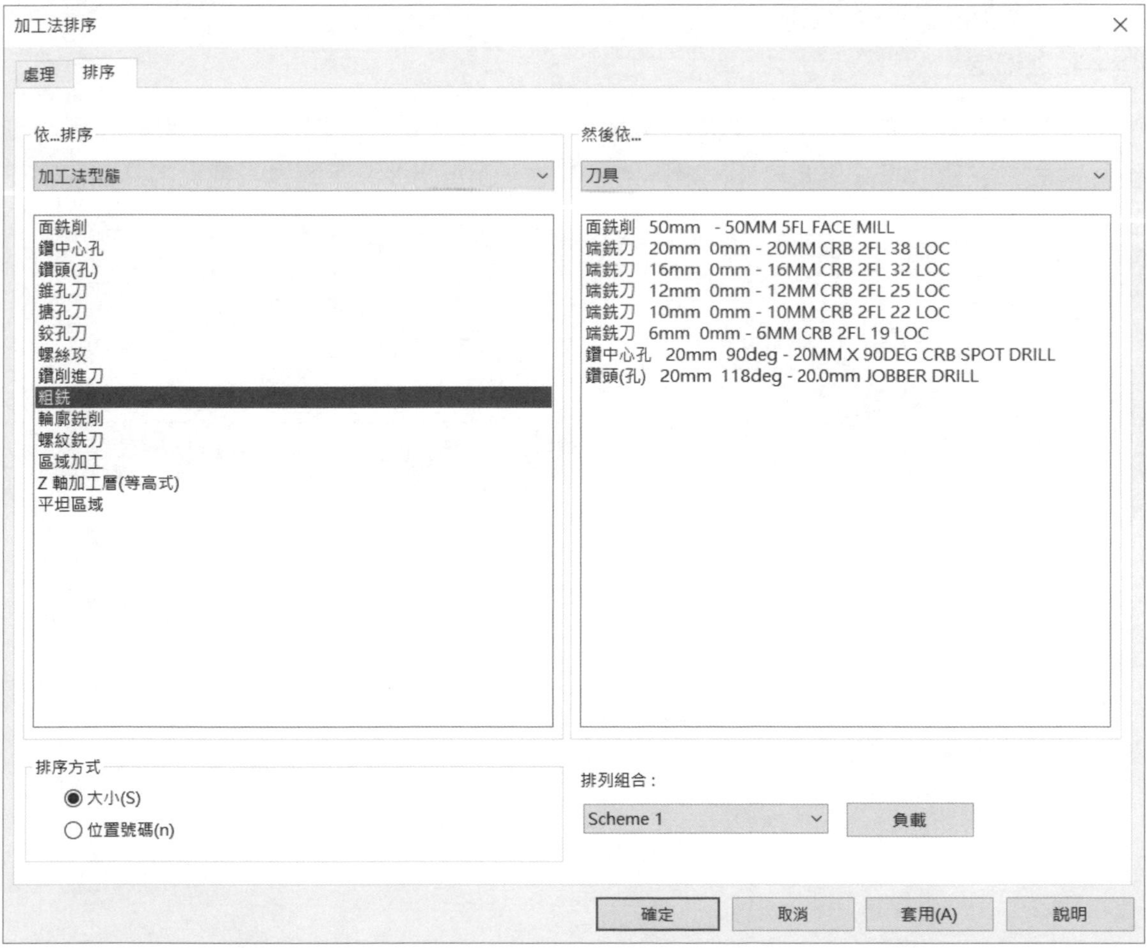

加工法排序

處理 排序

依...排序

加工法型態

面銑削
鑽中心孔
鑽頭(孔)
錐孔刀
搪孔刀
鉸孔刀
螺絲攻
鑽削進刀
粗銑
輪廓銑削
螺紋銑刀
區域加工
Z 軸加工層(等高式)
平坦區域

然後依...

刀具

面銑削 50mm - 50MM 5FL FACE MILL
端銑刀 20mm 0mm - 20MM CRB 2FL 38 LOC
端銑刀 16mm 0mm - 16MM CRB 2FL 32 LOC
端銑刀 12mm 0mm - 12MM CRB 2FL 25 LOC
端銑刀 10mm 0mm - 10MM CRB 2FL 22 LOC
端銑刀 6mm 0mm - 6MM CRB 2FL 19 LOC
鑽中心孔 20mm 90deg - 20MM X 90DEG CRB SPOT DRILL
鑽頭(孔) 20mm 118deg - 20.0mm JOBBER DRILL

排序方式

◉ 大小(S)
○ 位置號碼(n)

排列組合：

Scheme 1 負載

確定 取消 套用(A) 說明

選擇**套用→確定**。

此時加工計劃的順序，就會依照我們根據的規格進行排序了。

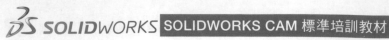

2.1.5 修改參數

產生加工計劃的操作，是根據技術資料庫內儲存的資訊。而加工計劃的參數，都會影響刀具路徑的生成和 NC 碼的輸出。這些參數包含了刀具大小、轉速進給、分層及預留。這些參數都是有預設值的，但仍可修改這些參數值，只需要在想要調整參數的加工計劃上按滑鼠右鍵，並選擇**編輯定義**，即可修改內部細項了。

操作流程

如何修改加工計劃：

1. 請於加工計劃管理員中，在您想修改參數的加工計劃上按滑鼠右鍵，並選擇編輯定義。
2. 或是在加工計劃上快按滑鼠左鍵兩下，同樣也能開啟**工法參數**對話框。
3. 修改參數。
4. 點選**確定**。

根據加工類型的不同，要調整的參數也有所不同，例如：粗加工可能重視分層及預留、精加工在意的是分層及表面、鑽孔則是著重在循環指令。下圖為三種加工計劃個別要調整的畫面，您可以看到它們要調整的畫面，都有所不同。

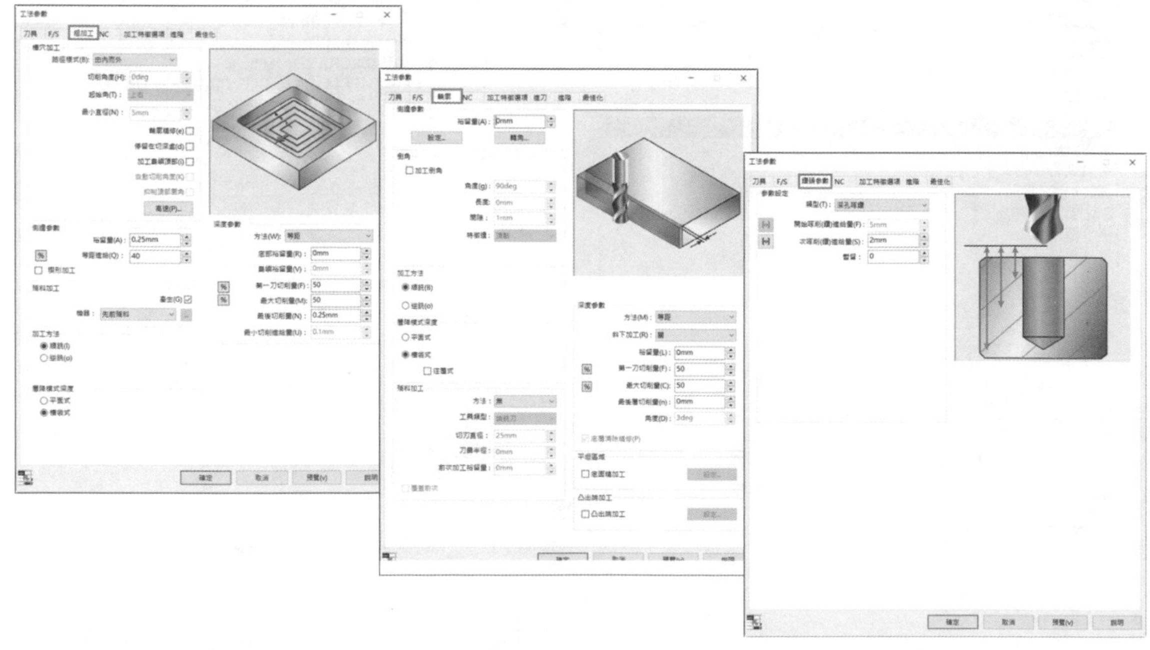

- **預覽刀具路徑**：當您點選**預覽**的時候，軟體會根據您目前的參數計算刀具路徑，並將路徑線顯示於畫面當中，這可以讓您了解到目前的刀具路徑是否符合預期。如果符合預期，當點選**確定**後，目前的設定值即會套用現在的設定，如果點選**取消**，則會返回之前的設定。

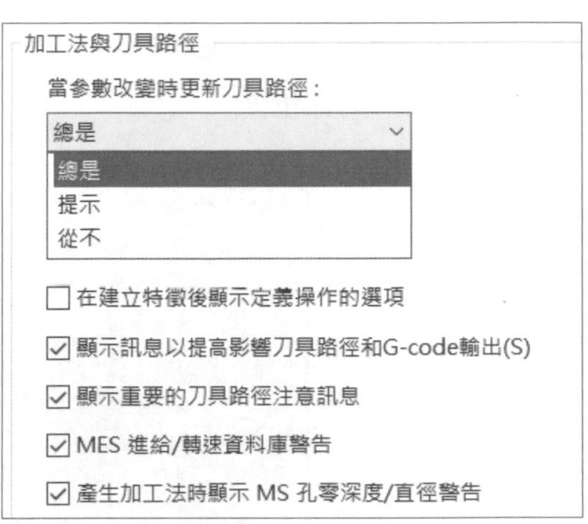

- **自動更新刀具路徑**：當您修改了加工計劃的參數，並點選確定之後，通常軟體會自動更新為最新的刀具路徑，但如果為了節省效能，您也可以至 SOLIDWORKS CAM 選項中，將其勾選為**提示**或**從不**，以減少軟體重新計算的時間。

刀具參數

刀具的分頁主要是控制刀具的選用，並以刀具大小的幾何為主。而在銑刀的次分頁中，您可更進一步地選擇刀具的夾頭型式、伸出量、刀具編號。甚至可從刀具庫中，重新選擇一把新的刀具來取代現有刀具。

- **銑刀**：此分頁主要會顯示目前使用刀具的相關資訊，例如刀具大小、刀刃長度、總長度…。而這些資訊的預設值，都是根據加工技術資料庫而來的。

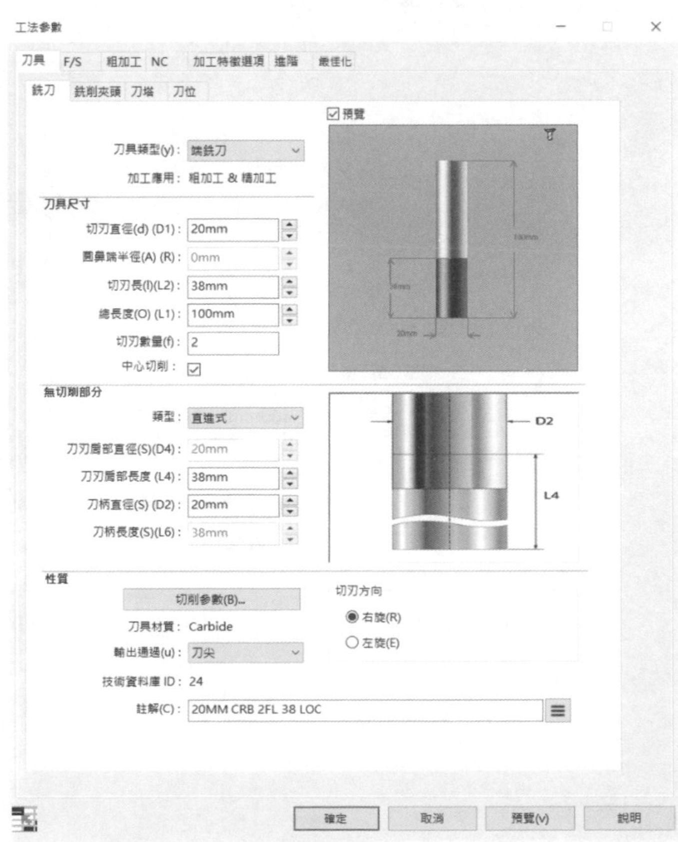

- 當**預覽**的選項被勾選的情況下，畫面會用塗彩的方式來顯示目前刀具的外型，並顯示具體尺寸。
- 當**預覽**選項沒有被勾選的情況下，畫面則會用示意圖的方式來告訴您，尺寸的代號與對應的部位。

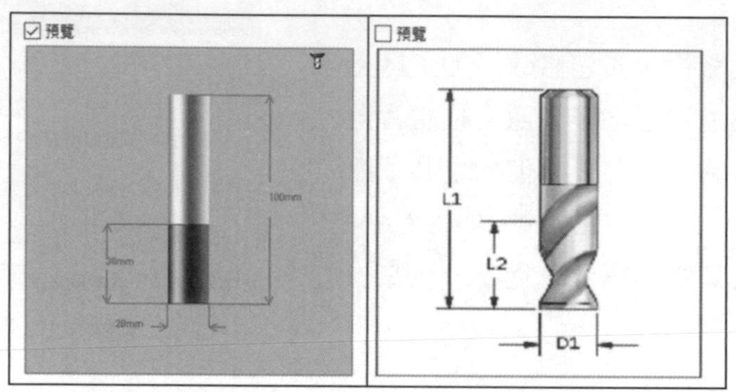

- **銑削夾頭**：此分頁主要控制夾頭的外型，您可以根據參數直接設定夾頭大小，或者從資料庫中挑選新的夾頭。繪製出夾頭的主要目的在於可以利用夾頭進行碰撞偵測，確保加工上的安全，因此刀具的伸出量是最重要的欄位。

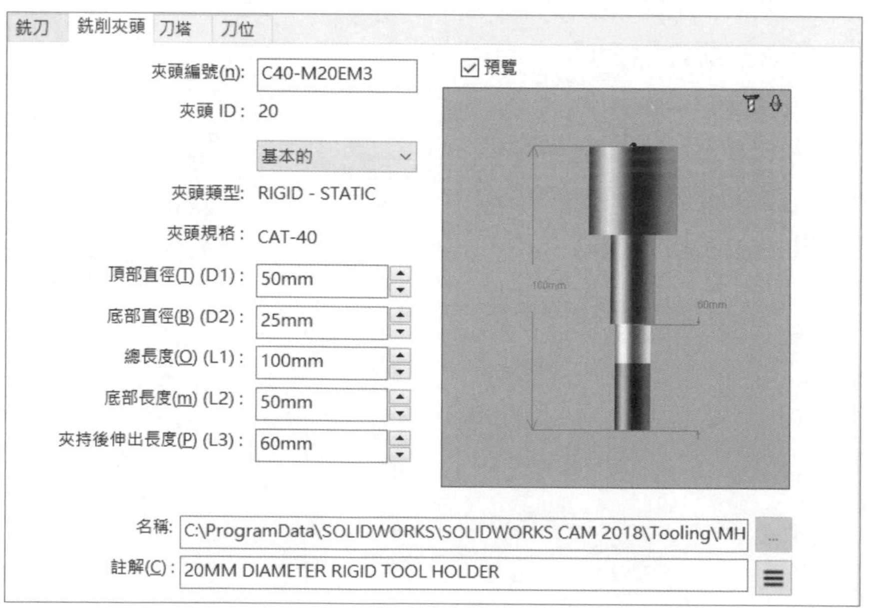

- 當**預覽**的選項被勾選的情況下，畫面會用塗彩的方式來顯示目前夾頭的外型，並顯示具體尺寸。

- 當**預覽**選項沒有被勾選的情況下，畫面則會用示意圖的方式來告訴您，尺寸的代號與對應的部位。

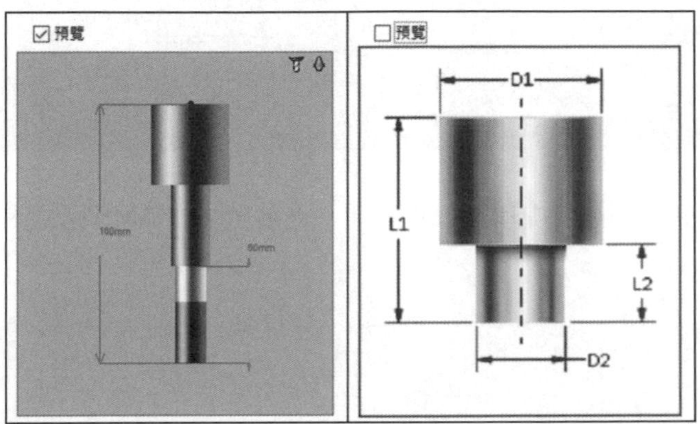

- **刀塔**：此分頁可以讓您從資料庫中重新挑選一把適合的刀具，或者是夾頭來進行加工。

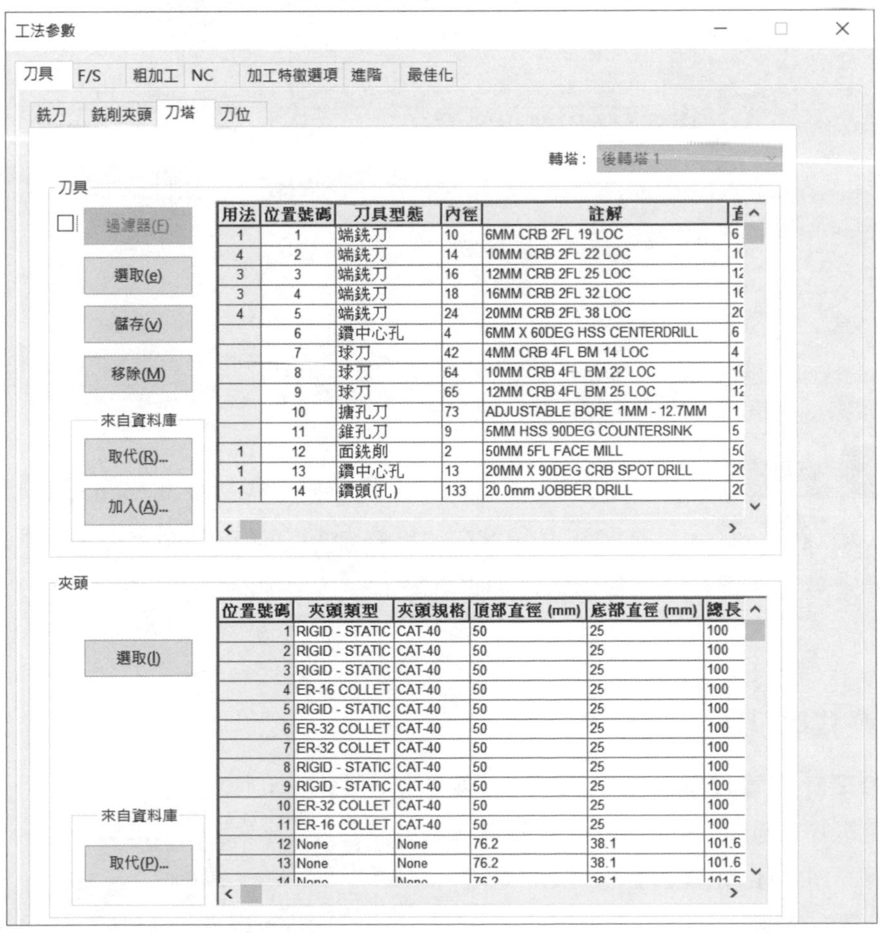

技巧

用法的欄位，可以顯示目前這把刀具，使用在多少的加工計劃上。如果您想要更換現有刀具，請將滑鼠放在用法的欄位，將您要選用的刀具亮顯，並選擇**選取**。如此一來，就能將現有刀具更換成您期望的刀具了，如果刀塔內的刀具無法滿足您，您也可以透過修改或新增，來調整成適合您的刀具。

- **刀位**：此分頁主要用來控制刀具的號碼，這會與我們輸出程式碼時，刀具的編號有關。

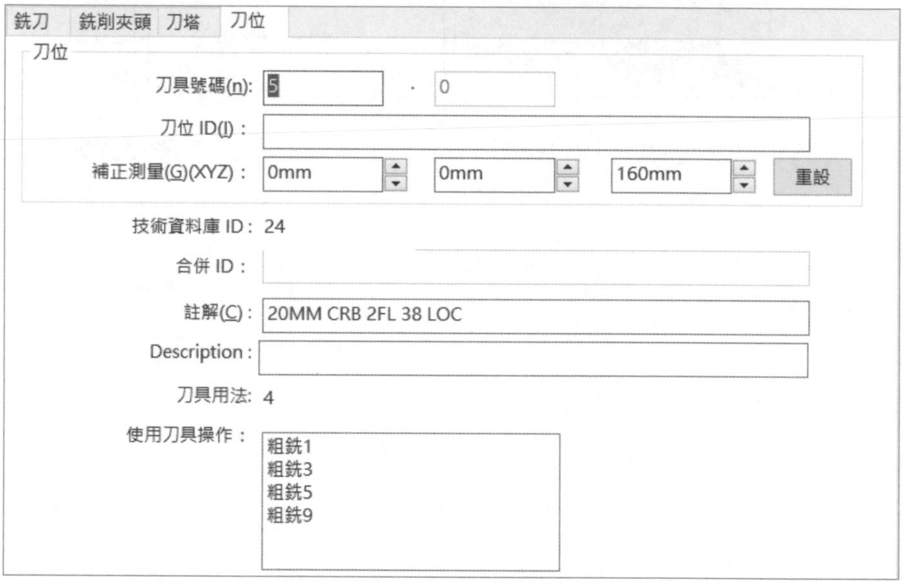

銑刀 | 銑削夾頭 | 刀塔 | 刀位

刀位

刀具號碼(n): 5 . 0

刀位 ID(I)：

補正測量(G)(XYZ)： 0mm 0mm 160mm 重設

技術資料庫 ID： 24

合併 ID：

註解(C)： 20MM CRB 2FL 38 LOC

Description：

刀具用法: 4

使用刀具操作：
粗銑1
粗銑3
粗銑5
粗銑9

指令TIPS 修改參數

- SOLIDWORKS CAM 加工計劃管理員：在欲調整參數之加工計劃上按滑鼠右鍵，並選擇**編輯定義**；或是在欲調整參數之加工計劃上快按滑鼠左鍵兩下。

STEP 17 修改刀具

請至**加工計劃管理員**，選擇粗銑 1，並按滑鼠右鍵選擇編輯定義。於**刀具→刀塔**分頁中，選擇 16MM CRB 2FL 32 LOC 端銑刀，並取代現有刀具。

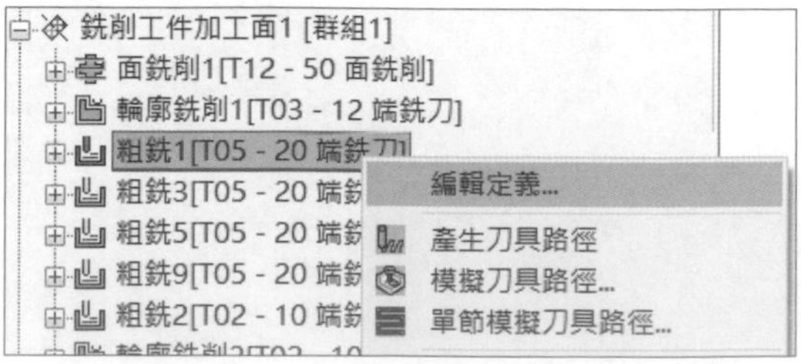

點選**確定**。

銑削工件加工面1 [群組1]
面銑削1[T12 - 50 面銑削]
輪廓銑削1[T03 - 12 端銑刀]
粗銑1[T05 - 20 端銑刀]
粗銑3[T05 - 20 端銑
粗銑5[T05 - 20 端銑
粗銑9[T05 - 20 端銑
粗銑2[T02 - 10 端銑
編輯定義...
產生刀具路徑
模擬刀具路徑...
單節模擬刀具路徑...

刀具

過濾器(F)　選取(e)　儲存(v)　移除(M)

來自資料庫：取代(R)...　加入(A)...

用法	位置號碼	刀具型態	內徑	註解	直
1	1	端銑刀	10	6MM CRB 2FL 19 LOC	6
4	2	端銑刀	14	10MM CRB 2FL 22 LOC	10
3	3	端銑刀	16	12MM CRB 2FL 25 LOC	12
3	4	端銑刀	18	16MM CRB 2FL 32 LOC	16
4	5	端銑刀	24	20MM CRB 2FL 38 LOC	20
	6	鑽中心孔	4	6MM X 60DEG HSS CENTERDRILL	6
	7	球刀	42	4MM CRB 4FL BM 14 LOC	4
	8	球刀	64	10MM CRB 4FL BM 22 LOC	10
	9	球刀	65	12MM CRB 4FL BM 25 LOC	12
	10	搪孔刀	73	ADJUSTABLE BORE 1MM - 12.7MM	1
	11	錐孔刀	9	5MM HSS 90DEG COUNTERSINK	5
1	12	面銑削	2	50MM 5FL FACE MILL	50
1	13	鑽中心孔	13	20MM X 90DEG CRB SPOT DRILL	20
1	14	鑽頭(孔)	133	20.0mm JOBBER DRILL	20

提示 在多數的情況之下，當您針對刀具的參數進行調整後，軟體便會自動提示您：是否針對修改重新計算刀具路徑？請點選**是**，以進行刀具路徑的重新計算。

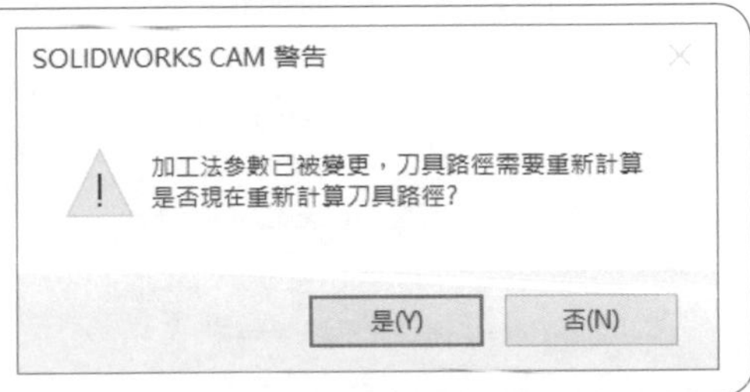

粗銑 1 目前所使用的刀具，已經從當初 T05-20mm 端銑刀，更換成 T04-16mm 端銑刀。那麼如果我想將粗銑 3、粗銑 5、粗銑 9 都修改為相同刀具時，該怎麼操作呢？您可以將目前分頁切換至 **SOLIDWORKS CAM 刀具樹狀圖**，並展開 T04-16mm 及 T05-20 端銑刀的樹狀結構，此時您會發現在樹狀結構的分支下面，會將您使用此刀具的加工計劃，分類於此把刀具之下。您可以透過 Ctrl 鍵複選粗銑 3、粗銑 5 及粗銑 9，並拖曳放置於 T04-16mm 的刀具之下，則這三個加工計劃使用的刀具，將會全部更換成 T04-16mm 了。

提示 刀具樹狀圖中，藍色的刀具代表目前沒有被使用到的刀具。

加工參數

如前所述，不同的加工類型可調整的加工參數都有所不同，以下章節我們將學習粗銑、精修及鑽孔，三種不同加工類型的加工參數。

- **粗加工參數**：選擇任一粗銑加工計劃，並按滑鼠右鍵選擇編輯定義，接著會看到粗加工的所有加工參數，我們將目光移至**粗加工**的分頁。在此我們要來設定：粗加工的加工方式、側邊及深度的分層、側邊及深度的預留。

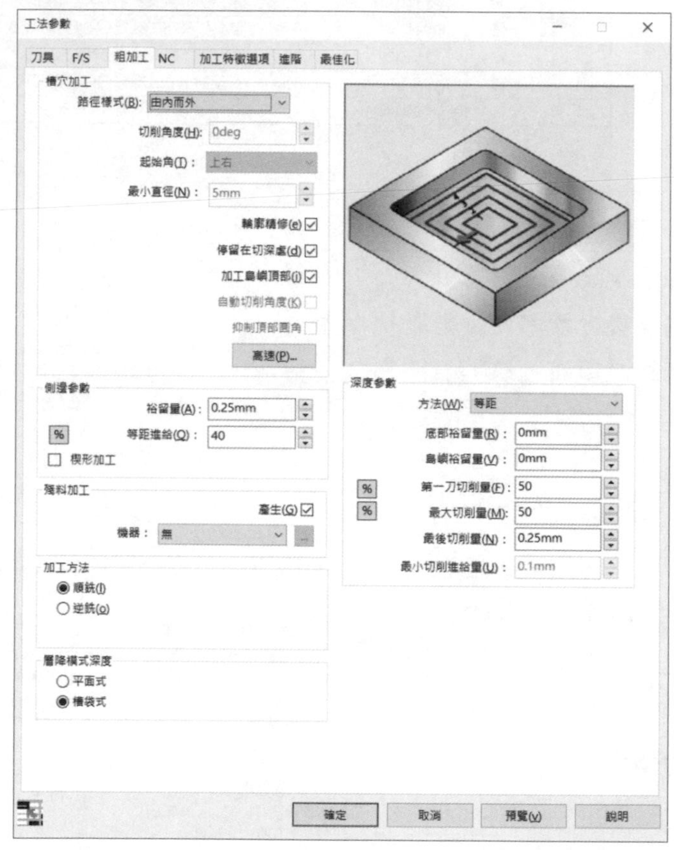

- 路徑樣式：在此提供以下幾種選擇：由外而內、由內而外、往復式、單向式、螺旋由內而外、螺旋由外而內、插銑粗加工、粗加工偏移。而 VoluMill 則是包含在 SOLIDWORKS CAM Professional 模組。

- 側邊參數：在此用於控制水平方向的分層及裕留量。分層的部分可以使用 % 及實際尺寸兩種模式。使用 % 的好處是，當您更換刀具大小時，軟體會根據刀具直徑自動修改跨距，確保安全與效率。當跨距大於 50% 刀具直徑時，建議勾選楔形加工，以便清除多餘殘料。

- 深度參數：在此主要控制 Z 軸方向的分層及預留。您可以指定第一刀的切削量、每一刀的切削量及最後一刀的切削量。

- **輪廓與進刀**：選擇任一輪廓銑削加工計劃，並按滑鼠右鍵選擇編輯定義，接著會看到精加工的設定參數，其中最重要的是**輪廓**及**進刀**兩個分頁。

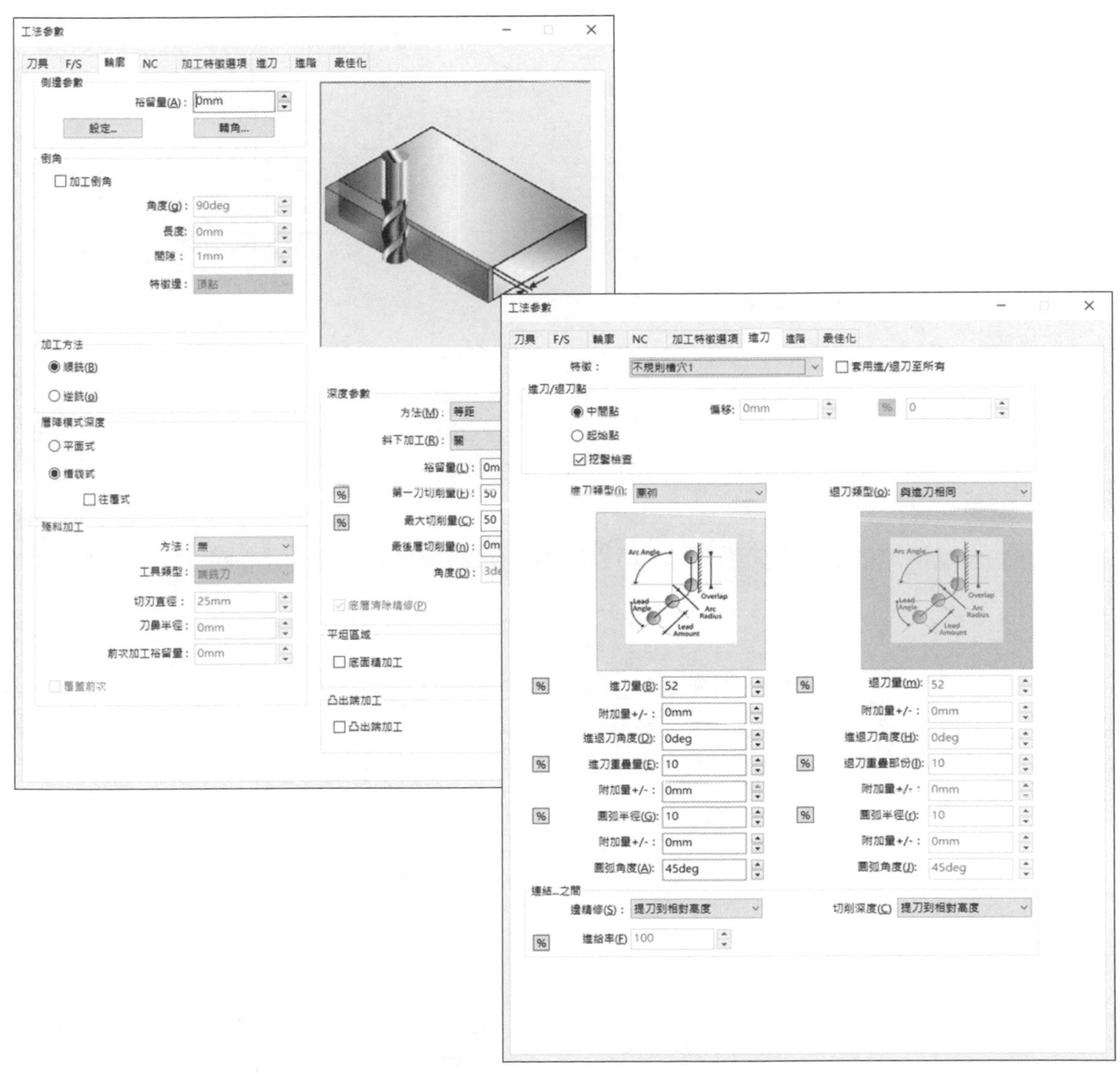

輪廓加工即為精加工，它是當我們粗銑之後，用來精修工件表面，確保表面及尺寸能符合客戶要求最重要的一環。在輪廓銑削的參數中，我們不需要複雜的路徑模式，只需要考慮側邊的分層參數及刀具引入引出的方式。如果特徵的底面也需要精加工，您可以勾選**底面精加工**。此外，如果此加工計劃用於倒角，您也可以勾選**加工倒角**，軟體便會自動為您計算倒角偏移距離。

- **輪廓 - 側邊選項**：在此主要控制精加工的細節參數，例如在精修側邊的時候，前一次的肉厚為多少？需要分幾刀進行加工？每刀切削量多少？是否需要額外的一刀進行繞銑？甚至最後一刀是否需要降速⋯。

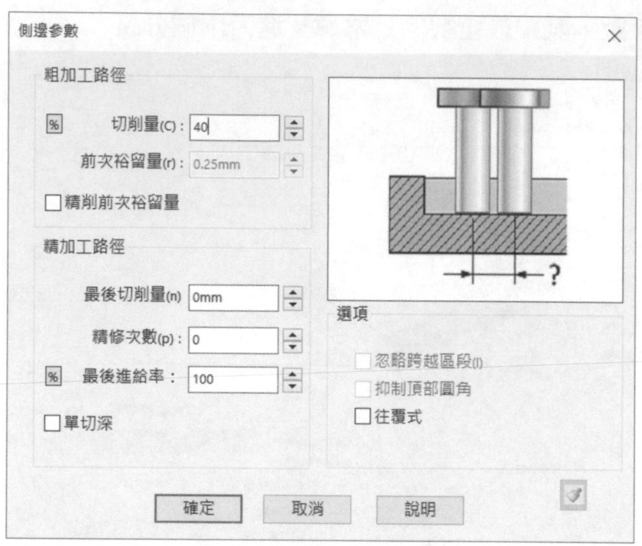

- **進刀 - 進刀與退刀類型**：進 / 退刀參數控制刀具如何從外部接近工件並開始切削，通常來說退刀的形式會與進刀相同，但您也可以針對退刀，使用不同的方式或參數。

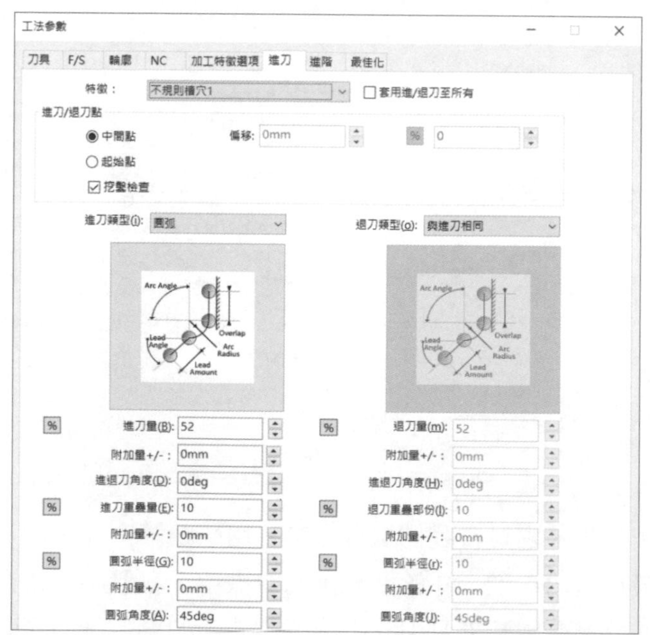

如果您有多個合併的輪廓銑削，您可以勾選上方**套用進 / 退刀至所有**，即可將您設置的進退刀策略，快速的複製到其他的加工特徵上。

- **鑽頭參數**：在此主要控制鑽頭加工的類型，例如一刀到底的鑽孔（G81）、提刀排削的啄鑽（G83/G73）…，根據下拉式選單的不同，輸出的循環指令也會有所不同。

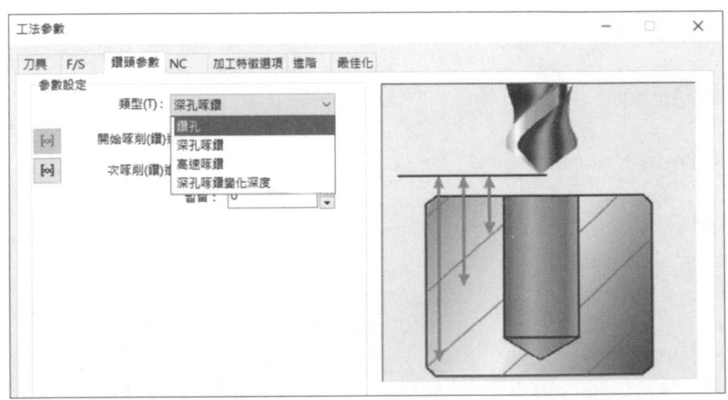

加工特徵選項的分頁，主要用於定義加工深度，一般的情況之下，加工深度會等於特徵深度，但鑽尖會有一段是錐度的。為了鑽孔時，有效的孔深是足夠的，您可以勾選**加入刀尖長度**，讓軟體自動計算，如果需要鑽出完整的特徵深度，鑽尖需要超出多少。或者您也可以手動給予 Z 軸深度，這對鑽孔加工特別重要，特別像是牙紋，牙紋的加工深度，通常會少於特徵深度，避免牙刀最後的切削阻力過大。

另外，當特徵為柱孔的情況之下，您可以點選**參數設定**的按鈕來進一步設定柱孔的大徑、小徑、每一階的加工深度。

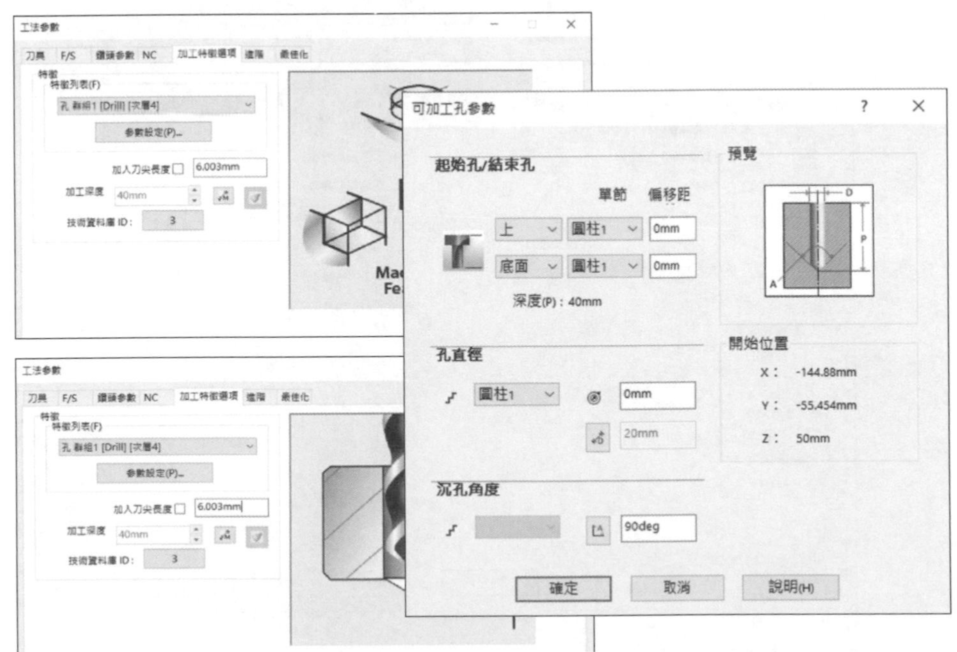

STEP 18 修改粗加工參數

請至加工計劃管理員，選擇粗銑 5，並按滑鼠右鍵選擇編輯定義。於**粗加工**的分頁中，依照以下參數設定。

- **路徑樣式**：由內而外。
- **側邊裕留量**：1mm。
- **等距進給**：30%。
- **第一刀切削量**：5mm。
- **最大切削量**：30mm。
- **最後切削量**：0mm。

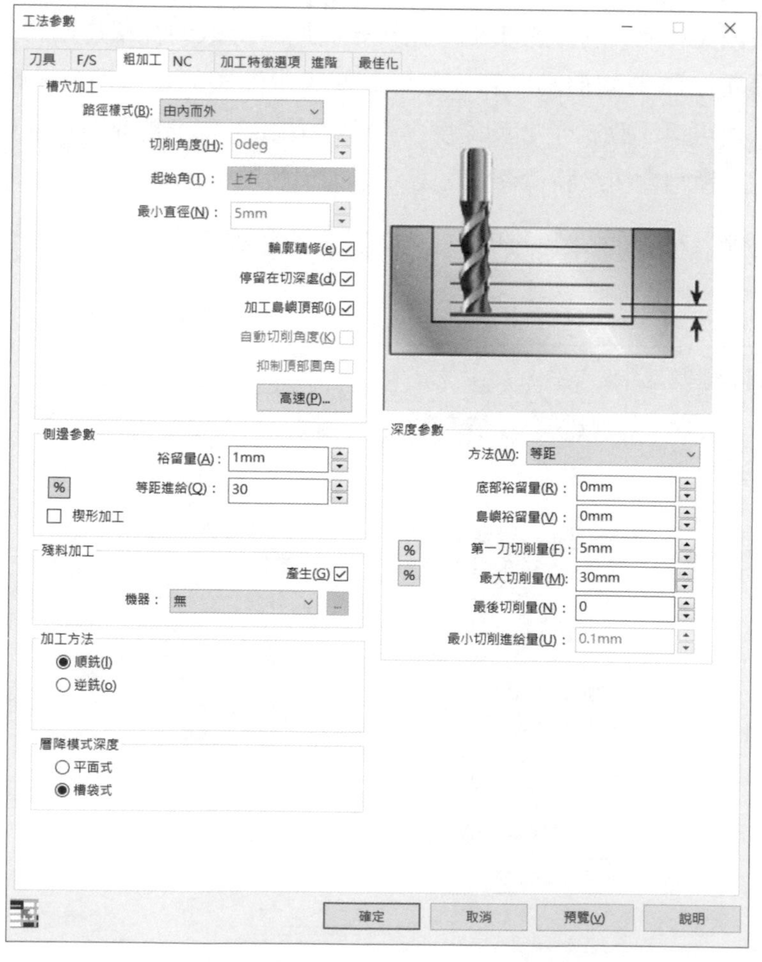

您可以點選對話框旁邊的 **%** 符號按鈕，來切換百分比與實際尺寸兩種模式。如果對話框內有單位，代表目前是使用實際尺寸的模式。如果沒有單位，則代表目前為百分比模式。

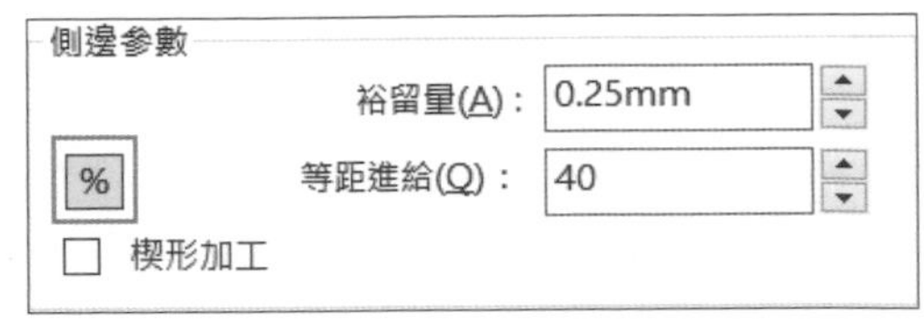

點選**確定**後，您可以看到，計算過後的刀具路徑如下圖所示。此零件粗加工的部份會分為 2 層，第一層為 5mm，第 2 層為剩餘殘料，因不足 30mm，所以僅分 1 層切削。

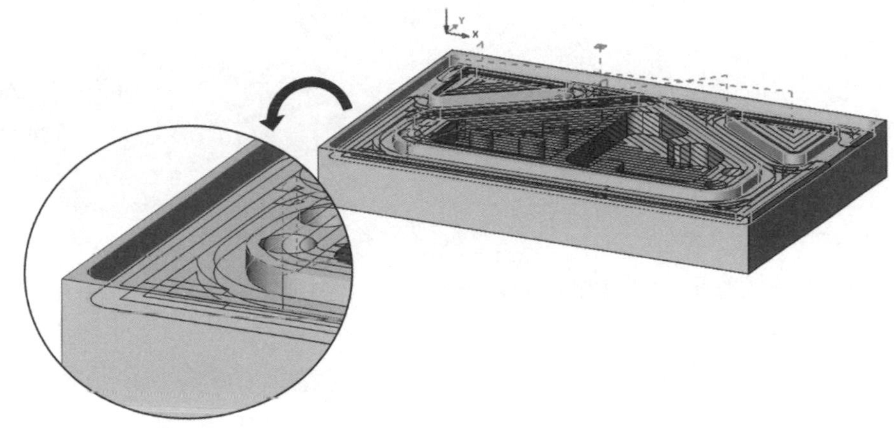

STEP 19 修改精加工參數

請至加工計劃管理員，選擇輪廓銑削 4，並按滑鼠右鍵選擇編輯定義。於**輪廓**的分頁中採用預設值，再切換至**進刀**的分頁，並依照以下參數設定。

- 勾選**套用進 / 退刀至所有**。
- **進刀類型**：圓弧。
- **退刀類型**：與進刀相同。
- **進刀量**：2mm。
- **進刀重疊量**：0mm。
- **圓弧半徑**：5mm。
- **圓弧角度**：90deg。

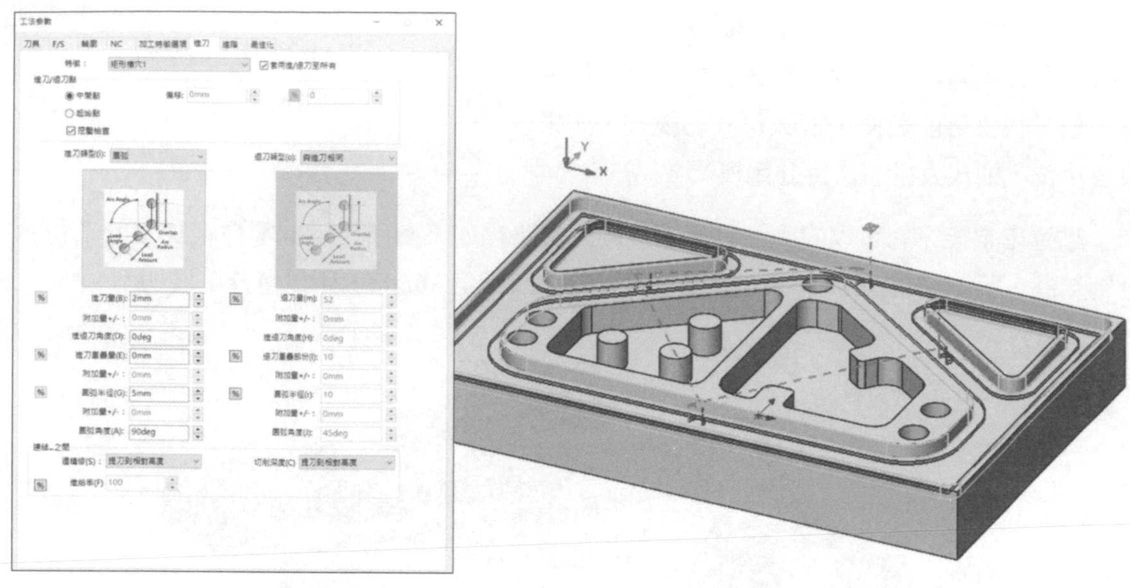

點選**確定**後，經調整後刀具路徑如下圖所示。

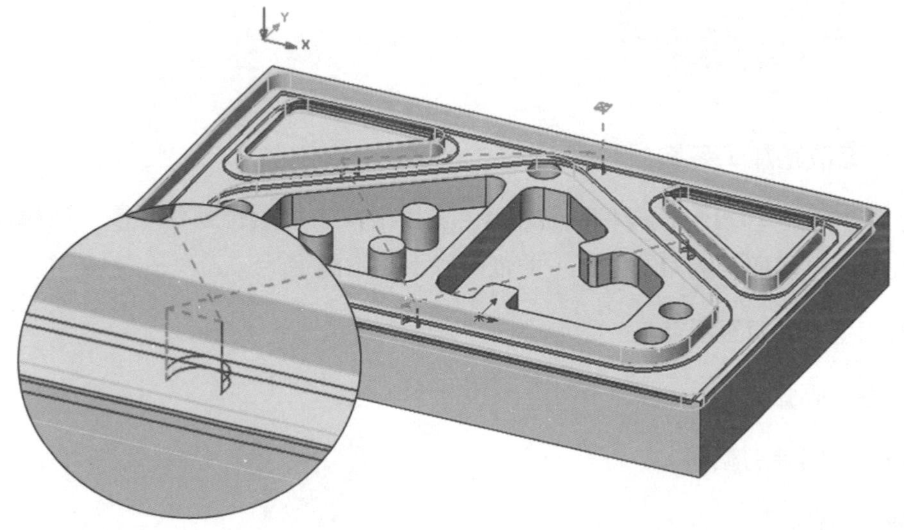

STEP 20 修改鑽頭參數

請至加工計劃管理員，選擇鑽頭（孔）1，並按滑鼠右鍵選擇編輯定義。

鑽頭參數→類型：鑽孔。

點選**確定**。

2.1.6 設計變更

設計變更是我們於開發過程當中，非常常見的情形。此時已經設定好的刀具路徑及特徵，不需要重新建立，SOLIDWORKS CAM 可以直接與模型連動。當零件的外型改變時，透過 SOLIDWORKS CAM 的重建流程，即可更新原本的刀具路徑，確保加工的正確性，接著就讓我們來看看一旦遇到設計變更又該如何操作吧。

1. 點選**提取加工特徵**即可重新啟動特徵辨識功能，此時軟體會自動比對新舊版本特徵。
2. 如果加工特徵是使用交互式（IFR）的方式產生，則必須手動開啟對話框，重新讀取幾何。
3. 重新產生刀具路徑，此時軟體會使用現有參數及修改後的幾何進行重新計算。
4. 此方式僅限於修改後的幾何特徵或草圖，新產生的特徵則不在此限。

加工特徵管理員的黃色驚嘆號

當我們進行了設計變更，則加工特徵管理員就會出現黃色的驚嘆號符號。此符號的用意主要是提醒您特徵有所變更。如果您想消除這些黃色驚嘆號，您可以依照上述流程，重新執行特徵辨識或者是重新開啟特徵並讀取一遍，一旦重新讀取了新的特徵，則黃色驚嘆號即會自動消失。

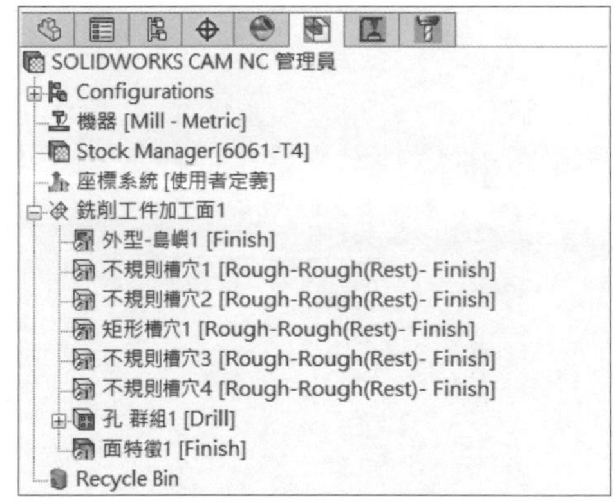

STEP 21 設計變更零件

將畫面切回到 FeatureManager 樹狀結構項次，並針對特徵 Tri-Boss' 進行設計變更，將其特徵尺寸修改為 8mm。

再將畫面切回 SOLIDWORKS CAM 加工特徵管理員。此時，軟體偵測到設計變更，會出現如右圖的警告訊息，點選**確定**，軟體便會自動執行特徵辨識，並更新刀具路徑。

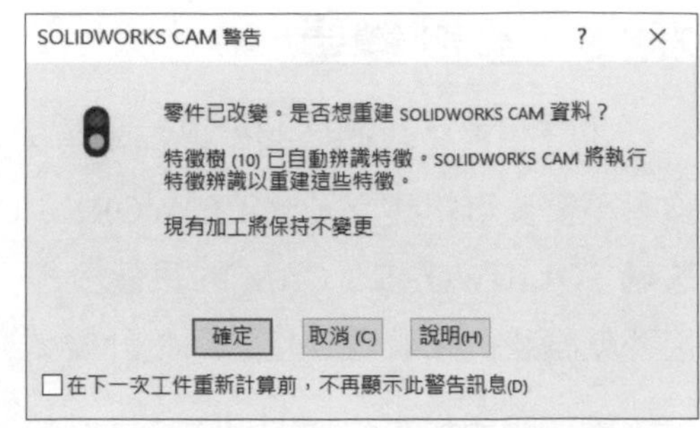

STEP 22 儲存並關閉檔案

練習 2-1 建立與修改刀具路徑

藉此範例，我們將使用自動特徵辨識（AFR）的方式來產生加工計劃及刀具路徑。試著修改刀具的加工順序及加工參數。最後，試著修改零件的外觀幾何，並重新產生刀具路徑。

操作步驟

STEP 1 開啟檔案

請至範例資料夾 Lesson 02\Exercises，並開啟檔案「Lab2-AFR.sldprt」。

STEP 2 定義機器

請使用以下參數：

- **機器**：Mill-Metric。
- **刀塔**：Tool Crib 2(Metric)。
- **後處理程序**：Mill\HAAS_VF3。

STEP 3 定義素材

請至素材管理員中，定義材質及大小，如下：

- **材質**：304。
- **素材類型**：外觀邊界。
- **Y+**：5mm。

STEP 4 定義座標系統

定義夾治具座標系統為左上角，並且確認 Z 軸方向是否正確。

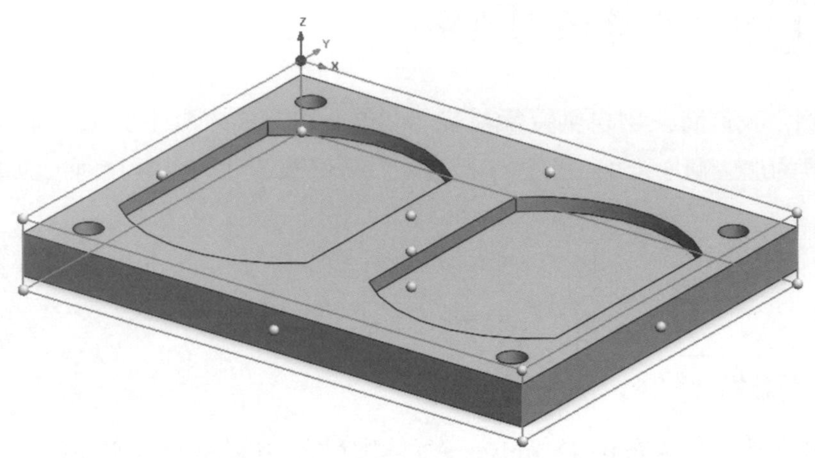

STEP 5 設定選項

請至 SOLIDWORKS CAM 選項中進行設定，如下圖所示。

選項

一般 | 銑削特徵 | 顯示 | 模擬 | 更新 | 檔案位置

網面
面偏差：0.01mm
不規則曲線精度(p): 0.03mm
☐ 強制網面重生(f)
全部重設(R)

自動辨識可加工特徵

特徵型態
☑ 孔(H)
☑ 無孔(Q)
☑ 島嶼外形(B)
☑ 面(e)
☐ 工件外型(J)
☑ 錐度與圓角(L)
☐ 多(軸)表面槽穴(K)
☐ 用於倒角的曲線特徵

重建時移除
☐ 夾頭
☐ 無孔
☐ 島嶼外形

工件外型與選項(I)
○ 開放槽類型
○ 島嶼類型

孔識別選項
最大直徑：50.8mm
最小角度：360deg
☐ 精簡分離的孔(N)
☑ 識別柱孔
☐ 將孔延伸至素材
套用

局部特徵
◉ 自動選取
○ 鄰接面

用於倒角的曲線特徵
最大表面角度：15deg
☐ 僅平面邊

☑ 建立特徵群組(g)
☐ 檢查貫穿特徵的通道口(C)

非孔特徵
☐ 簡化特徵
☐ 通過深度識別功能
☐ 非均勻倒角、圓角及錐度

STEP 6 建立加工特徵

點選提取加工特徵，啟動特徵辨識，辨識結果如右圖所示。

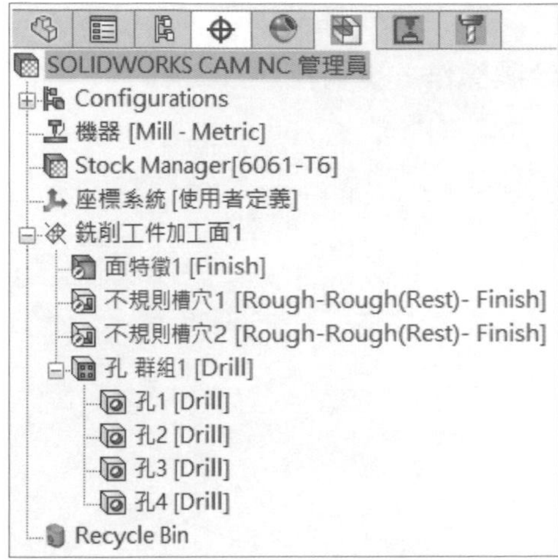

STEP 7 產生加工計劃

請至銑削工件加工面 1 上按滑鼠右鍵，並選擇產生加工計劃，產生結果如右圖所示。

STEP 8 清除警告訊息

請分別於鑽中心孔 1、鑽頭（孔）1 上按滑鼠右鍵，並勾選錯誤為何，清除警告訊息。

STEP 9 重新排序加工順序

請至銑削工件加工面 1 上按滑鼠右鍵，並選擇**分類操作**，重新排序加工順序，如右圖所示。

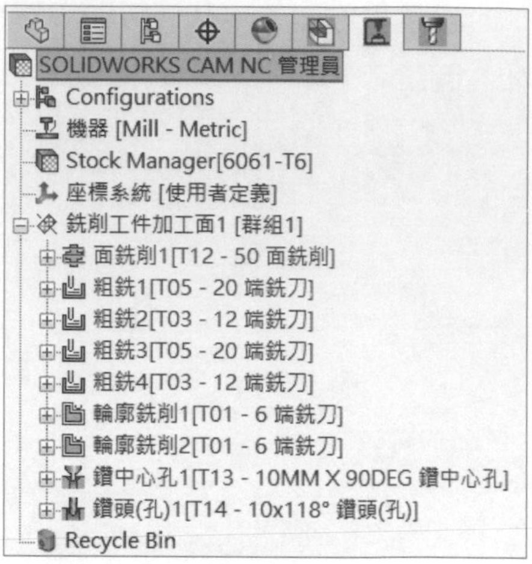

SOLIDWORKS CAM NC 管理員
Configurations
機器 [Mill - Metric]
Stock Manager[6061-T6]
座標系統 [使用者定義]
銑削工件加工面1 [群組1]
面銑削1[T12 - 50 面銑削]
粗銑1[T05 - 20 端銑刀]
粗銑2[T03 - 12 端銑刀]
粗銑3[T05 - 20 端銑刀]
粗銑4[T03 - 12 端銑刀]
輪廓銑削1[T01 - 6 端銑刀]
輪廓銑削2[T01 - 6 端銑刀]
鑽中心孔1[T13 - 10MM X 90DEG 鑽中心孔]
鑽頭(孔)1[T14 - 10x118° 鑽頭(孔)]
Recycle Bin

使用拖曳放置的方式，重新調整加工順序如右圖所示。

SOLIDWORKS CAM NC 管理員
Configurations
機器 [Mill - Metric]
Stock Manager[6061-T6]
座標系統 [使用者定義]
銑削工件加工面1 [群組1]
面銑削1[T12 - 50 面銑削]
粗銑1[T05 - 20 端銑刀]
粗銑3[T05 - 20 端銑刀]
粗銑2[T03 - 12 端銑刀]
粗銑4[T03 - 12 端銑刀]
鑽中心孔1[T13 - 10MM X 90DEG 鑽中心孔]
鑽頭(孔)1[T14 - 10x118° 鑽頭(孔)]
輪廓銑削1[T01 - 6 端銑刀]
輪廓銑削2[T01 - 6 端銑刀]
Recycle Bin

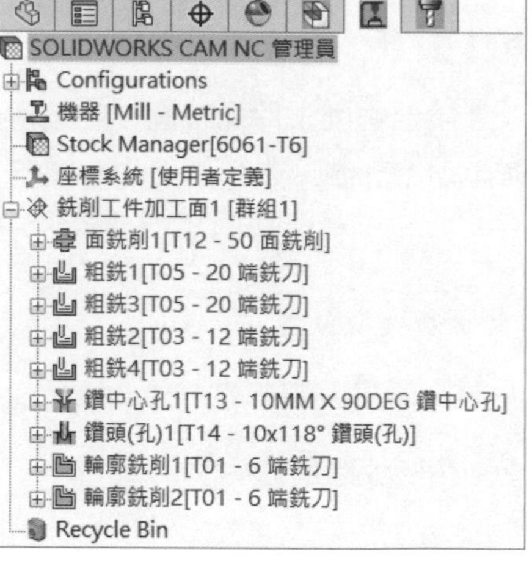

STEP 10 更換粗加工刀具

針對粗銑 1、粗銑 3 更換刀具，並使用 T04-16mm 端銑刀來替換原本 T05-20mm 端銑刀。

SOLIDWORKS CAM NC 管理員
Configurations
機器 [Mill - Metric]
Stock Manager[6061-T6]
座標系統 [使用者定義]
銑削工件加工面1 [群組1]
面銑削1[T12 - 50 面銑削]
粗銑1[T04 - 16 端銑刀]
粗銑3[T04 - 16 端銑刀]
粗銑2[T03 - 12 端銑刀]
粗銑4[T03 - 12 端銑刀]
鑽中心孔1[T13 - 10MM X 90DEG 鑽中心孔]
鑽頭(孔)1[T14 - 10x118° 鑽頭(孔)]
輪廓銑削1[T01 - 6 端銑刀]
輪廓銑削2[T01 - 6 端銑刀]
Recycle Bin

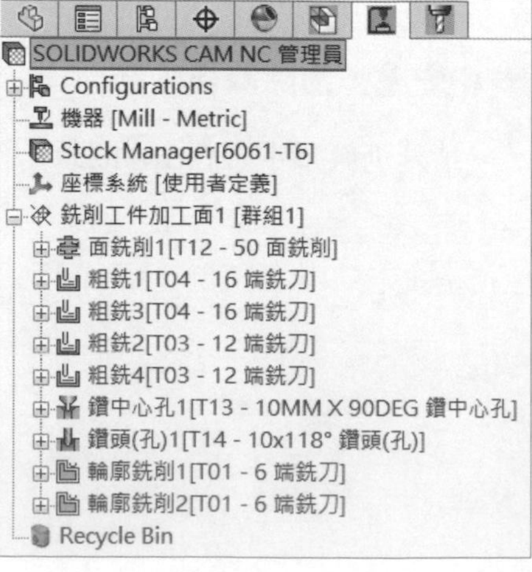

STEP 11 產生刀具路徑

請至銑削工件加工面 1 上按滑鼠右鍵，並選擇產生刀具路徑。其結果如下圖所示。

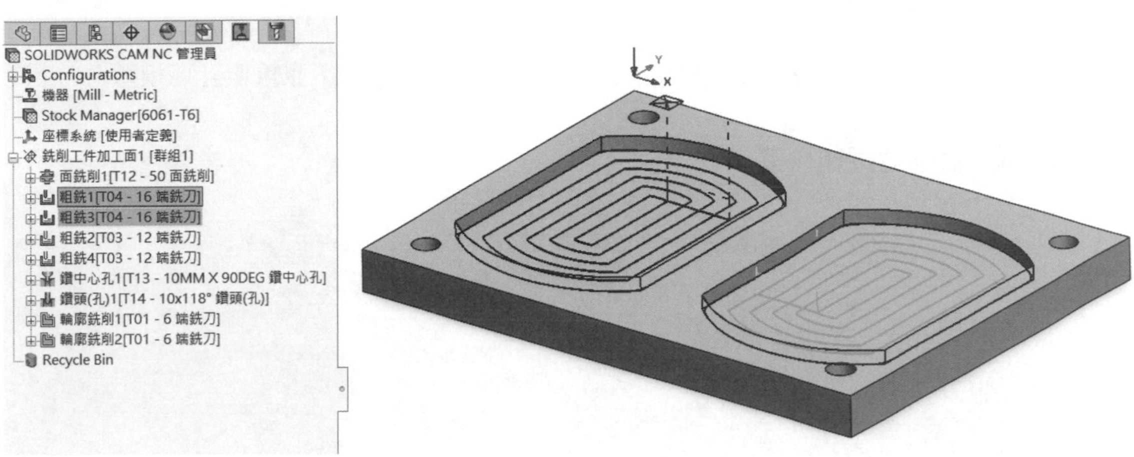

STEP 12 修改加工參數

根據以下條件，修改面銑刀參數。

在**等距進給控制**中：

- **最大進給量**：50%。

在**深度參數**中：

- **第一刀切削量**：2mm。
- **最大切削量**：5mm。

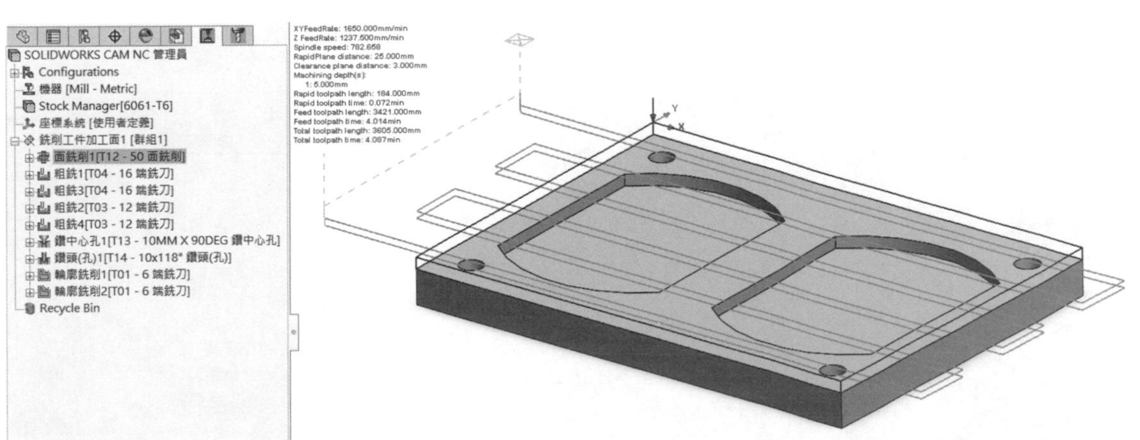

STEP 13 設計變更

將畫面切回到 FeatureManager 樹狀結構項次，並針對特徵 **Cut-Extrude1** 進行設計變更，將其特徵尺寸修改為 8mm。

再切換至 SOLIDWORKS CAM 加工計劃管理員，點選**確定**，並重新計算模型。

STEP 14 儲存並關閉檔案

03

交互式特徵辨識（IFR）

順利完成本章課程後，您將學會：

- 藉由 AFR 及 IFR 兩種方式，建立加工特徵
- 建立槽穴特徵
- 比較各種特徵的差異性
- 建立開放式輪廓特徵
- 手動建立銑削工件加工面
- 開放與封閉的邊線
- 碰撞偵測
- 座標系統代號設定（G54~G59）

3.1 交互式特徵辨識（IFR）

在前一章，我們已經學習了如何透過自動特徵辨識（AFR）的方式來產生加工特徵及刀具路徑了。但在某些情況之下，AFR 無法辨識所有的加工特徵，例如：來源只有平面 CAD 圖、幾何過於複雜…。這時候就需要透過交互式特徵辨識（IFR）的方式來建立需要加工的特徵。您可以透過 AFR 及 IFR 兩種特徵辨識的方式，交互地將模型的特徵辨識出來。

3.1.1 範例練習：AFR 與 IFR

在此範例中，我們先使用 AFR 的方式，辨識出此零件大部分的加工特徵，再將軟體無法順利辨識出來的特徵，使用 IFR 的方式，建立其加工特徵。

STEP 1 開啟檔案

請至範例資料夾 Lesson 03\Case Study，並開啟檔案「mill2ax_IFR1.sldprt」。在此範例中，**機器**、**素材**、**座標系統**皆已設定完畢。

請注意！此範例中素材的類型是使用伸長草圖，與前兩章所使用的不同。

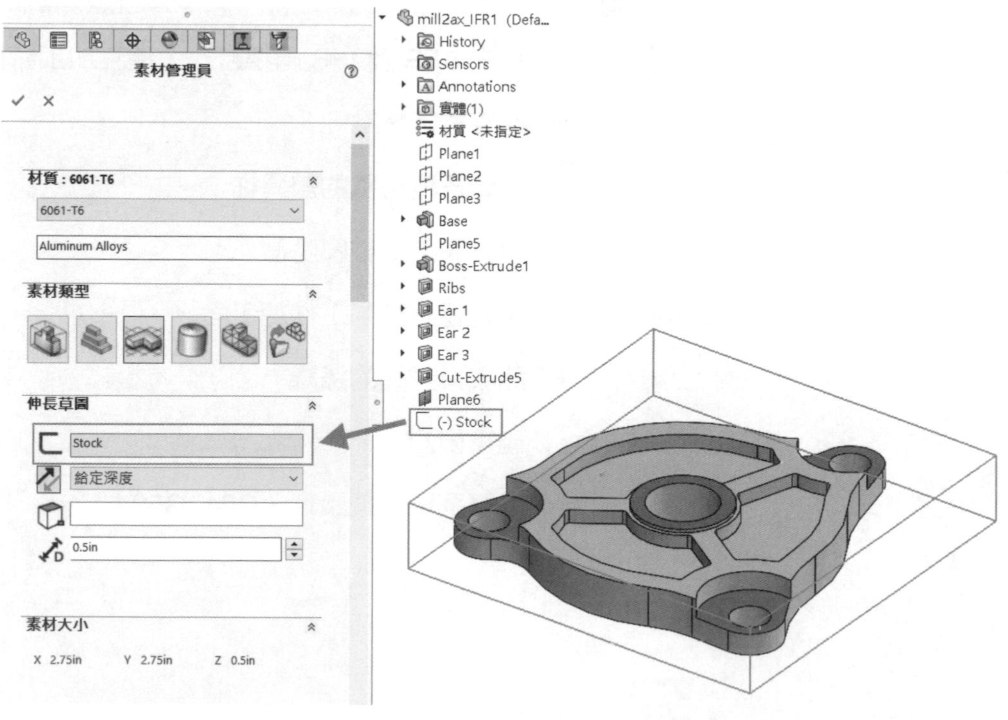

STEP 2 設定 AFR 選項

請至 SOLIDWORKS CAM 選項的**自動辨識可加工特徵→特徵型態**中，依照下圖所示進行勾選。

STEP 3 提取加工特徵

請至 CommandManager 中點選提取加工特徵。如右圖所示，軟體會根據選項幫我們辨識出加工特徵面及孔。

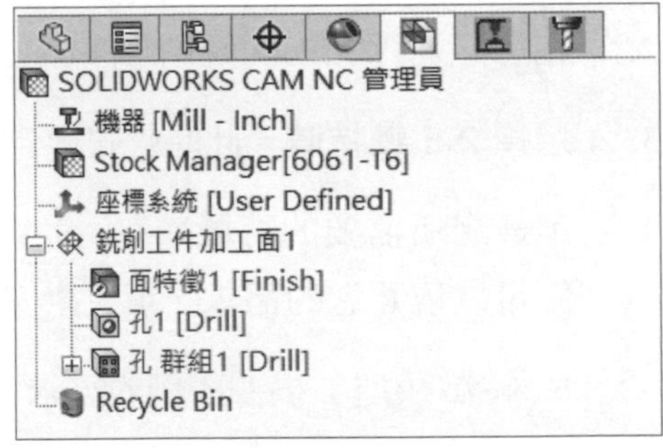

3.1.2 2.5 軸特徵

我們可以直接根據模型上的特徵來擷取加工特徵。加工特徵可以是模型上的邊線，或者是島嶼上的頂面。亦或者是如果您的草圖與銑削加工面平行，您也可以選擇草圖作為加工特徵。選擇完欲加工的外型之後，再給予加工深度值，即完成 2.5 軸特徵的建立。

- **特徵的類型**：可以分為槽穴、開放槽、轉角開放槽、島嶼外形、孔特徵、外槽穴、面特徵、開放式輪廓、雕刻特徵、曲線特徵。

- 特徵的頂部及底部，必須是平坦的，且與加工面的 Z 軸方向是平行的。（曲線特徵例外）
- 如果特徵的邊緣或是島嶼，具有倒角或圓角，您也可以利用其倒角或圓角，來定義加工特徵。
- 如果拔模角度是固定的，可以支援拔模角度。
- 當您的特徵具有拔模角度，且帶有圓角，其角落的圓角則必須要為圓錐形。

指令TIPS　2.5 軸特徵

- CommandManager：**SOLIDWORKS CAM →特徵→ 2.5 軸特徵**。
- 功能表：**工具→ SOLIDWORKS CAM →建立→特徵→ 2.5 軸特徵**。
- 工具列：**2.5 軸特徵**。
- SOLIDWORKS CAM 加工特徵管理員：在**銑削工件加工面**上按滑鼠右鍵，並選擇 **2.5 軸特徵**。

操作流程

如何透過 IFR 建立 2.5 軸特徵？

1. 將畫面切換至 SOLIDWORKS CAM 加工特徵管理員。
2. 在您想進行加工的銑削工件加工面上按滑鼠右鍵。
3. 選擇 **2.5 軸特徵**，此時軟體會自動開啟對話框。
4. 選擇您所需要的特徵類型，並點選**確定**。新增特徵的對話框，包含 4 個主要的要素。您可以依照您的需求，填入對應的參數。
   - 特徵類型：根據不同的需求，您必須先定義您要加工的特徵類型，例如槽穴或者是島嶼。設定完類型之後，接著就是選取幾何，挑選的時候可以是草圖、邊線，甚至是面，都可以作為建立特徵時的參考。
   - 終止條件：當我們選擇了特徵的外型之後，緊接著就是給予終止條件。這樣的概念有點類似伸長除料，我們必須明確的定義要去除的範圍有多深。而終止條件的部分，可以是實際尺寸，成形至面或點…。
   - 島嶼：當您欲進行除料的槽穴，中間有一個不需要被移除的區塊，此區塊我們稱之為島嶼。而島嶼的部分可以是自動的方式偵測，也可以是透過手動選取，被選取的區塊，將不會被切削。

- 特徵輪廓：當您選擇的特徵為開放槽時，此時特徵的邊線就會區分為不可超出的封閉邊，以及可以允許超出的開放邊。因此您可以至**編輯特徵輪廓**來選擇，哪些邊線是可以被超出，哪些邊線是不能被超出的。又或者，當您的特徵為曲線特徵時，**編輯特徵輪廓**也可以用來控制刀具是走在曲線的左側或右側。

以下是可以透過 IFR 的方式來建立的特徵。

特徵類型	說明	可做為特徵的元素	對應的加工方式
槽穴	於素材當中挖除一封閉造型，稱之為槽穴。	草圖、邊線、特徵底面	粗銑 輪廓銑削
開放槽	與槽穴最大的不同在於此槽穴位於素材的邊緣，因此特徵的邊線會具有開放及封閉（可超出及不可超出）兩種不同的定義。	草圖、邊線、特徵底面	粗銑 輪廓銑削
轉角開放槽	轉角開放槽則是此特徵位於素材的邊角。因此開放邊的數量通常為複數。	草圖、邊線、特徵底面	粗銑 輪廓銑削
島嶼	針對凸出的特徵進行加工。與外槽穴不同，外槽穴指的是連同素材一同移除，而島嶼外形，通常僅有輪廓銑削而已。	草圖、邊線、特徵頂面	輪廓銑削
孔	凡是與孔加工相關的加工法，例如：鑽孔、攻牙、搪孔…一律都是孔特徵。	草圖、邊線、圓柱面	粗銑 輪廓銑削 鑽孔 搪孔 鉸孔 攻牙 螺紋銑削
外槽穴	與槽穴的概念相反，槽穴是將素材中間挖除，保留周圍材料。外槽穴則是挖除旁邊，中間保留。所得到的結果會是一個島嶼的幾何。	草圖、邊線、特徵底面或特徵頂面	粗銑 輪廓銑削
開放式輪廓	當您希望針對零件的單一側邊進行切削，此時您可以選擇開放式輪廓特徵。與槽穴或島嶼不同，開放式輪廓的外型，並非封閉的幾何。	草圖、邊線、特徵側面	輪廓銑削

特徵類型	說明	可做為特徵的元素	對應的加工方式
雕刻特徵	通常運用於文字、圖案的銑削。刀具的尖點會沿著刀具路徑進行切削，且無法左右補正。	草圖、邊線	輪廓銑削
曲線特徵	曲線特徵相較於雕刻特徵，自由度較高。刀具可以沿著曲線進行切削，也可以將其作為邊緣，讓刀具貼著上緣或者下緣進行加工，且曲線特徵是 SOLIDWORKS CAM 少數支援 3 軸連動的刀具路徑。	2D 草圖、3D 草圖、邊線	輪廓銑削

STEP 4 建立外槽穴特徵

請至 SOLIDWORKS CAM 加工特徵管理員，於銑削工件加工面 1 上按滑鼠右鍵，並選擇 **2.5 軸特徵**。

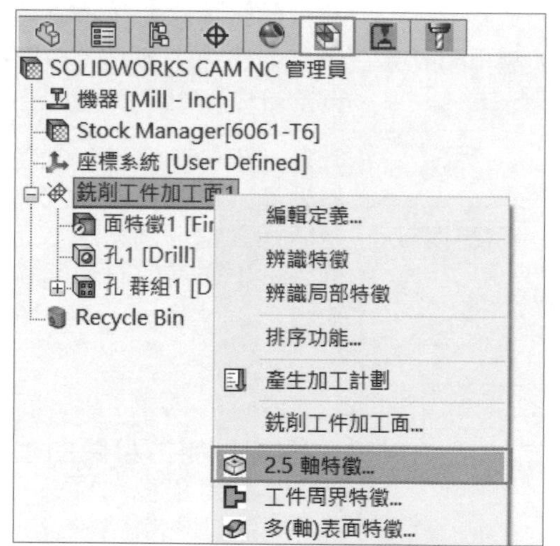

STEP 5 定義開放槽特徵

2.5 軸特徵→類型：外槽穴。

選擇篩選器：外部迴圈。

並選擇特徵面，如右圖所示。

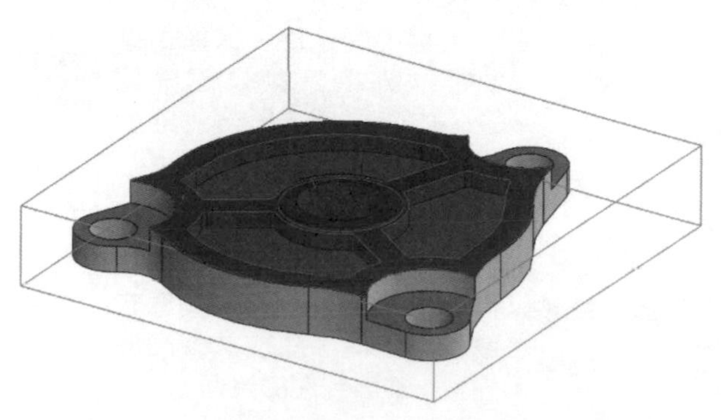

被選取的面將會顯示在**已選物件**的框內。點選**終止條件**按鈕，進行下一步驟的設定。

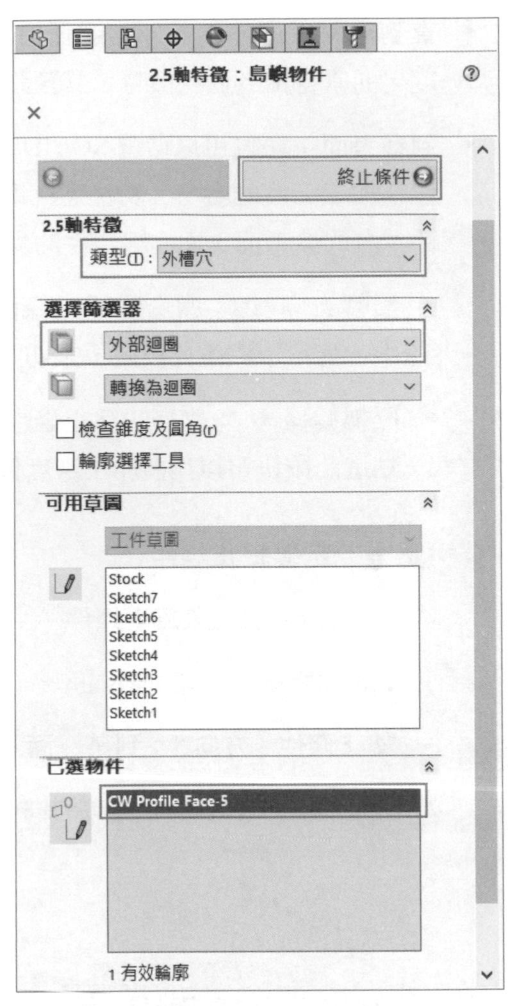

終止條件類型

此參數決定 2.5 軸特徵是如何計算其深度值。

- **給定深度**：您可以直接給予一數值，來決定您的銑削深度。
- **到某一面**：您可以點選畫面中任一與特徵平行的平面，作為加工深度的參考。兩個面之間的距離即為您要加工的範圍。
- **從面偏移**：您可以點選畫面中任一與特徵平行的平面，並額外增加距離值，作為加工深度的參考。
- **到某一頂點**：與上述相同，您可以點選任一點，作為加工深度的參考。面與點的距離，即為您要加工的範圍。

- **直到素材**：您無須額外點選任何點或面。軟體會根據素材大小，自動計算其加工深度。通常特徵為面特徵時，其預設的終止條件會自動套用直到素材。
- **到參考面**：您也可以點選 SOLIDWORKS 的參考面，例如：前基準面、右基準面…。作為加工深度的參考。請注意，即使您使用組合件的模式，成形至參考面僅能使用零件本身的參考面，而非組合件的參考面。
  - 反轉方向：當您的終止條件為給定深度、直到素材，此按鈕會顯示於對話框中。您可以點選此按鈕，來切換加工深度的計算方向。
  - 反轉偏移：當您的終止條件為從面偏移、到參考面，此按鈕會顯示於對話框。點選此按鈕可以切換加工深度偏移的方向。

STEP 6 定義終止條件

請參考右圖，設定其終止條件。

- **2.5 軸特徵→策略**：Rough。
- **終止條件 - 方向 1**：到某一面。

如下圖所示，點選頂面，作為其終止條件。

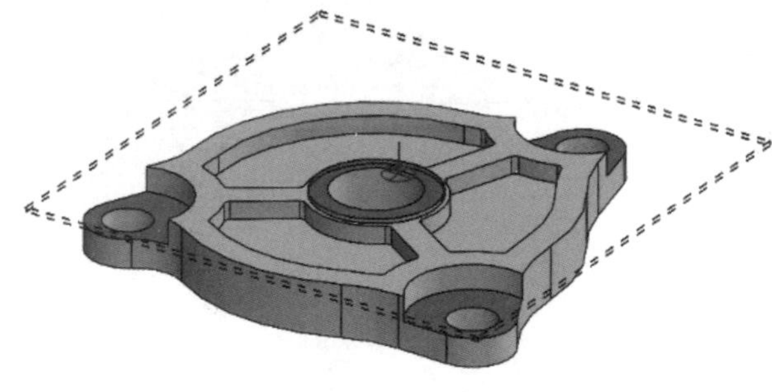

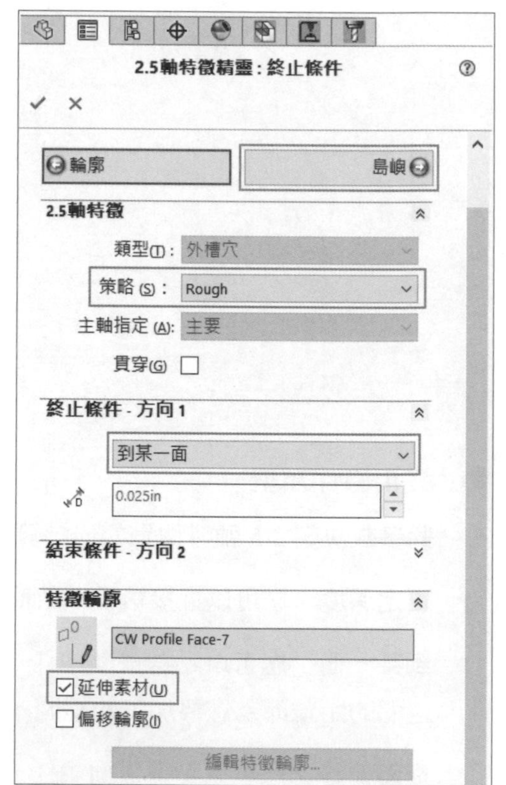

確認勾選**延伸素材**。

因中間圓柱的部分不可被銑削，請點選**島嶼**按鈕，進入下一步驟設定。

請至島嶼物件的對話框，點選**自動偵測**。如下圖所示，SOLIDWORKS CAM 會自動幫您選擇其圓柱體。

點選**確定**，外槽穴特徵即建立完成。

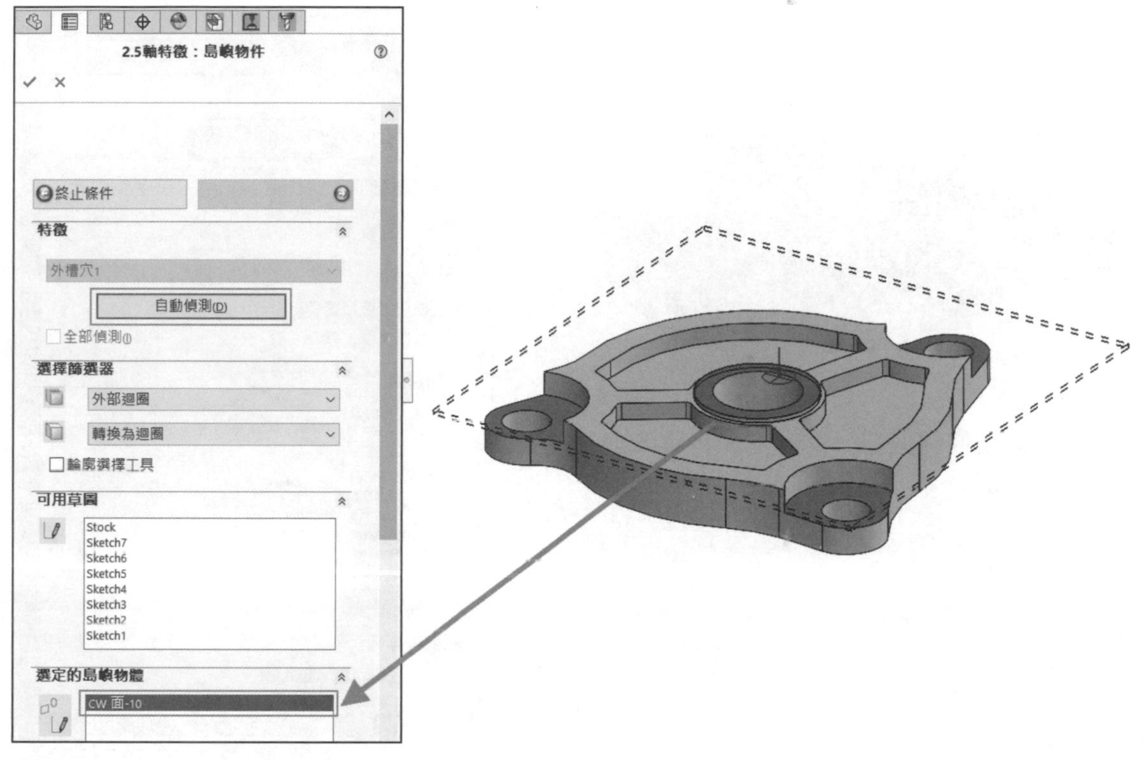

STEP 7 建立槽穴特徵

請至 SOLIDWORKS CAM 加工特徵管理員，於銑削工件加工面 1 上按滑鼠右鍵，並選擇 **2.5 軸特徵**。

STEP 8 定義槽穴特徵

2.5 軸特徵→類型：槽穴。

選擇篩選器：外部迴圈。

並選擇特徵面，如下圖所示。

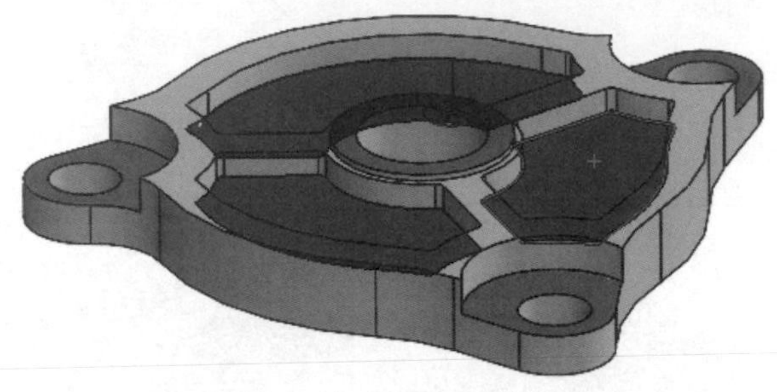

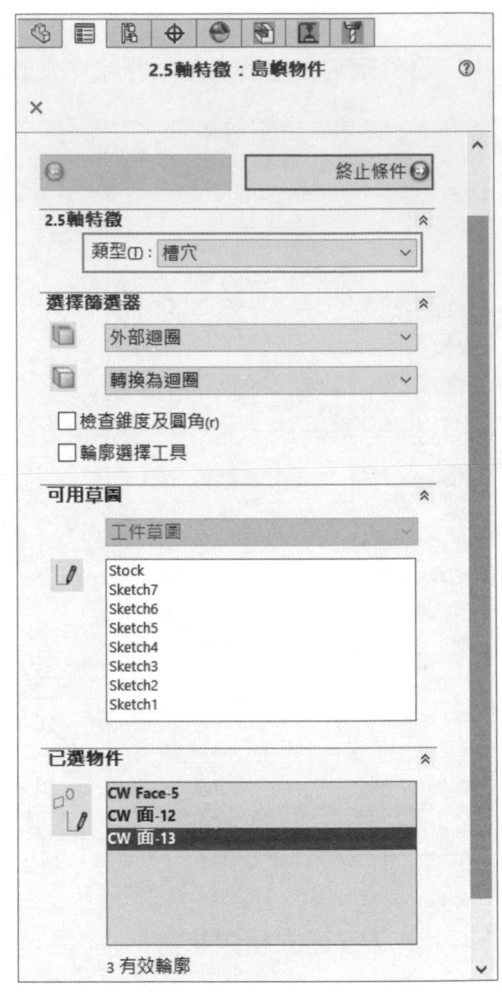

點選**終止條件**按鈕，進行下一步驟的設定。

請參考右圖，設定其終止條件。

- **2.5 軸特徵→策略**：Rough-Finish。
- **終止條件 - 方向 1**：到某一面。

如下圖所示，點選平面，作為其終止條件。

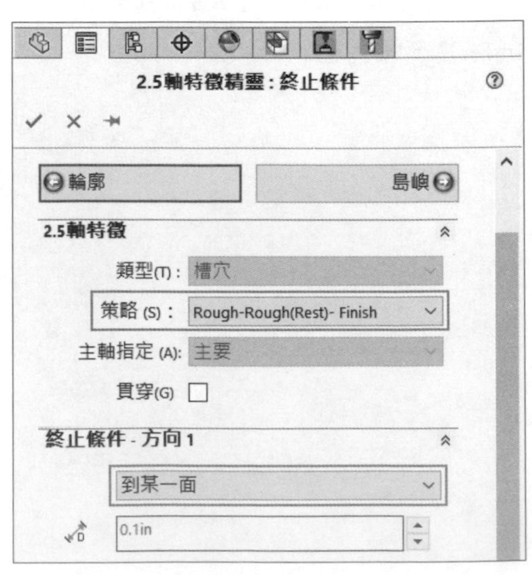

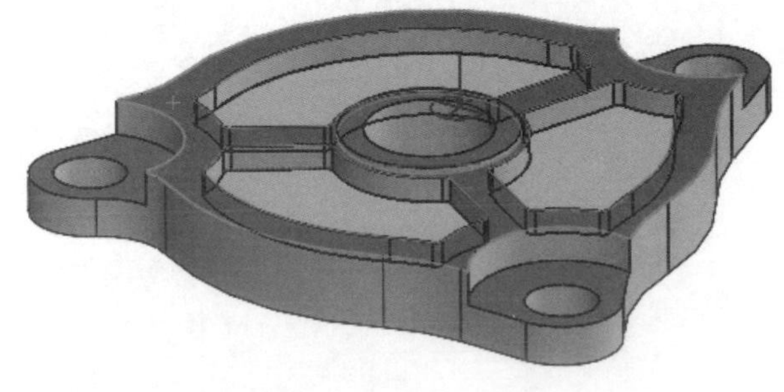

點選**確定**，不規則槽穴特徵即建立完成。

STEP 9 建立開放槽特徵

請至 SOLIDWORKS CAM 加工特徵管理員，於銑削工件加工面 1 上按滑鼠右鍵，並選擇 **2.5 軸特徵**。

STEP 10 定義開放槽特徵

2.5 軸特徵→類型：開放槽。

選擇篩選器：外部迴圈。

並選擇特徵面，如下圖所示。

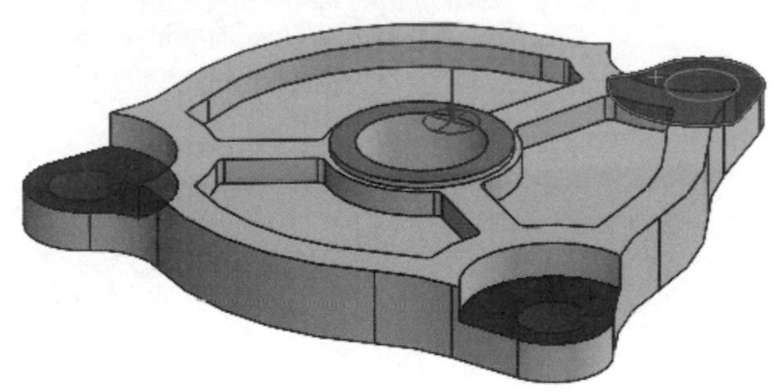

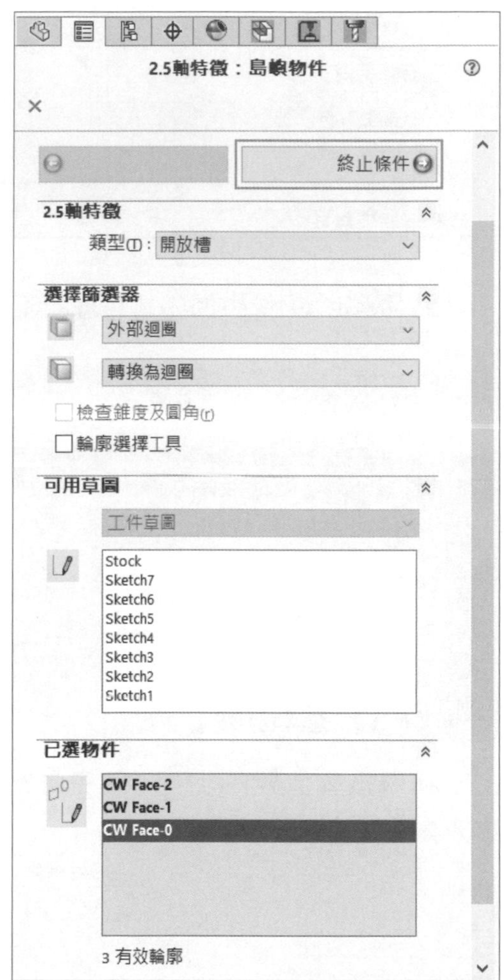

點選**終止條件**按鈕，進行下一步驟的設定。

請參考下圖，設定其終止條件。

- **2.5 軸特徵→策略**：Rough-Finish。
- **終止條件 - 方向 1**：到某一面。

如下圖所示，點選平面，作為其終止條件。

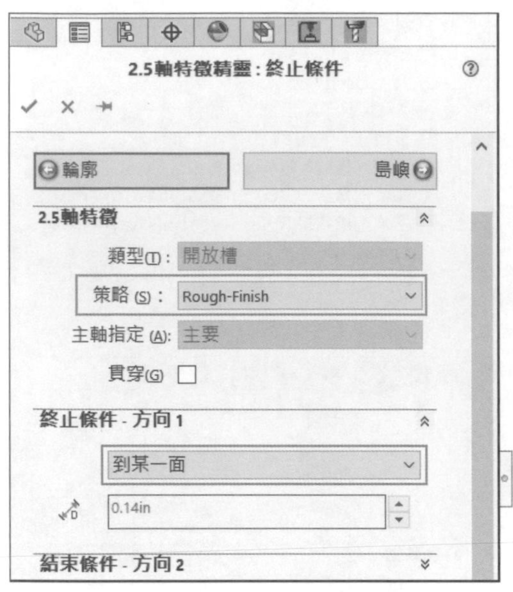

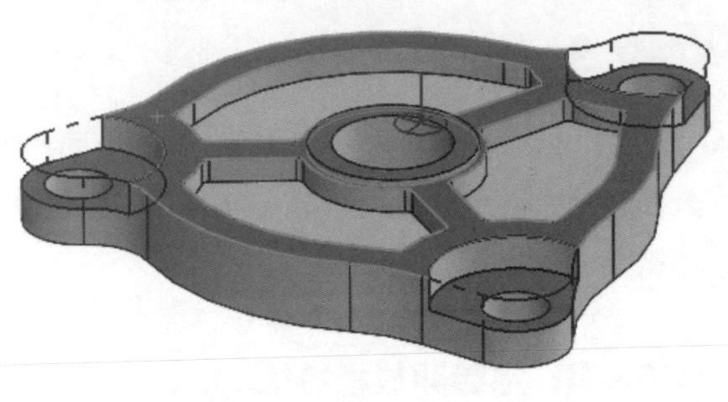

點選**確定**，不規則開放槽特徵即建立完成。

STEP 11 重新排序

利用拖曳放置的功能，調整特徵加工的順序，如右圖所示。

STEP 12 產生加工計劃及刀具路徑

請對銑削工件加工面上的所有特徵產生加工計劃及刀具路徑。

SOLIDWORKS CAM NC 管理員
機器 [Mill - Inch]
Stock Manager[6061-T6]
座標系統 [User Defined]
銑削工件加工面1 [群組1]
面銑削1[T12 - 2 面銑削]
粗銑1[T04 - 0.75 端銑刀]
粗銑2[T01 - 0.25 端銑刀]
輪廓銑削1[T01 - 0.25 端銑刀]
粗銑4[T01 - 0.25 端銑刀]
輪廓銑削2[T01 - 0.25 端銑刀]
粗銑6[T01 - 0.25 端銑刀]
輪廓銑削3[T01 - 0.25 端銑刀]
粗銑8[T01 - 0.25 端銑刀]
輪廓銑削4[T02 - 0.375 端銑刀]
粗銑9[T01 - 0.25 端銑刀]
輪廓銑削5[T02 - 0.375 端銑刀]
粗銑10[T01 - 0.25 端銑刀]
輪廓銑削6[T02 - 0.375 端銑刀]
鑽中心孔1[T17 - 5/8 x 90DEG 鑽中心孔]
鑽頭(孔)1[T16 - 0.5x135° 鑽頭(孔)]
鑽中心孔2[T18 - 3/8 x 90DEG 鑽中心孔]
鑽頭(孔)2[T19 - 0.272x135° 鑽頭(孔)]
Recycle Bin

SOLIDWORKS CAM NC 管理員
機器 [Mill - Inch]
Stock Manager[6061-T6]
座標系統 [User Defined]
銑削工件加工面1 [群組1]
面銑削1[T12 - 2 面銑削]
粗銑1[T04 - 0.75 端銑刀]
粗銑2[T01 - 0.25 端銑刀]
輪廓銑削1[T01 - 0.25 端銑刀]
粗銑4[T01 - 0.25 端銑刀]
輪廓銑削2[T01 - 0.25 端銑刀]
粗銑6[T01 - 0.25 端銑刀]
輪廓銑削3[T01 - 0.25 端銑刀]
粗銑8[T01 - 0.25 端銑刀]
輪廓銑削4[T02 - 0.375 端銑刀]
粗銑9[T01 - 0.25 端銑刀]
輪廓銑削5[T02 - 0.375 端銑刀]
粗銑10[T01 - 0.25 端銑刀]
輪廓銑削6[T02 - 0.375 端銑刀]
鑽中心孔1[T17 - 5/8 x 90DEG 鑽中心孔]
鑽頭(孔)1[T16 - 0.5x135° 鑽頭(孔)]
鑽中心孔2[T18 - 3/8 x 90DEG 鑽中心孔]
鑽頭(孔)2[T19 - 0.272x135° 鑽頭(孔)]
Recycle Bin

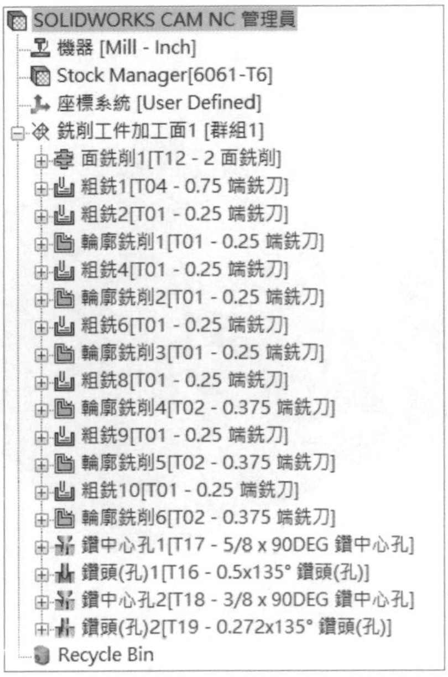

STEP 13 分類操作

請對銑削工件加工面 1 進行分類操作，將相同類型的加工放置在一塊，並消除黃色驚嘆號。

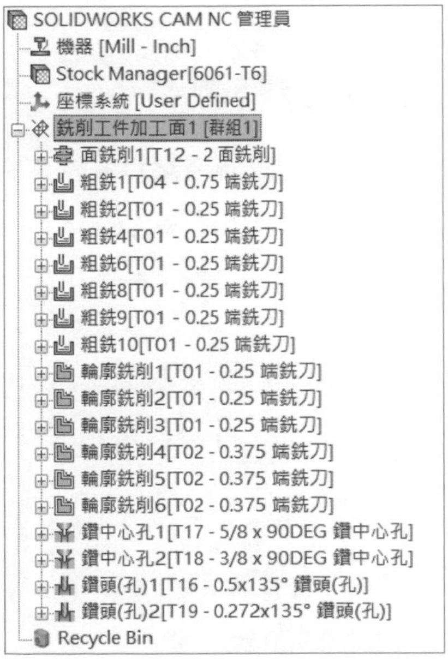

SOLIDWORKS CAM NC 管理員
機器 [Mill - Inch]
Stock Manager[6061-T6]
座標系統 [User Defined]
銑削工件加工面1 [群組1]
面銑削1[T12 - 2 面銑削]
粗銑1[T04 - 0.75 端銑刀]
粗銑2[T01 - 0.25 端銑刀]
粗銑4[T01 - 0.25 端銑刀]
粗銑6[T01 - 0.25 端銑刀]
粗銑8[T01 - 0.25 端銑刀]
粗銑9[T01 - 0.25 端銑刀]
粗銑10[T01 - 0.25 端銑刀]
輪廓銑削1[T01 - 0.25 端銑刀]
輪廓銑削2[T01 - 0.25 端銑刀]
輪廓銑削3[T01 - 0.25 端銑刀]
輪廓銑削4[T02 - 0.375 端銑刀]
輪廓銑削5[T02 - 0.375 端銑刀]
輪廓銑削6[T02 - 0.375 端銑刀]
鑽中心孔1[T17 - 5/8 x 90DEG 鑽中心孔]
鑽中心孔2[T18 - 3/8 x 90DEG 鑽中心孔]
鑽頭(孔)1[T16 - 0.5x135° 鑽頭(孔)]
鑽頭(孔)2[T19 - 0.272x135° 鑽頭(孔)]
Recycle Bin

STEP 14 模擬刀具路徑

模擬結果如上圖，您會看到周圍的部分因為我們尚未設定粗加工，因此在外圍的部分，會有些許殘料。點選**確定**並離開模擬刀具路徑。

3.1.3 工件周界特徵

當您想加工工件周界時，常見的選擇有兩種，分別為**外槽穴**及**島嶼**。此兩種特徵，都能移除零件周圍材料，以下就來比較一下這兩種特徵有何差異。

工件周圍特徵類型

- **外槽穴**：通常用來移除特徵周圍所有的材料，對應的加工計劃為粗銑及輪廓銑削。

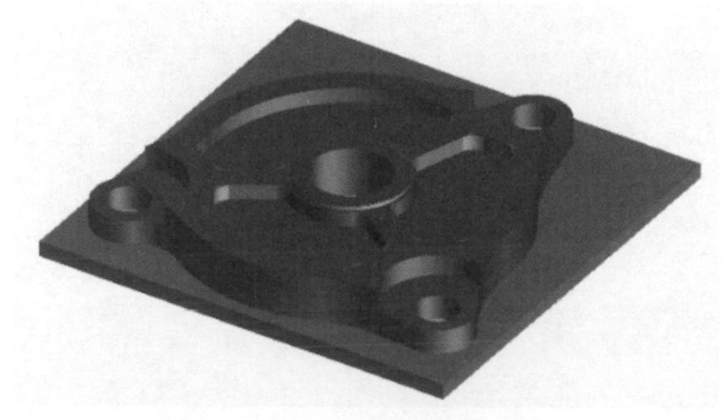

當您建立外槽穴特徵時，軟體會自動擷取素材大小。素材到島嶼這中間所有的材料將會被移除，而中間島嶼的部分則會被視為避讓區域，禁止刀具將其切削，造成過切的情形。

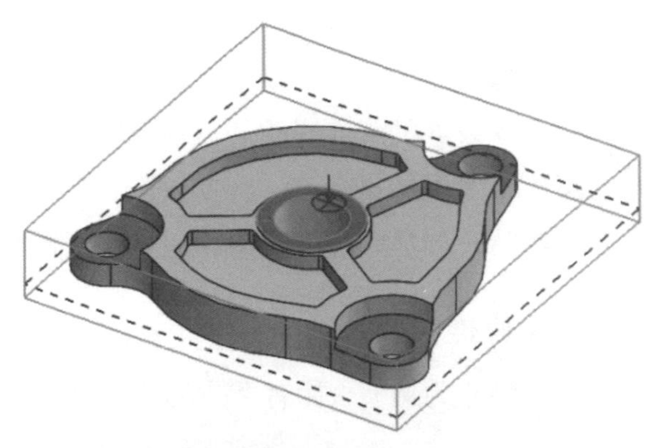

- **島嶼**：通常使用在讓刀具環繞特徵一圈，對應的加工計劃為輪廓銑削。

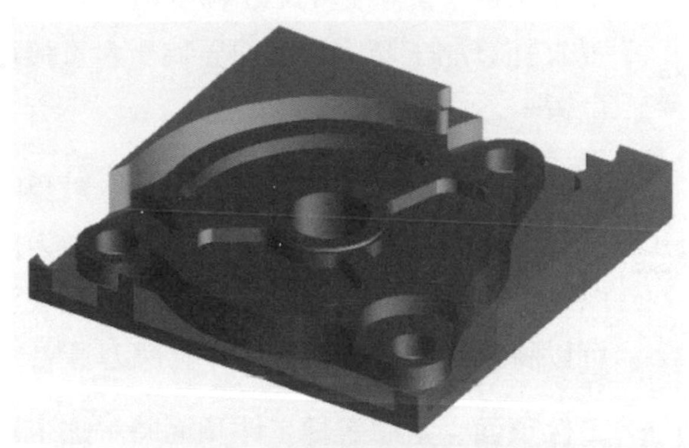

島嶼外形通常基於零件的周圍輪廓。

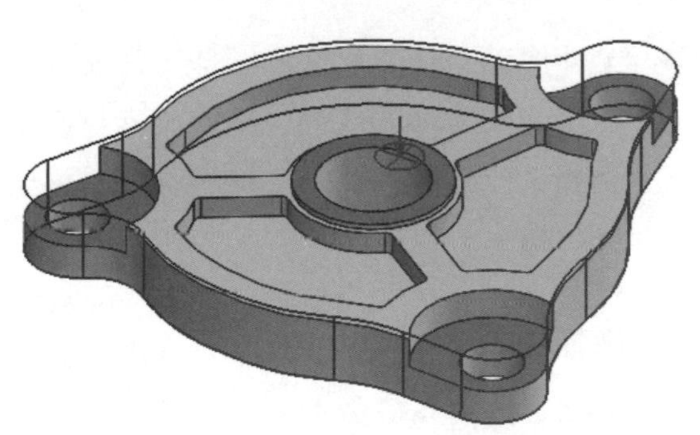

特徵與策略

- **策略**：主要是建立預設的加工方式，當您使用自動產生加工計劃的時候，軟體便會根據您的策略來配置加工刀具。我們可以建立幾種加工的策略來因應不同的加工特徵。舉例來說，假設我們加工範圍較大時，我們可以配置粗胚、中胚、精修來提升加工效率。但加工範圍小的時候，我們可以配置粗胚、精修，來減少刀具更換次數。

- **貫穿**：當我們使用 AFR 的方式來提取加工特徵，軟體便會自動幫我們判別此特徵是否為貫穿。但今天如果我們使用的是 IFR 的方式的話，則必須手動勾選此選項。最大的差異就在於，今天假設我們希望將零件從素材上切除，在未勾選此選項時，刀具的深度會等同特徵深度。因此實際加工時，可能會無法完整的將零件取下。當您勾選此選項時，刀具路徑深度會比特徵深度還要再深，確保零件可以完整地從素材上切除。

終止條件

終止條件的類型決定有多少的特徵深度需要被切削。

- **給定深度**：與前述的 2.5 軸特徵略有不同。前述的 2.5 軸特徵，我們會根據特徵的位置來計算加工深度。而周界特徵會直接從零件的頂面開始計算，您無須指定特徵起點位置。
- **素材底面**：當您選擇素材底面時，計算的範圍即為零件頂面到素材的底面。考慮到夾持或者下料，您可以給予正方向或負方向的偏移。例如我們需要考慮夾治具，我們可以將終止條件向上偏移，避免銑削到夾治具；或者我們希望能完整切除此零件，您也可以將終止條件向下偏移，確保刀具完整超出素材。
- **工件頂面**：當您選擇工件頂面時，加工深度的中止位置，就會是以此零件的最高點為主，通常我們會搭配偏移距離來決定切深，概念類似給定深度。
- **工件底面**：與素材底面類似，當您選擇工件底面時，其加工的深度值，就會等於零件的頂面到零件的底面。相較於素材底面，素材底面會比較適合整顆零件下料，而工件底面，比較適合將上方材料移除，保留下方素材夾持，並透過翻面的方式，將剩餘材料移除。

操作流程

建立工件周界特徵：

1. 將畫面切換至 SOLIDWORKS CAM 加工特徵管理員。
2. 請至銑削工件加工面上按滑鼠右鍵。
3. 選擇**工件周界特徵**。
4. 選擇特徵類型、策略、終止條件，輸入完畢點選**確定**。

提示 您可以在 SOLIDWORKS CAM 選項中將周界特徵設定為 AFR 特徵類型選項。

指令TIPS　工件周界特徵

- CommandManager：**SOLIDWORKS CAM→特徵→工件周界特徵**。
- SOLIDWORKS CAM 加工特徵管理員：在**銑削工件加工面**上按滑鼠右鍵，並選擇**工件周界特徵**。

STEP 15 建立工件周界特徵

請至 SOLIDWORKS CAM 加工特徵管理員，於銑削工件加工面 1 上按滑鼠右鍵，並選擇**工件周界特徵**。

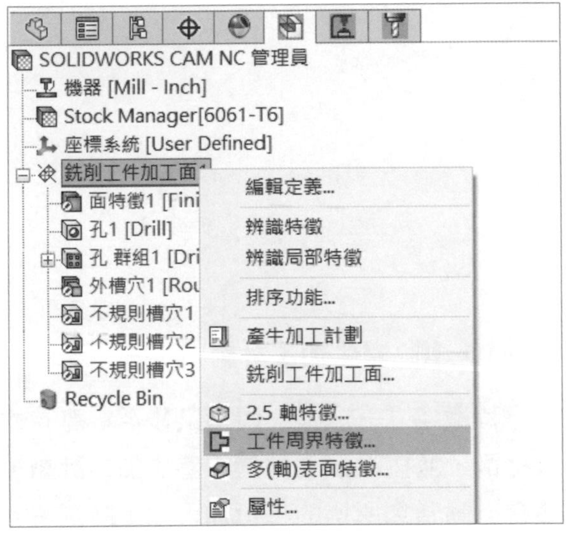

請注意，軟體會自動偵測零件的外型及素材大小。在預設的情況之下，工件周界特徵會加工至工件底面。

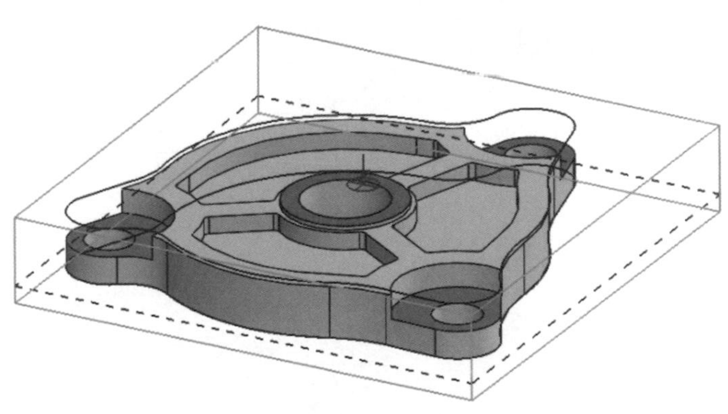

在**新建外型特徵**中：

- **特徵類型**：外槽穴。
- **特徵策略**：Rough-Finish。
- **終止條件**：工件底面。

點選**確定**。

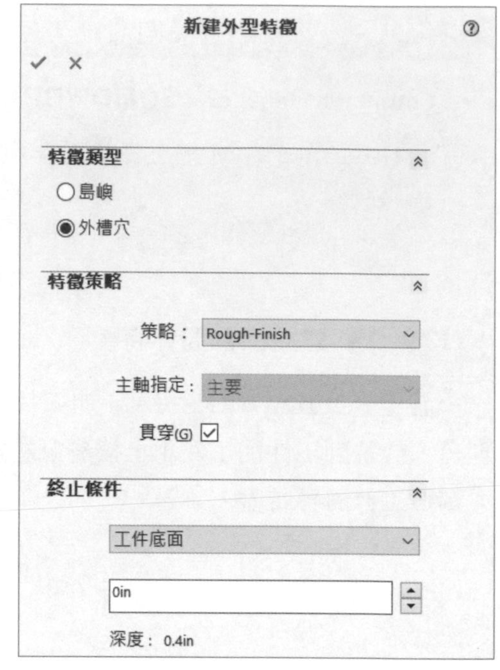

STEP 16 產生加工計劃

特徵建立完成後，將滑鼠移至新建立的外槽穴特徵，並按滑鼠右鍵選擇**產生加工計劃**，軟體便會自動為您所選的特徵加入加工計劃。完成之後，您會看到加工計劃管理員的頁面下我們成功的加入兩把刀具。

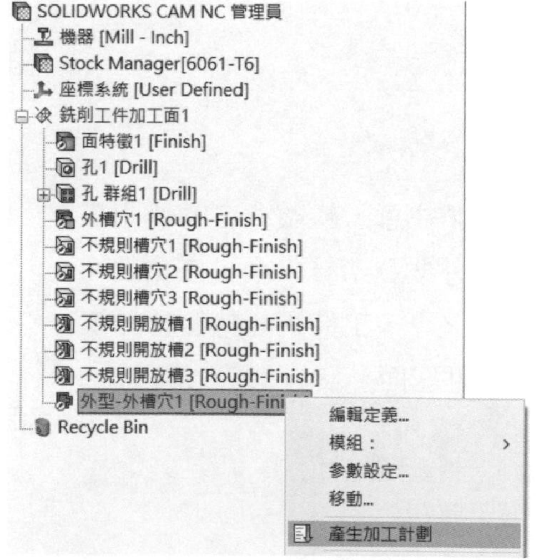

STEP 17 產生刀具路徑

您可以透過 Ctrl 鍵複選新加入的粗銑及輪廓銑削，並按滑鼠右鍵選擇**產生刀具路徑**，與產生加工計劃相似，剛剛所選的兩個特徵即會自動的產生刀具路徑。

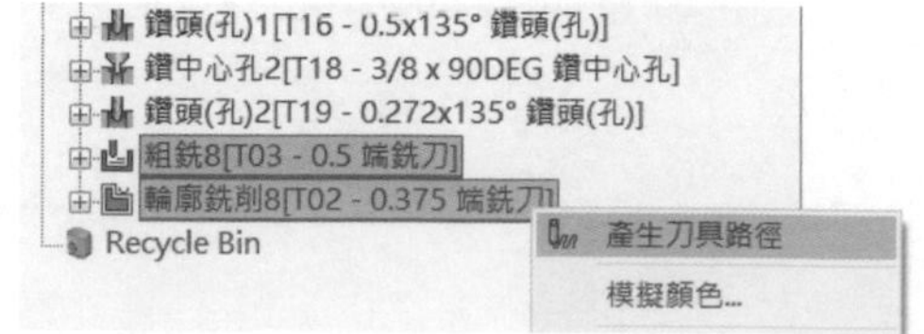

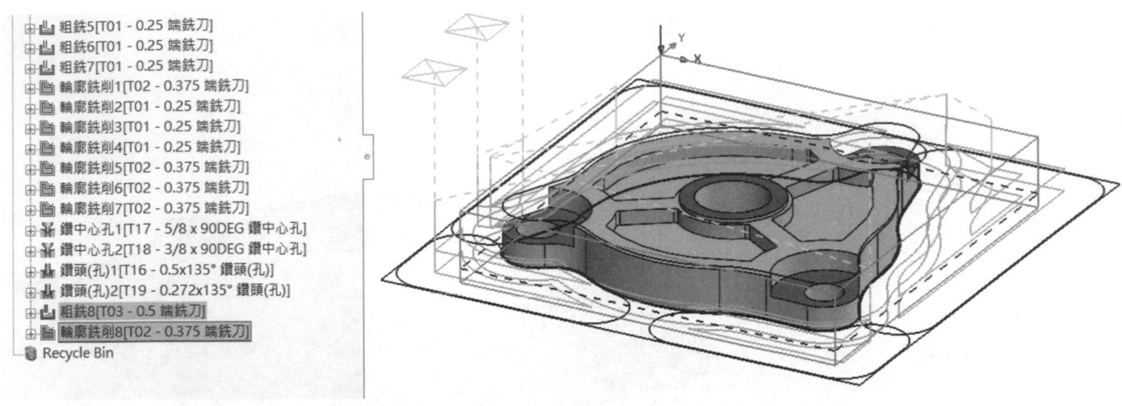

STEP 18 重新排序加工計劃

重新排序加工計劃，如右圖所示。

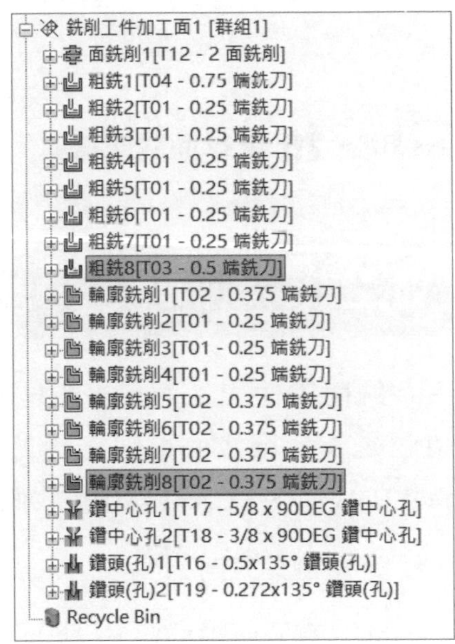

STEP 19 模擬刀具路徑

執行模擬刀具路徑來檢視結果。

請注意，此零件加工後的結果應如下圖所示，因外槽穴加工的終止條件為至工件底面。因此下半部的素材將會被保留，用於虎鉗夾持。

點選**確定**並離開模擬。

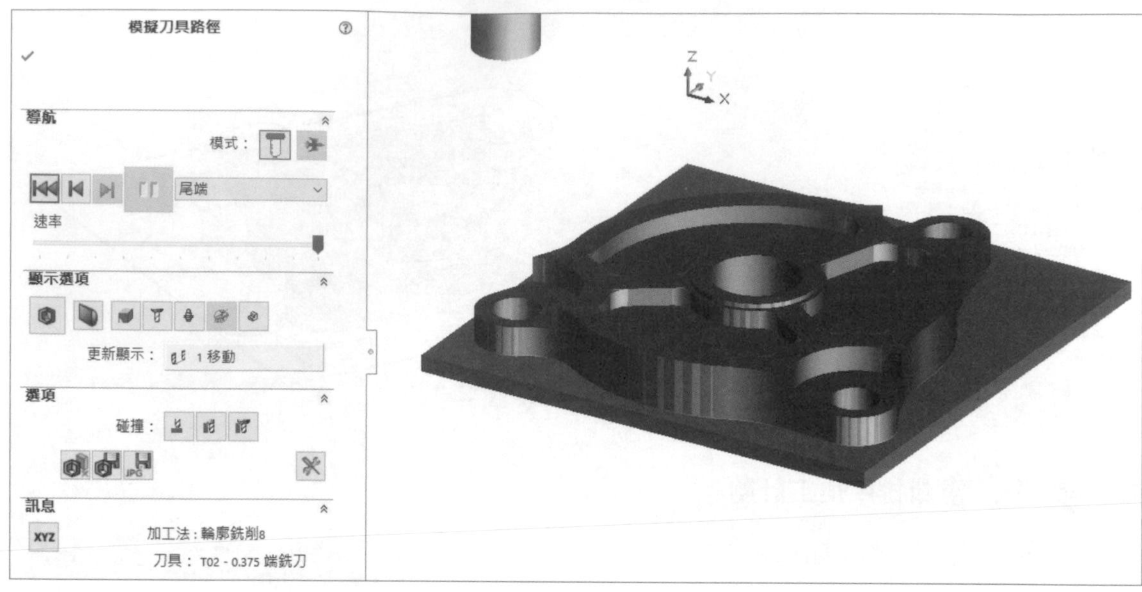

STEP 20 儲存並關閉檔案

3.2 銑削工件加工面

銑削工件加工面代表的是刀具的主軸方向，刀具會在這個平面進行 2 軸的運動，這也是為什麼我們稱呼它為 2.5 軸加工，因為絕大多數的加工工法 Z 軸是不動的。在 SOLIDWORKS CAM 當中，我們通常會在銑削工件加工面定義以下三種參數：

- 定義刀具方向。
- 定義程式原點位置。
- 定義 XY 方向。

透過 AFR 特徵辨識，軟體會根據模型的幾何，自動建立銑削工件加工面。如果您是透過手動的方式來建立加工特徵，則銑削工件加工面則必須手動加入。在建立完銑削工件加工面之後，您可以藉由此加工面：

- 拆分零件加工面（一個加工面，就是一個製程順序）。
- 移動加工計劃（如果加工方向是一樣的）。
- 更改零件原點位置。

- 更改零件擺放方向。
- 設定加工座標系統代號（G54~G59）。

指令TIPS 銑削工件加工面 

- CommandManager：**SOLIDWORKS CAM→加工面→銑削工件加工面**。
- 功能表：**工具→SOLIDWORKS CAM→建立→加工面**。
- SOLIDWORKS CAM 加工特徵管理員：在**素材管理員**上按滑鼠右鍵，並選擇**銑削工件加工面**。

辨識特徵

在前面的範例當中我們已經嘗試使用 AFR 的方式來辨識加工特徵，此時軟體會根據特徵的外型自動判別加工方向，並定義銑削工件加工面。但有時候遇到像是貫穿孔或者是槽，軟體可能會沒辦法判斷您的加工方向，因為無論是正面加工或反面加工，都可以達到目的。所以這個時候，您也可以先手動插入銑削工件加工面，於加工面上按滑鼠右鍵，並選擇**辨識特徵**，確保辨識的加工方向，與您期望的相符合。

指令TIPS 辨識特徵 

- SOLIDWORKS CAM 加工特徵管理員：在**銑削工件加工面**上按滑鼠右鍵，並選擇**辨識特徵**。

辨識局部特徵

辨識局部特徵與特徵辨識相似，最大的差異點在於，當您點選了銑削工件加工面，它會自動幫您把此方向能加工出來的特徵，全部挑選出來。而局部特徵辨識則是先選擇您想辨識的特徵，例如：槽穴或孔，然後再點選局部特徵辨識。此時軟體便會自動判別您所選擇的面，適合怎樣的特徵，而無須再進入特徵的編輯畫面，逐一設定特徵參數。與 AFR 相比，最大的優點是，不會篩選出不必要的特徵。

指令TIPS 辨識局部特徵 

- SOLIDWORKS CAM 加工特徵管理員：在**銑削工件加工面**上按滑鼠右鍵，並選擇**辨識局部特徵**。

3.2.1　範例練習：IFR 2.5 軸特徵與建立加工計劃

STEP 1　開啟檔案

請至範例資料夾 Lesson 03\Case Study，並開啟檔案「mill2ax_IFR2.sldprt」。在此範例中，機器、素材、座標系統皆已設定完畢。

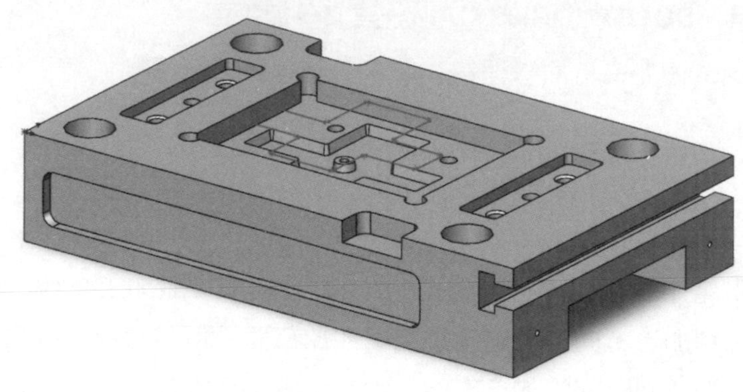

STEP 2　建立銑削工件加工面

請至 SOLIDWORKS CAM 加工特徵管理員，於**素材管理員**上按滑鼠右鍵，並選擇**銑削工件加工面**。

選擇工件頂面，作為加工面的參考。

點選**確定**。

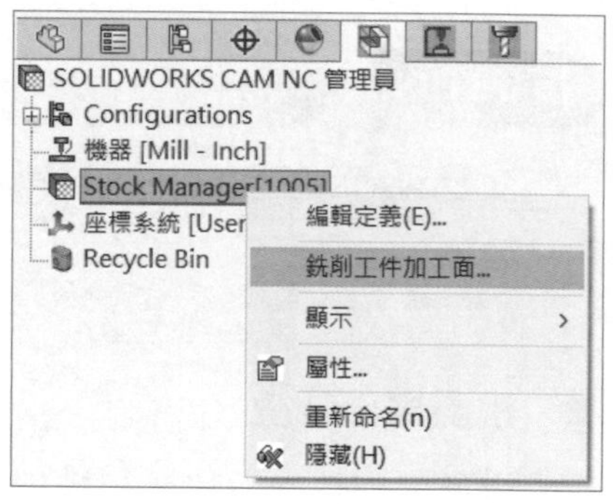

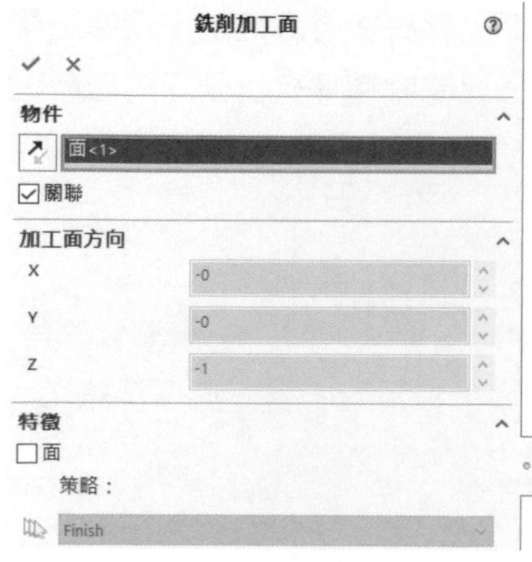

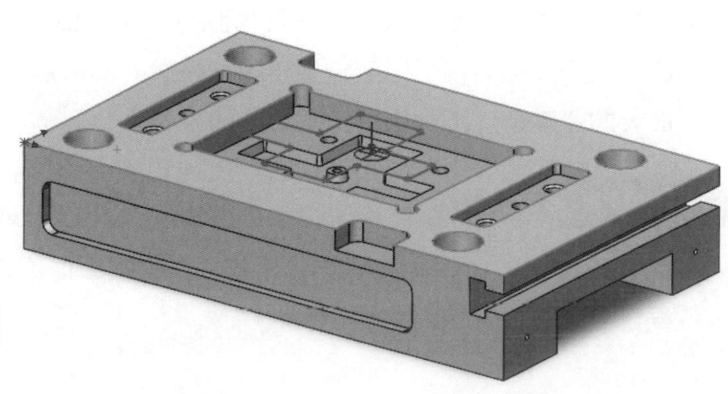

STEP 3 設定 AFR 選項

請至 SOLIDWORKS CAM **選項**中的**銑削特徵**分頁，並於**自動辨識可加工特徵**中依右圖所示勾選。點選**確定**。

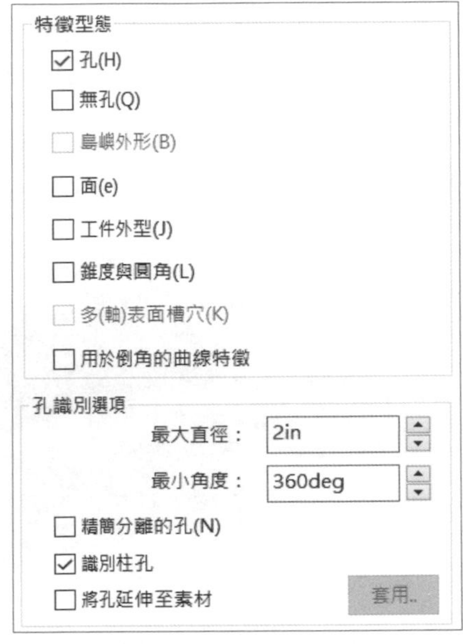

STEP 4 特徵辨識

請至 SOLIDWORKS CAM 加工特徵管理員，於銑削工件加工面 1 上按滑鼠右鍵，並選擇**辨識特徵**。

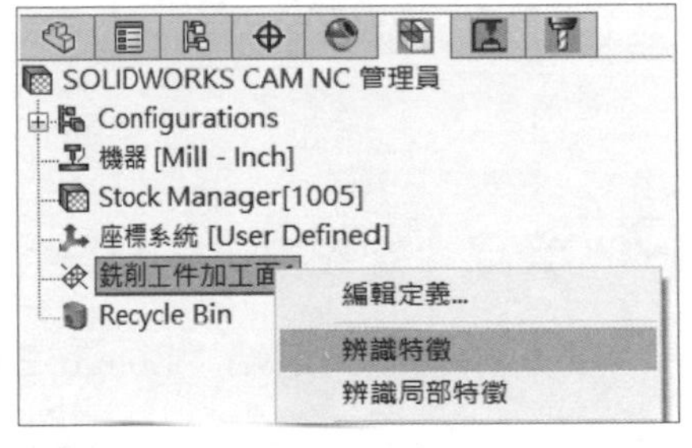

辨識結果如下圖所示。

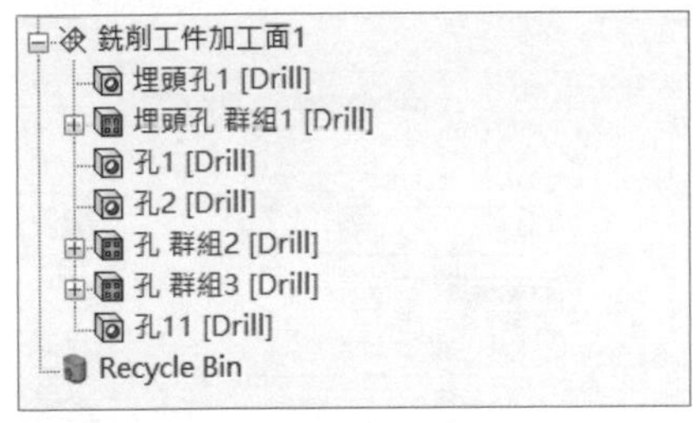

STEP 5 建立槽穴特徵

請至 SOLIDWORKS CAM 加工特徵管理員，於銑削工件加工面 1 上按滑鼠右鍵，並選擇 **2.5 軸特徵**。

STEP 6 定義槽穴參數

2.5 軸特徵→類型：槽穴。

選擇篩選器：在邊線的選項上，選擇轉換為迴圈。

點選零件頂面當中槽穴的任一邊線。

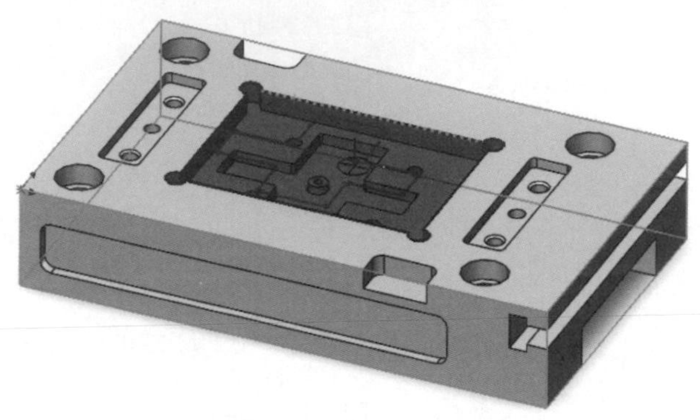

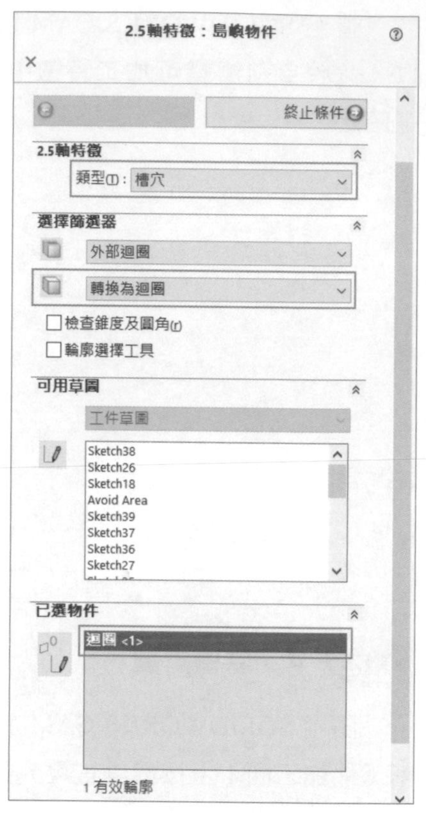

選擇**轉換為迴圈**，軟體便會自動搜尋相對應的邊線，直到形成一個封閉區域為止。您會看見**迴圈 1** 即被加入在**已選物件**的框中。

STEP 7 定義槽穴終止條件

2.5 軸特徵→策略：Rough-Finish。

點選此槽穴的底面，作為加工深度的參考。

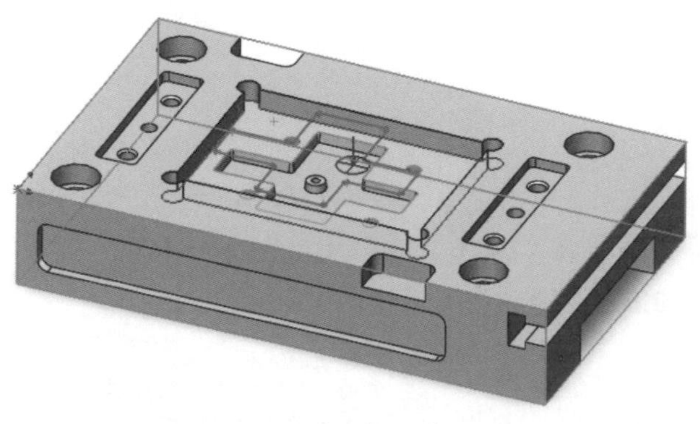

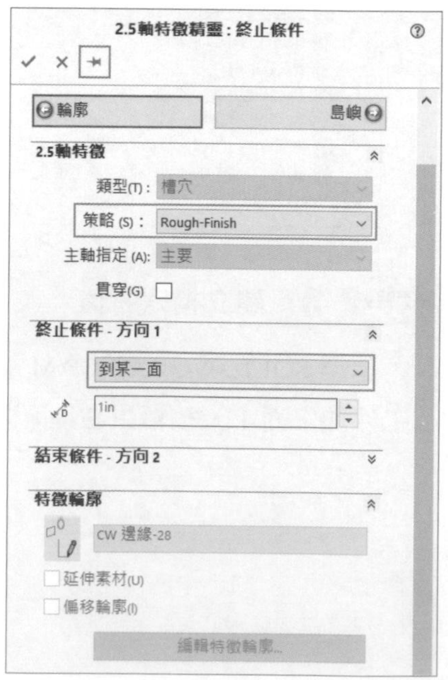

請注意，當您點選了槽穴的底面時，**終止條件**會自動切換為**到某一面**，不需要額外透過下拉式選單挑選適合的終止條件。而點選上方圖釘的符號，即可保持特徵建立的視窗，並繼續下一個特徵的設定。

STEP 8 建立具有側錐角及島嶼的槽穴

2.5 軸特徵→類型：槽穴。

選擇篩選器：轉換為迴圈。

點選畫面當中槽穴的任一邊線。

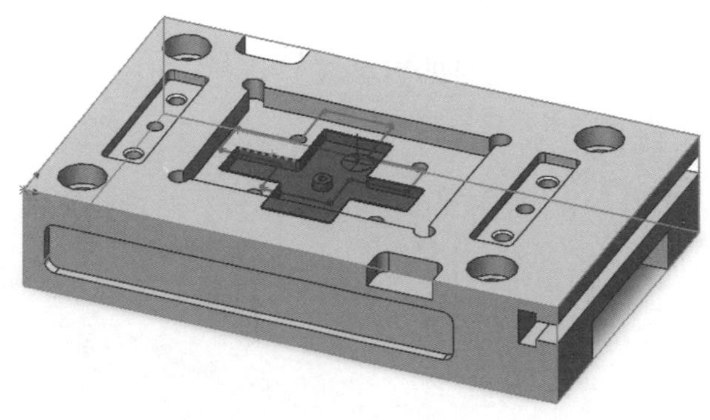

點選**終止條件**按鈕，進行下一步驟的設定。

2.5 軸特徵→策略：Rough-Finish。

點選此槽穴的底面，作為加工深度的參考。

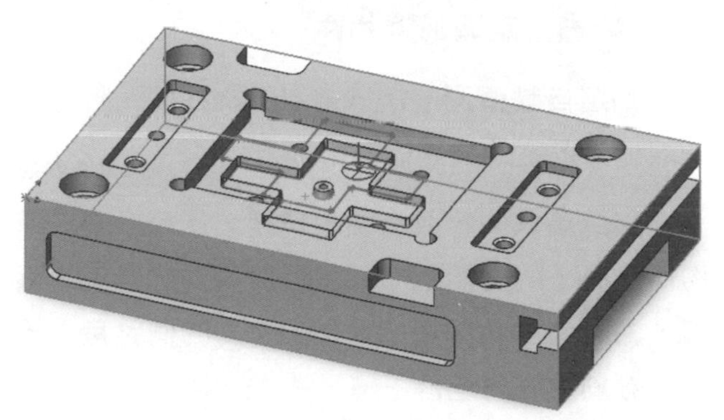

終止條件：到某一面。

請注意，因為此槽穴特徵具有拔模角，故請點選側錐角按鈕，來設定其角度值。

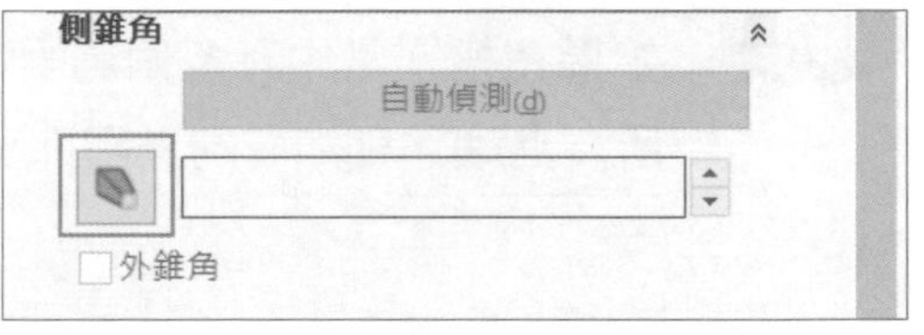

點選**側錐角**後，您會看到槽穴立刻顯示拔模後的外型。

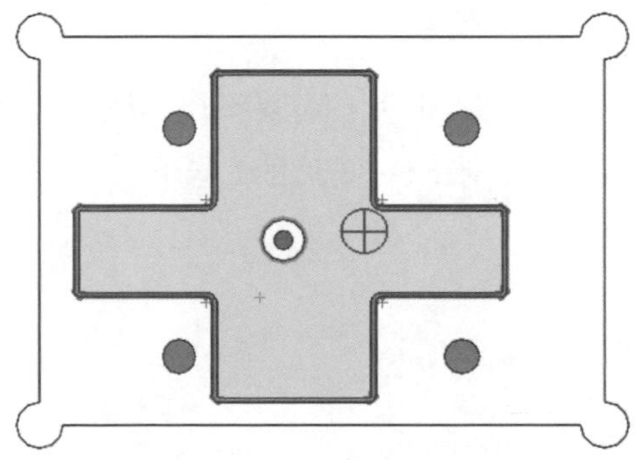

設定**側錐角**為 7 度，並確認拔模方向是否正確。

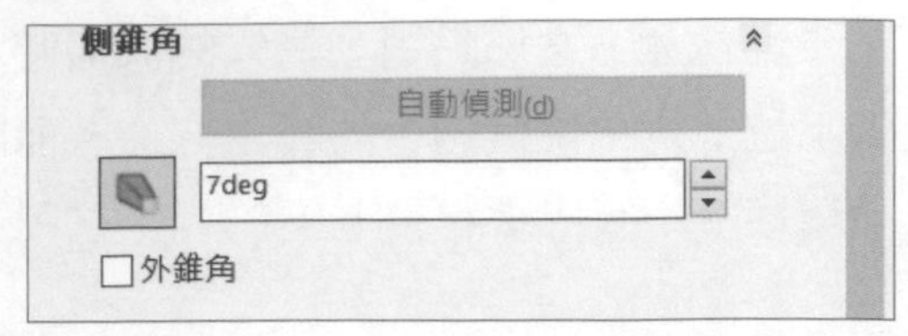

點選**島嶼**按鈕。

開啟**島嶼物件**的對話框。

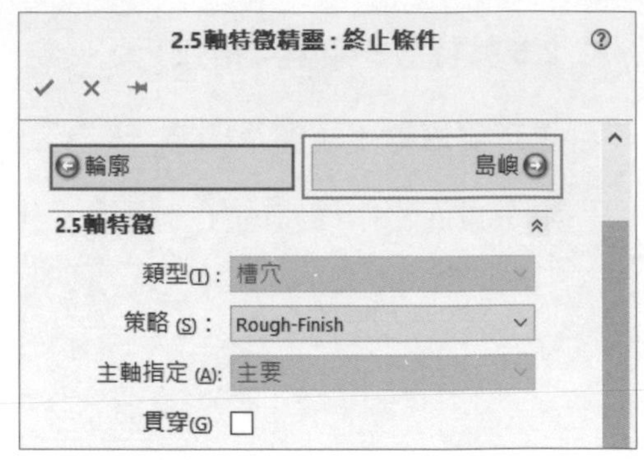

STEP 9 定義島嶼物件

點選**自動偵測**。槽穴當中的圓柱面，將會自動被加入**選定的島嶼體**當中。

因此島嶼同樣具有拔模角度，您可以至島嶼物件最底下的對話框，同樣可以找到側錐角的選項。點選**側錐角**按鈕，並加上 7 度的**側錐角**。確認側錐角的方向是否正確。

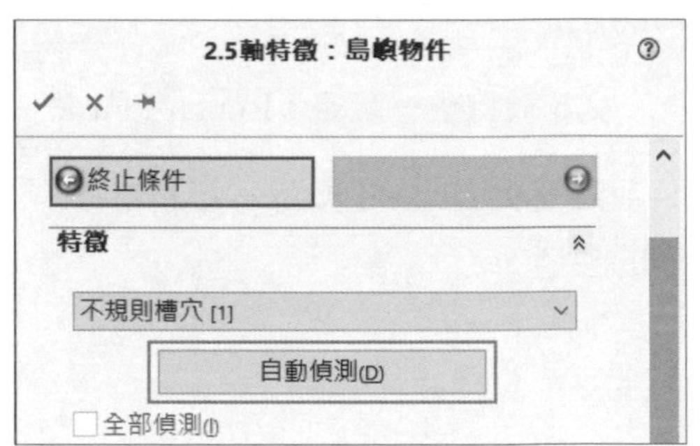

> **提示** 如果在槽穴當中有多個島嶼，且多個島嶼都具有拔模角度。您可以點選**套用至所有島嶼**，則所有的島嶼即可一次設定完側錐角，無須逐一設定。

取消上方釘選。

點選**確定**。

如右圖所示，兩個不規則槽穴特徵即成功地加入至銑削工件加工面 1 底下。

開放槽

開放槽特徵運用在當您有一個槽穴特徵位於零件的邊緣時。在此範例中，您會看到在此零件的下緣有一 D 字型的槽穴。根據這個特徵的幾何，當我們使用 AFR 特徵辨識的時候，軟體可能會將其歸類為不規則開放槽或者是矩形開放槽。

如果我們將其特徵定義為槽穴，那麼您會如左圖所呈現的，刀具因無法超過此模型的邊緣，因此當刀具行進至邊緣時，會直接轉為水平方向，並沿著邊緣前進，而這樣的結果也會在槽穴的角落，留下兩個 R 角的殘料。如果特徵為開放槽，則刀具可以超出此邊緣，確保加工出來的外型能符合圖面需求。

槽穴

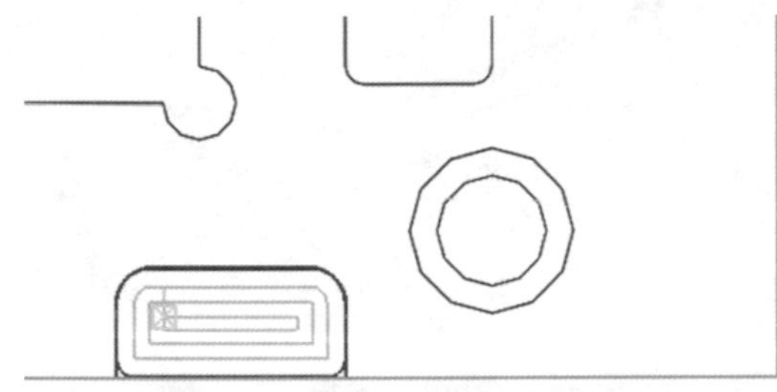

開放槽

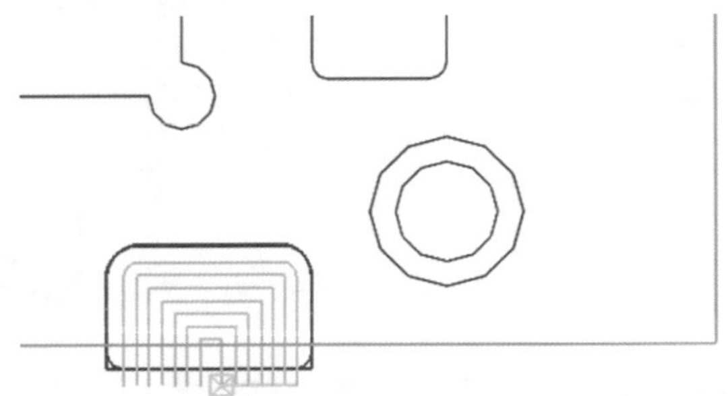

當您在建立開放槽特徵的時候，位於終止條件的頁面底下，您會看到**編輯特徵輪廓**按鈕，點選此按鈕進入編輯畫面。如右圖所示，在此選項內會使用深藍色及淺藍色來區隔封閉及開放兩種不同的邊緣，您可以看到，畫面當中淺藍色的線段，即代表此線段為開放邊，開放邊代表刀具可以超過此範圍。而深藍色的封閉邊，則代表不可超出的邊緣。點選**跨越區段**即可修改開放或封閉。同時，在底下還有**反轉切削方向**的選項，主要用於曲線特徵，您可以透過此選項，切換刀具是行走於曲線的左側或右側。

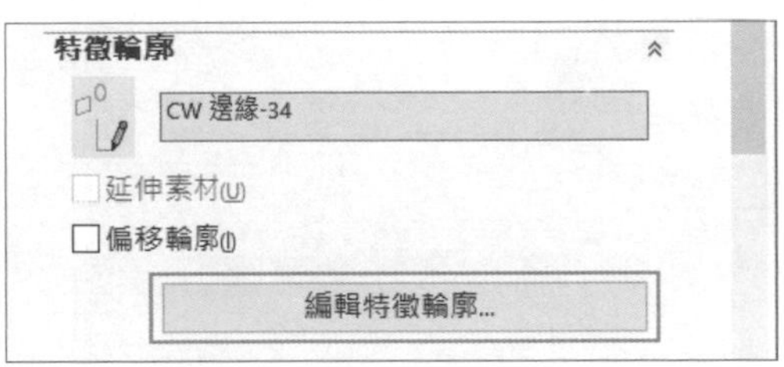

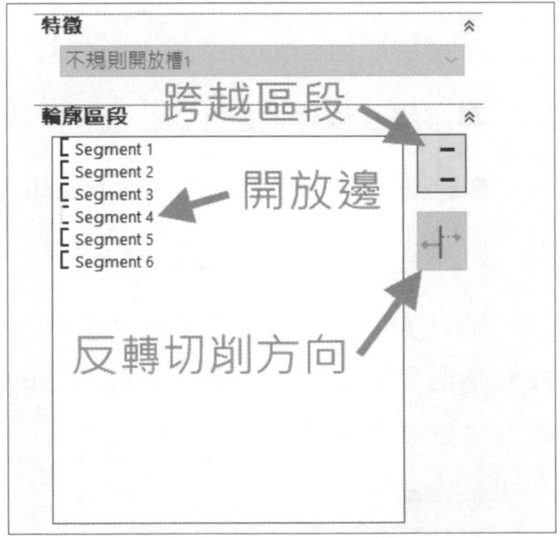

STEP 10 建立開放槽特徵

請至 SOLIDWORKS CAM 加工特徵管理員，於銑削工件加工面 1 上按滑鼠右鍵，並選擇 **2.5 軸特徵**。

2.5 軸特徵→類型：開放槽。

點選 D 字型槽穴的底部，作為特徵外型的參考。

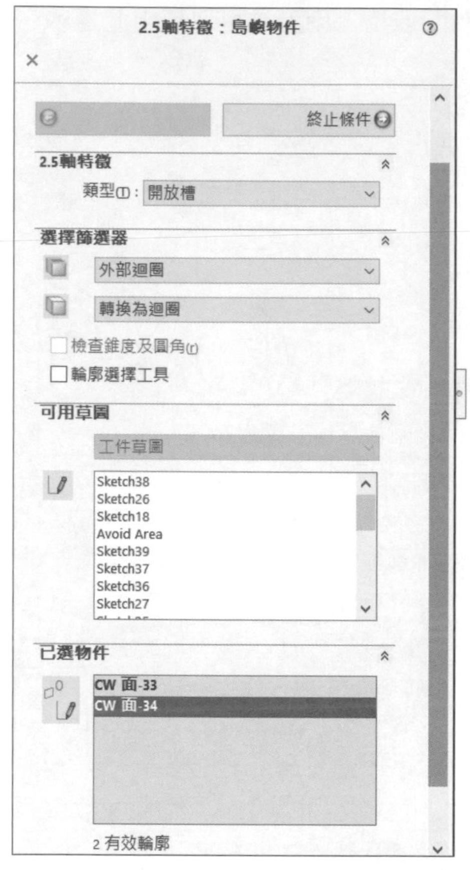

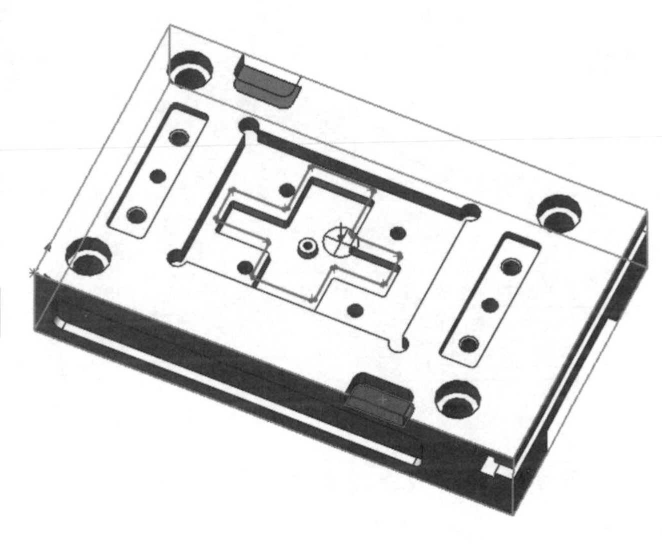

點選**終止條件**按鈕，進行下一步驟的設定。

2.5 軸特徵→策略：Rough-Finish。

點選零件頂面，作為終止條件。

請注意，當您點選零件頂面時，**終止條件**會自動設為**到某一面**，且此特徵的開放邊，會自動以虛線表示。

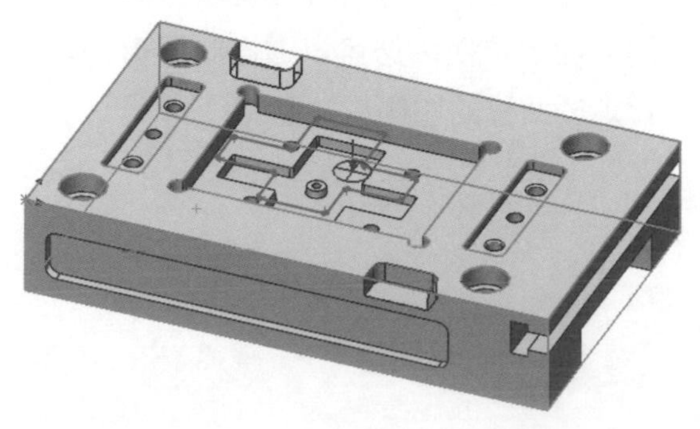

點選**確定**。

STEP 11 確認特徵

根據上述操作，我們成功地建立了兩個開放槽特徵於特徵管理員中。請注意，畫面當中兩個開放槽的外型幾乎無異，但透過 IFR 所得到的結果卻是不規則開放槽以及矩形開放槽。為何會有這樣的差異？主要是因為兩者繪圖的手法不同。矩形開放槽的特徵，是先利用矩形的草圖，進行伸長除料，除料後再加上圓角特徵；而不規則開放槽則是直接使用帶有圓角的草圖進行除料，因此軟體在判定上會認為是不規則開放槽。

銑削工件加工面1
埋頭孔1 [Drill]
埋頭孔 群組1 [Drill]
孔1 [Drill]
孔2 [Drill]
孔 群組2 [Drill]
孔 群組3 [Drill]
孔11 [Drill]
不規則槽穴1 [Rough-Finish]
不規則槽穴2 [Rough-Finish]
不規則開放槽1 [Rough-Finish]
矩形開放槽1 [Rough-Finish]
Recycle Bin

如果這兩個開放槽，都是相同類型，例如都是矩形開放槽，那麼它們將會自動被分類為同一群組，相同群組代表其加工特徵深度及策略都相同。

矩形開放槽 群組5 [Rough-Finish]
矩形開放槽2 [Rough-Finish]
矩形開放槽3 [Rough-Finish]

STEP 12 建立新的銑削工件加工面

為了加工此零件的側邊有一槽穴特徵，因此我們必須建立一個新的銑削工件加工面，來區隔兩個不同的加工方向。請至**素材管理員**上按滑鼠右鍵，選擇**銑削工件加工面**，並選擇側邊作為加工方向的參考。

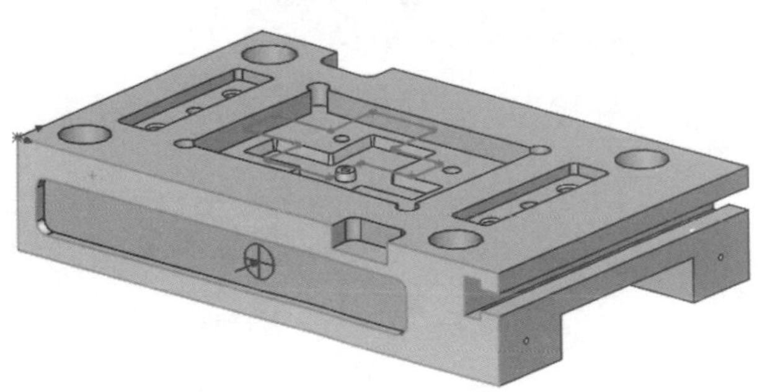

點選**確定**後，您會看到，銑削工件加工面 2，將會出現在特徵管理員的最底下。

STEP 13 建立側邊槽穴

請至銑削工件加工面 2 上按滑鼠右鍵，並選擇 **2.5 軸特徵**。

2.5 軸特徵→類型：槽穴。

選擇槽穴底面，作為加工外型的參考。

點選**終止條件**按鈕，進行下一步驟的設定。

銑削工件加工面2
矩形槽穴1 [Rough-Finish]

點選零件側面，作為終止條件。

點選**確定**。槽穴特徵將會建立於銑削工件加工面 2 底下，注意策略的部分，我們採用 Rough- Rough(Rest)-Finish。

STEP 14 修改策略

如果您想修改加工策略的話，您可以於特徵上按滑鼠右鍵，並選擇**參數設定**。在策略中，請下拉選擇 Rough-Finish 作為我們新的加工策略。

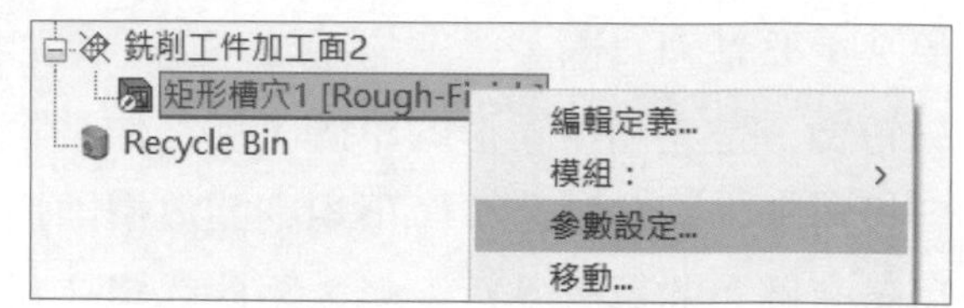

點選**確定**。

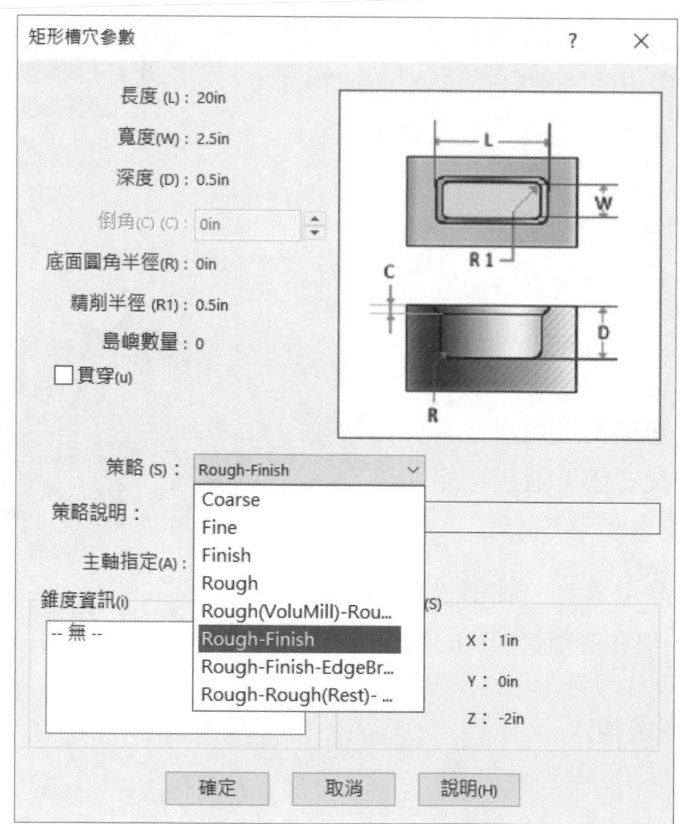

STEP 15 建立新銑削工件加工面來加工此零件之底部

請於**素材管理員**，按滑鼠右鍵選擇**銑削工件加工面**。並選擇此零件之底面作為加工方向的參考。

點選**確定**。

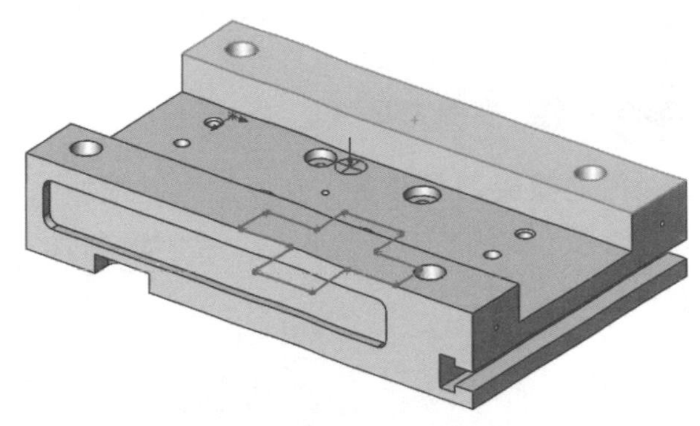

STEP 16 建立轉角開放槽

請至銑削工件加工面 3 上按滑鼠右鍵，並選擇 **2.5 軸特徵**。

2.5 軸特徵→類型：轉角開放槽。

選擇底面，作為加工外型的參考。

點選**終止條件**按鈕，進行下一步驟的設定。

2.5 軸特徵→策略：Rough-Finish。

點選零件頂面，作為終止條件。

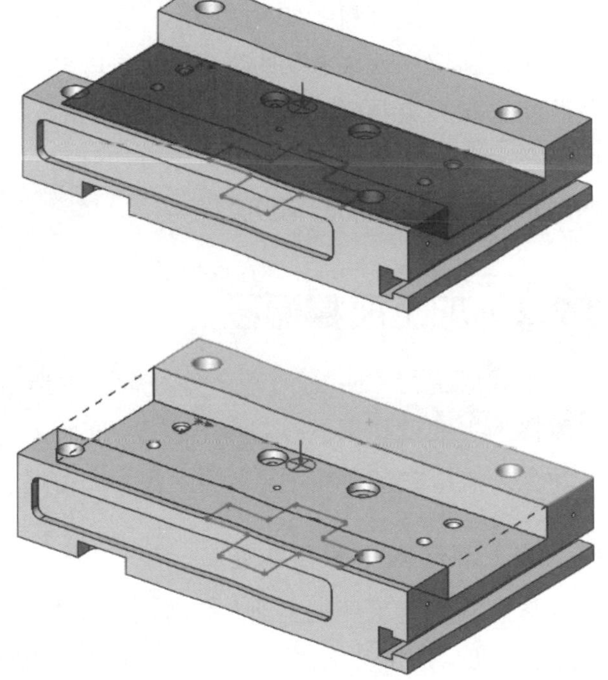

STEP 17 產生加工計劃

請於 CommandManager 點選**產生加工計劃**，軟體即會替我們剛剛所建立的三個加工面，依序加入對應的加工方式及刀具。

STEP 18 產生刀具路徑

請於 CommandManager 點選**產生刀具路徑**。

STEP 19 模擬刀具路徑

點選**模擬刀具路徑**，並且針對碰撞偵測的部分，我們將刀具及夾頭設定為**切削碰撞**。

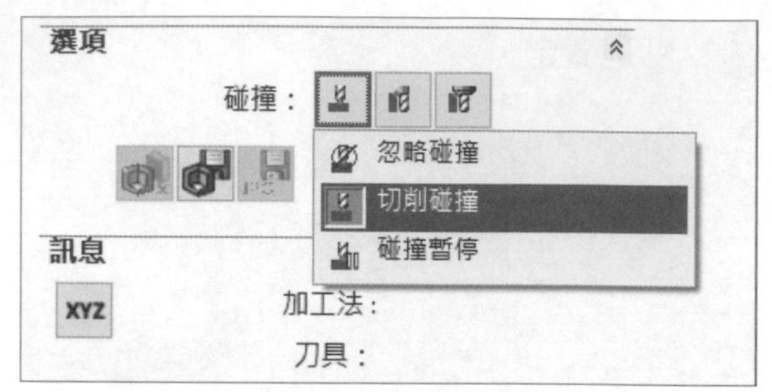

點選**顯示殘料**即可比對素材與成品，是否有過切或者是殘料。如模擬所示，畫面當中紅色的區塊，代表過切的部分，那是因為我們將夾頭設定為碰撞切削，因此，過切的地方是由夾頭所導致的，您可以調整刀具的伸出量，來避免過切的情形發生。

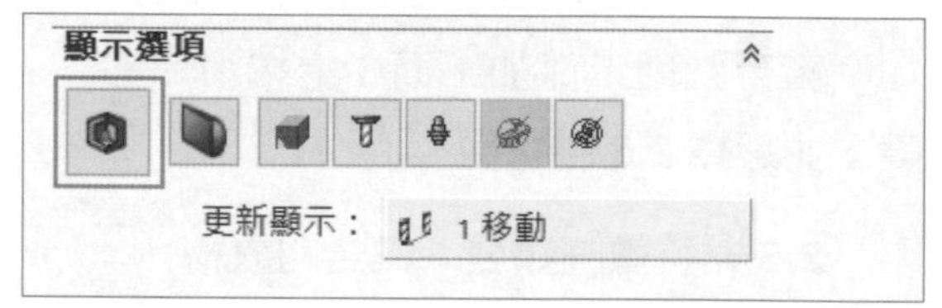

3.2.2 加工座標偏移

當我們進行 CNC 加工時，往往會運用到 G54~G59 來與控制器說明原點位置。加工座標偏移，主要就是用於控制輸出座標時的代碼，確保原點位置無誤。您可以於銑削工件加工面上按滑鼠右鍵，並選擇編輯定義，即可進入加工座標偏移的設定頁面。

加工面參數—偏移距離

當您於銑削工件加工面上按滑鼠右鍵進入編輯頁面之後，您會看到偏移距離的分頁。此分頁主要用於控制座標系統的代號，常見的座標系統方式有四種：

- **無**：當您設定加工座標偏移為無的時候，軟體會自動以 G54 作為座標系統代號。
- **夾治具**：當您設定加工座標偏移為夾治具時，輸出的格式為 E1、E2…。
- **加工座標**：當您希望輸出座標系統代號為 G54~G59，您可以於此欄位輸入您所需要的代號。
- **加工和次座標**：當工作檯面上的工件超過 6 組，G54~G59 已不敷使用。您可以使用加工和次座標，其輸出的座標系統代號即為 G54.1 P1、G54.1 P2…，通常可以到 48 組。

座標系統顯示

當您設定完加工座標或者次座標後，於 SOLIDWORKS 的顯示視窗當中執行以下兩種動作，您會看到座標系統的位置及代號，將會顯示於此零件上。

- 當您選擇了銑削工件加工面或者車削工件加工面（SOLIDWORKS CAM Professional 版本）於加工計劃管理員。
- 當您選擇了其中任一加工計劃。

STEP 20 針對每個加工面，設定不同的加工座標系統代號

以加工面 1 為例，請至銑削工件加工面 1 上按滑鼠右鍵，並選擇編輯定義。

在**偏移距離**分頁中，

加工座標偏移：加工座標，並設定其數值為 54。

點選**確定**。

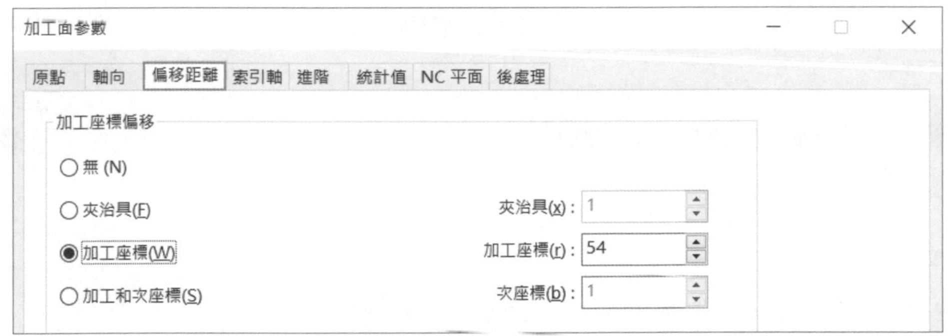

請至銑削工件加工面 2 上按滑鼠左鍵兩下。

在**偏移距離**分頁中，

加工座標偏移：加工座標，並設定其數值為 55。

點選**確定**。

請至銑削工件加工面 3 上按滑鼠左鍵兩下。

在**偏移距離**分頁中，

加工座標偏移：加工座標，並設定其數值為 56。

點選**確定**。

STEP 21 儲存並關閉檔案

3.3 選擇篩選器

當我們建立特徵的時候，最重要的是擷取出其特徵的輪廓。而選擇篩選器，能幫助我們運用各種不同的條件，快速的篩選出我們所需要的特徵。所以接下來，就讓我們來看看這些選項有哪些差異吧。

- **內部迴圈、外部迴圈**：當您選擇使用面來定義特徵的輪廓時，您可以根據內部迴圈、外部迴圈，快速篩選出我們要的幾何。舉例來說，當您想要設定島嶼外形時，您可以從下拉式選單中選擇外部迴圈，如此一來，當您點選頂面的時候，軟體即會擷取其外型輪廓。反之，當您於一個平面當中，想要快速地挑選出多個槽穴特徵。您可以從下拉式選單中選擇內部迴圈，當您點選平面時，軟體即會一次將平面內，所有迴圈做快速的篩選。
- **開放式連結、轉換為迴圈**：當您想要挑選出槽穴、島嶼等封閉造型特徵時，除了面之外，您也可以選擇點選邊線。如果此邊線是連續的，勾選轉換為迴圈，您只需要點選其中一條，軟體即會自動循著外型將邊線串接。開放式連結，則是需要一條一條逐一地點選。
- **草圖**：如果草圖的方向與您要加工的方向平行，您也可以選擇草圖，作為特徵外型的參考。

選擇面

零件的面，可以用於定義零件的外部輪廓，例如：槽穴、外槽穴、開放槽、島嶼、孔、面特徵…。除此之外，面亦可以作為雕刻特徵和曲線特徵使用。當點選面作為特徵的參考時，必須搭配內部迴圈或外部迴圈來選擇正確的輪廓。

選擇邊線

零件的邊線則可用於定義任何 2.5 軸的特徵。透過 IFR 的方式，SOLIDWORKS CAM 允許您單獨選擇其中一邊線，並藉由**轉換為迴圈**自動串起所有邊線。或者您也可以逐一選擇邊線，直到外型符合您的期望為止。

3.3.1 範例練習：IFR 2.5 軸特徵選擇篩選器

在此範例中，我們將藉由建立一個槽穴特徵的過程，來了解選擇篩選器是如何運作的。

STEP 1 開啟檔案

請至範例資料夾 Lesson 03\Case Study，並開啟檔案「mill_IFR3.sldprt」。在此範例中，機器、素材、座標系統皆已完畢。

我們將目光移至素材管理員，在此選項當中，我們使用的類型是**組件檔案**，並且選擇此零件素材的組態。如果您的零件是在 SOLIDWORKS 當中從無到有，並且遵循加工的概念繪圖的，那麼您就可以將此零件利用組態，將它從素材到成品的組態拆分出來。

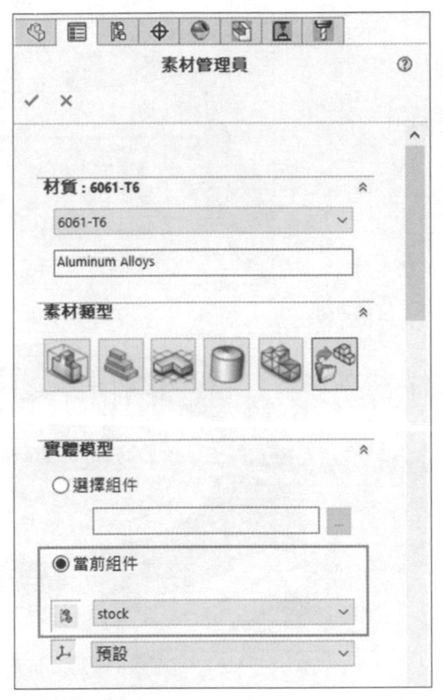

STEP 2 建立槽穴特徵

請至銑削工件加工面 1 上按滑鼠右鍵，並選擇 **2.5 軸特徵**。

STEP 3 定義槽穴參數

2.5 軸特徵→類型：槽穴。

選擇篩選器：外部迴圈。

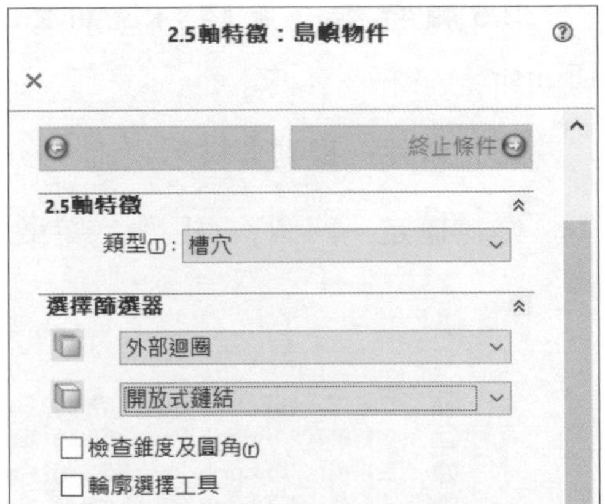

STEP 4 選擇特徵面

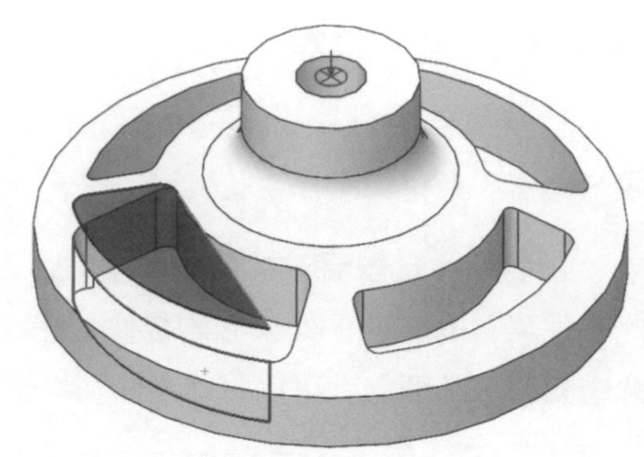

因為此槽穴為一個貫穿孔，因此，您可以點選特徵的側面，而特徵側面的輪廓，就會投影到與加工面互相平行的平面上，以擷取出此零件的外型。

如果您的特徵面為一個相切且連續的面，您可以按滑鼠右鍵並**選擇相切**，即可快速選擇到所有的面，以節省設定時間。

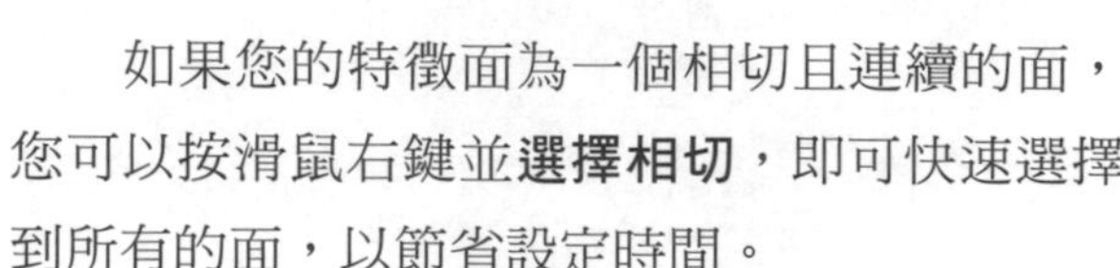

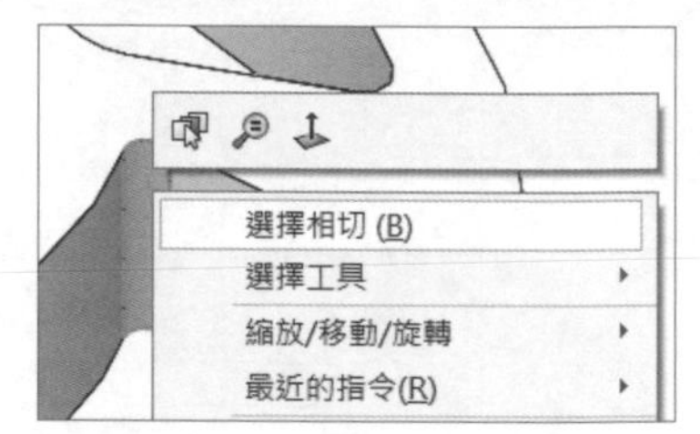

請將四個槽穴的面選取。而所選擇的面，將會列入**已選物件**的欄位當中。點選**終止條件**按鈕，進行下一步驟的設定。

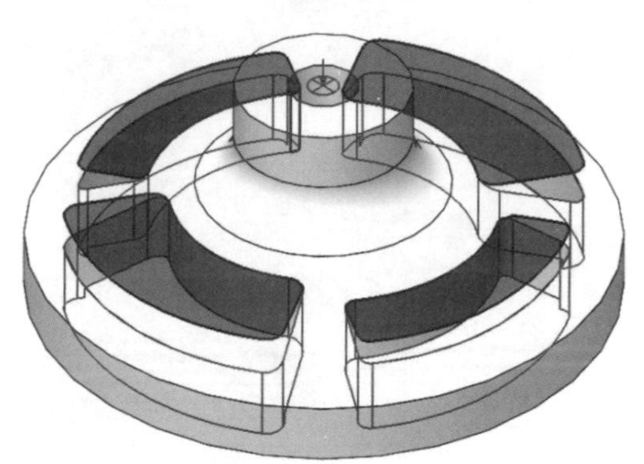

STEP 5 定義終止條件

2.5 軸特徵 → 策略：Rough-Rough(Rest)-Finish。

終止條件：直到素材。

點選**確定**。四個不規則槽穴特徵即建立完成。

Mill Part Setup1
不規則槽穴1 [Rough-Rough(Rest)- Finish]
不規則槽穴2 [Rough-Rough(Rest)- Finish]
不規則槽穴3 [Rough-Rough(Rest)- Finish]
不規則槽穴4 [Rough-Rough(Rest)- Finish]
Recycle Bin

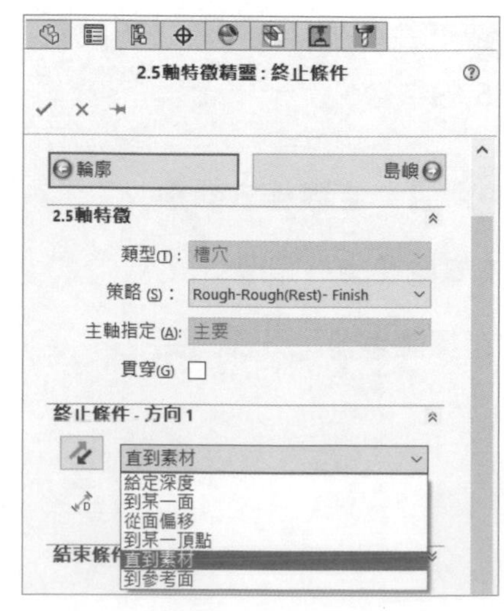

STEP 6 產生刀加工計劃及刀具路徑

請至銑削工件加工面 1 上按滑鼠右鍵，並選擇**產生加工計劃**。

請至銑削工件加工面 1 上按滑鼠右鍵，並選擇**產生刀具路徑**。

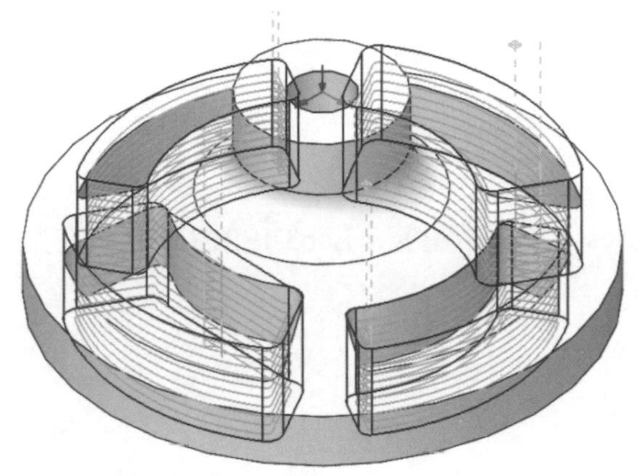

Mill Part Setup1 [Group1]
- 粗銑1[T05 - 20 端銑刀]
- 粗銑2[T05 - 20 端銑刀]
- 輪廓銑削1[T05 - 20 端銑刀]
- 粗銑3[T05 - 20 端銑刀]
- 粗銑4[T02 - 10 端銑刀]
- 輪廓銑削2[T04 - 16 端銑刀]
- 粗銑5[T05 - 20 端銑刀]
- 粗銑6[T04 - 16 端銑刀]
- 輪廓銑削3[T05 - 20 端銑刀]
- 粗銑7[T05 - 20 端銑刀]
- 粗銑8[T02 - 10 端銑刀]
- 輪廓銑削4[T04 - 16 端銑刀]

Recycle Bin

STEP 7 模擬刀具路徑

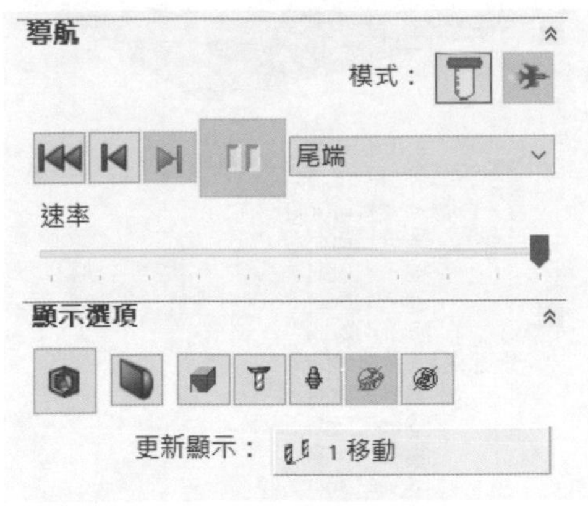

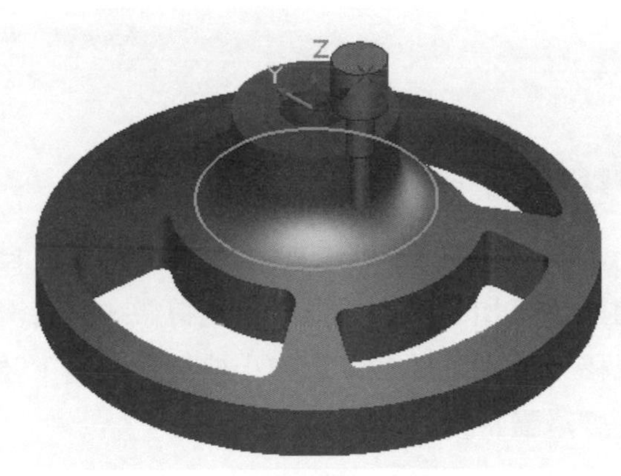

STEP 8 儲存並關閉檔案

練習 3-1 交互式特徵建立

藉此範例，我們將學習如何使用交互式特徵辨識（IFR）的方式來建立加工特徵，並產生刀具路徑。

操作步驟

STEP 1 開啟檔案

請至範例資料夾 Lesson 03\Exercises，並開啟檔案「Lab3-IFR.sldprt」。在此範例中，機器、素材、座標系統皆已設定完畢。

STEP 2 建立銑削工件加工面

利用此零件之頂面，作為銑削工件加工面的參考方向。

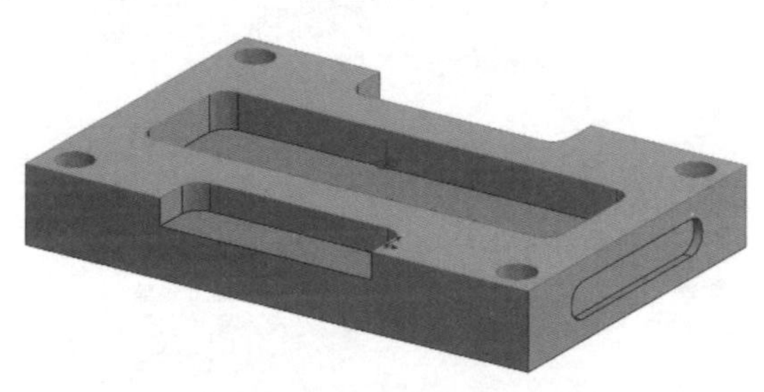

STEP 3 辨識特徵

請至 SOLIDWORKS CAM **選項**，在**自動辨識可加工特徵**中僅勾選孔特徵。再將滑鼠移至銑削工件加工面 1 上按滑鼠右鍵，並選擇**辨識特徵**。

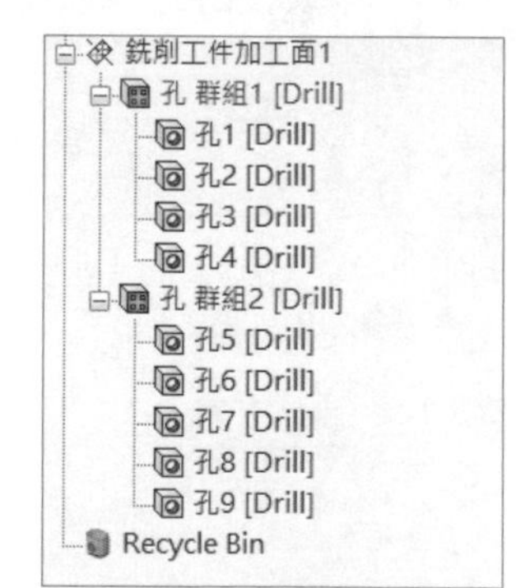

STEP 4 建立槽穴特徵

使用交互式的方式，將畫面當中的這個槽穴建立為槽穴特徵。

策略：Rough-Finish。

銑削工件加工面1
孔 群組1 [Drill]
孔 群組2 [Drill]
矩形槽穴1 [Rough-Finish]
Recycle Bin

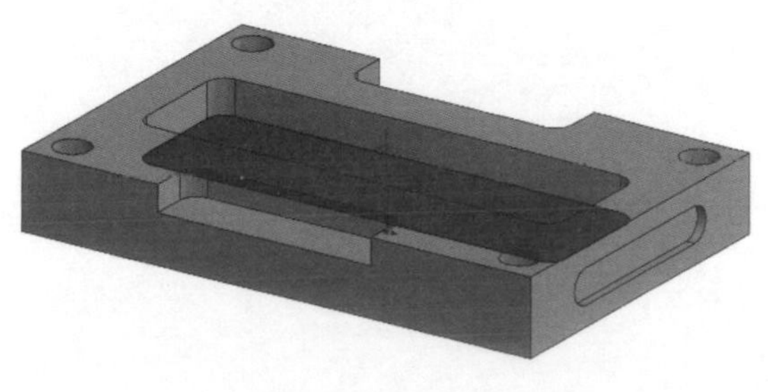

STEP 5 建立開放槽特徵

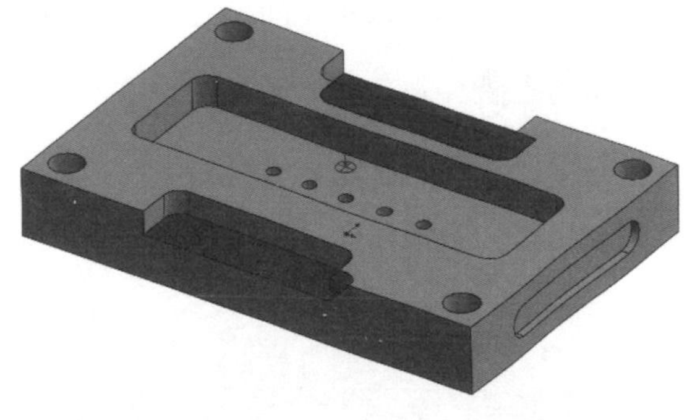

使用交互式的方式，將畫面當中的這兩個 D 字型槽穴建立為開放槽特徵。

策略：Rough-Rough(Rest)-Finish。

請至開放槽特徵上按滑鼠右鍵，並選擇**參數設定**。將預設策略修改成：Rough-Finish。

銑削工件加工面1
孔 群組1 [Drill]
孔 群組2 [Drill]
矩形槽穴1 [Rough-Finish]
矩形開放槽 群組4 [Rough-Finish]
矩形開放槽1 [Rough-Finish]
矩形開放槽2 [Rough-Finish]
Recycle Bin

STEP 6 建立銑削工件加工面

利用此零件之側面，作為我們銑削工件加工面的參考方向。

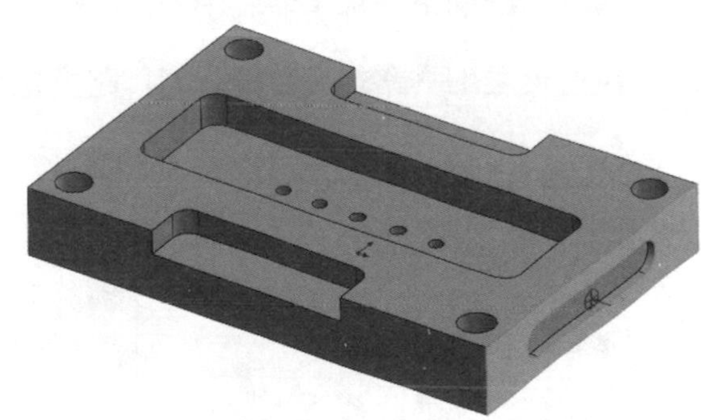

STEP 7 建立槽穴特徵

使用交互式的方式，將畫面當中的這個槽穴建立為槽穴特徵。

策略：Rough-Finish。

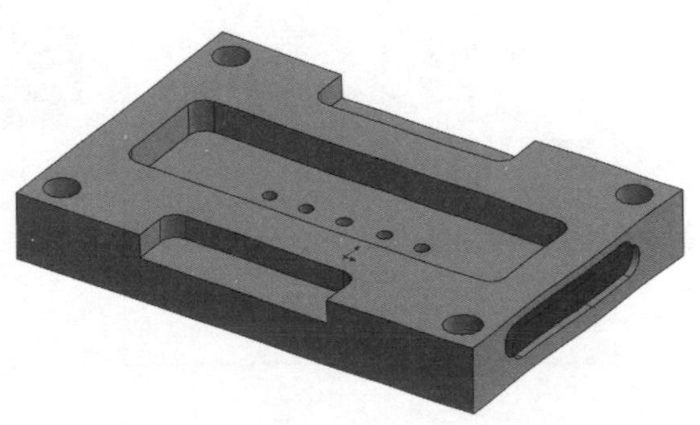

STEP 8 產生加工計劃

為此二銑削工件加工面產生加工計劃。

參考右圖，重新排序其加工順序。

清除所有警告訊息。

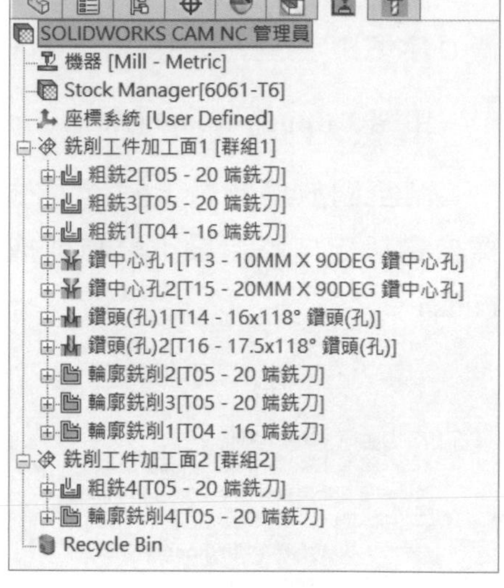

STEP 9 產生刀具路徑並模擬

為此二銑削工件加工面產生刀具路徑。

執行模擬刀具路徑，並檢查刀具路徑是否正確。

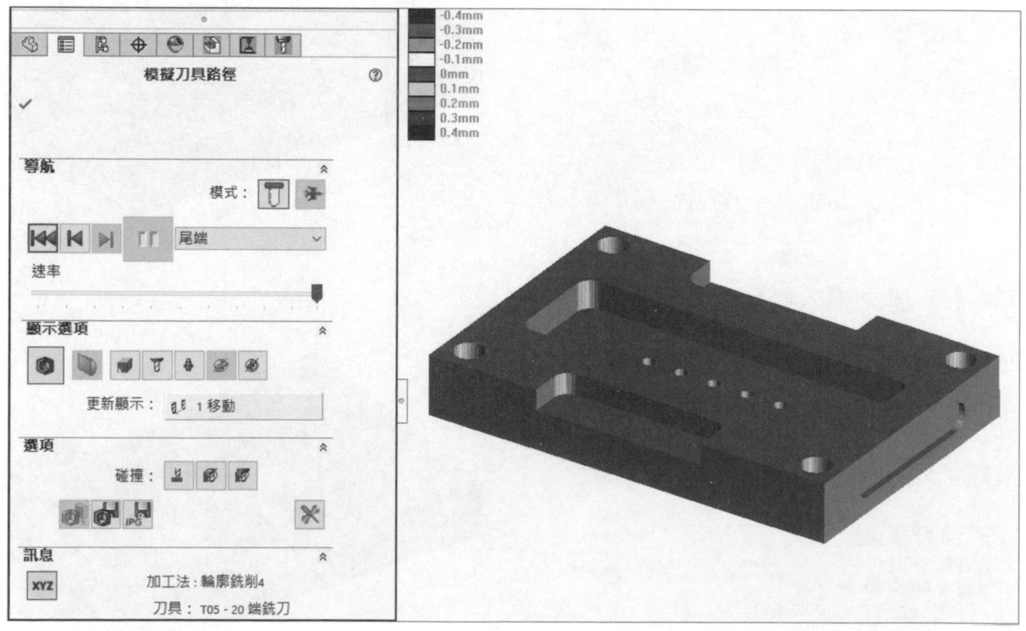

STEP 10 設定座標系統

請至銑削工件加工面上按滑鼠右鍵，並選擇編輯定義，進一步設定其座標系統代號。

- 針對銑削工件加工面 1，其**座標系統**代號為 G54。
- 針對銑削工件加工面 2，其**座標系統**代號為 G55。

STEP 11 儲存並關閉檔案

NOTE

04

手動加入加工計劃

順利完成本章課程後，您將學會：

- 如何透過手動的方式插入加工計劃
- 修改加工計劃參數
- 修改及儲存加工計劃

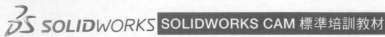

4.1 手動加入 2.5 軸加工計劃

當您執行產生加工計劃時，軟體會自動根據加工技術資料庫來為每個加工特徵產生它對應的加工計劃。但有時候，加工技術資料庫所帶出來的加工計劃，並不見得是我們所需要的方式，這時候您可以透過手動的方式來加入 2.5 軸加工計劃。舉例來說，槽穴的預設加工計劃為粗銑 - 粗銑（殘料）- 精修。如果您希望能再增加一把導角刀具，使之加工計劃變更為粗銑 - 粗銑（殘料）- 精修 - 導角時，您可以針對槽穴特徵，手動插入導角加工。當您點選加入加工計劃時，新的加工計劃會插入在您所選擇的加工計劃之後，或者銑削加工面的最後。以下加工計劃，是我們可以透過手動的方式加入的。

- **粗銑**：在粗銑的選項當中，我們可以藉由不同的路徑樣式，例如，由內而外、由外而內、螺旋、往復或單向…來移除材料，並切削出我們所需要的外型幾何。
- **輪廓銑削**：輪廓銑削則是沿著特徵的外型輪廓，利用 2 軸移動的方式進行切削，並得到精確的尺寸。支援的特徵有：槽穴、開放槽、島嶼…。
- **面銑削**：面銑削為面特徵的預設加工方式，主要用於移除零件頂部的材料，或者製造出零件加工的基準，且面銑削獨特的加工參數，能提供面銑削更有效率的加工路徑。
- **螺紋銑刀**：與螺絲攻不同。今天當我們需要加工一個較大尺寸的螺紋時，我們會選擇使用銑削的方式來進行加工，而非攻牙。螺紋銑刀支援孔或者圓柱的幾何，您可以針對這兩種類型的特徵手動加入螺紋銑刀。或者直接修改策略為 Thread，方法為銑削。

指令TIPS　2.5 軸銑削加工

- CommandManager：**SOLIDWORKS CAM → 2.5 軸銑削加工**。
- 功能表：**工具→ SOLIDWORKS CAM →建立→ 2.5 軸銑削加工**。
- 工具列：**2.5 軸銑削加工**。
- SOLIDWORKS CAM 加工計劃管理員：在**銑削工件加工面**、特徵或加工計劃上按滑鼠右鍵，並選擇 **2.5 軸銑削加工**。
- SOLDIWORKS CAM 刀具樹狀圖：針對其中一把刀具按滑鼠右鍵，並選擇 **2.5 軸銑削加工**。

4.1.1 範例練習：手動加入加工計劃

在此範例中，我們將學習如何使用手動的方式，加入加工特徵及加工計劃。

STEP 1 開啟檔案

請至範例資料夾 Lesson 04\Case Study，並開啟檔案「mill2ax_IFR2B.sldprt」。

STEP 2 建立槽穴特徵

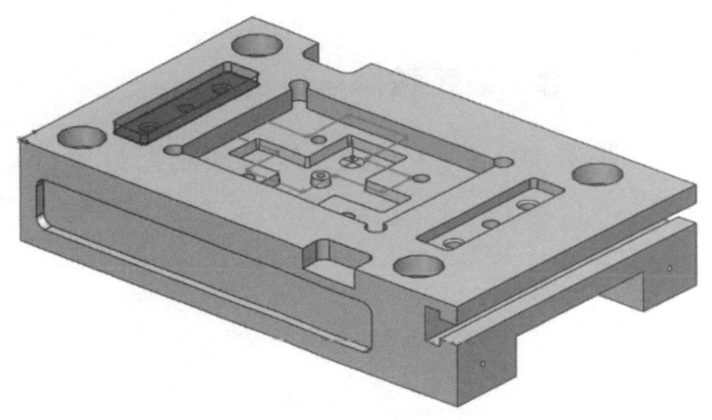

請至 SOLIDWORKS CAM 加工特徵管理員，於銑削工件加工面 1 上按滑鼠右鍵，並選擇 **2.5 軸特徵**。

2.5 軸特徵→類型：槽穴。

選擇此槽穴的最底面，作為特徵外型的參考。

點選**終止條件**按鈕，進行下一步驟的設定。

選擇此零件的頂面，作為特徵深度的參考。

策略：Rough。

點選**確定**。

STEP 3 產生刀具路徑

將滑鼠移至剛剛所建立的槽穴特徵（矩形槽穴 2），並按滑鼠右鍵選擇**產生加工計劃**。

此時軟體會自動為您配置一粗加工（粗銑 9）。

STEP 4 手動加入輪廓銑削

請至 SOLIDWORKS CAM 加工計劃管理員，於銑削工件加工面 1 上按滑鼠右鍵，並選擇 **2.5 軸銑削加工→輪廓銑削**。

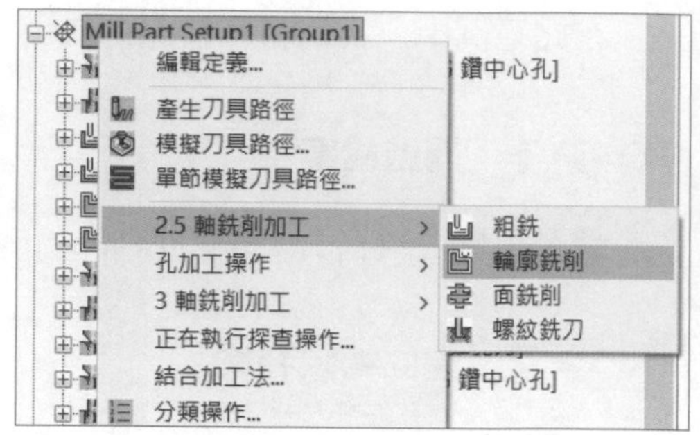

STEP 5 設定輪廓銑削參數

選擇 T01-0.25 端銑刀作為使用**刀具**。

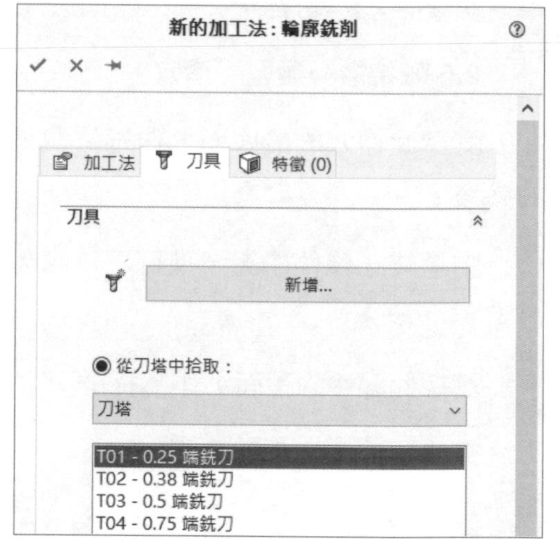

點選**特徵**分頁，確認此輪廓銑削設定是專門針對剛剛所建立的矩形槽穴 2。

> **提示** 請注意！在此畫面當中有一**建立特徵**按鈕，您也可以先選擇欲建立之加工計劃，再回過頭來建立加工特徵。當您點選此按鈕後，軟體會自動切換回建立加工特徵選項的畫面。

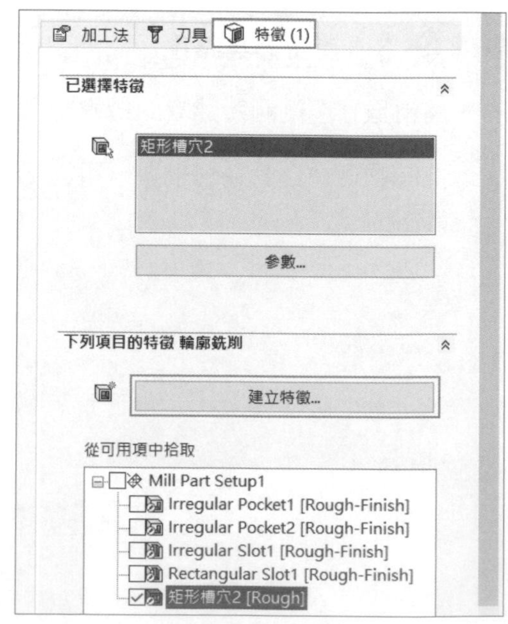

選擇**加工法**分頁。

操作預設值：使用 TechDB 預設值，並下拉確認為 Default。

選項：勾選**建立時編輯加工法**。

點選**確定**。

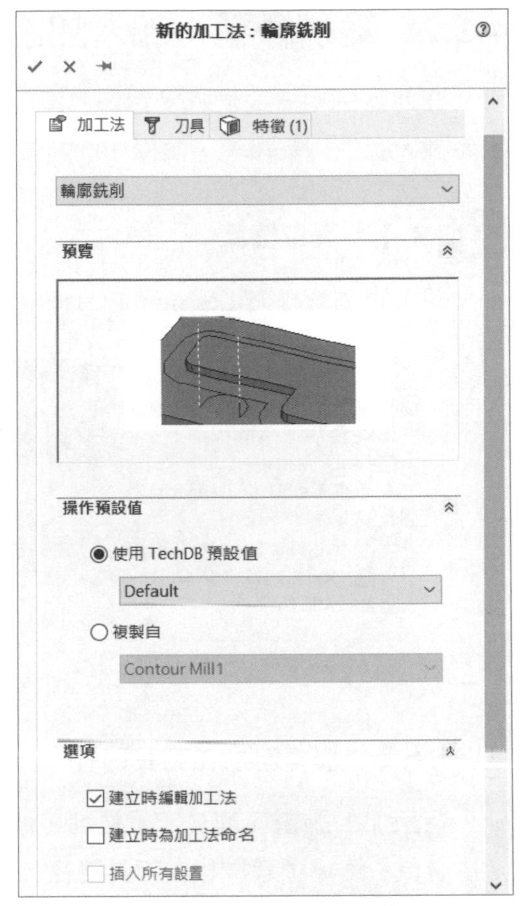

點選確定之後，軟體會自動開啟**工法參數**的設定畫面，將畫面切換至**輪廓**，並參考右圖設定**深度參數**。

第一刀切削量：0.25in。

最大切削量：0.5in。

點選**確定**。

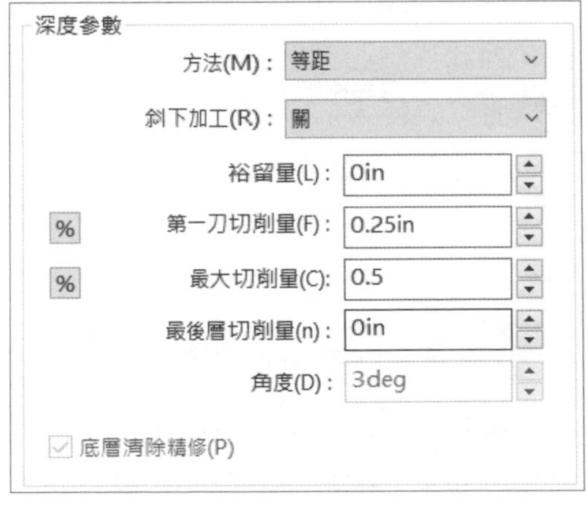

STEP 6 產生刀具

使用 Ctrl+ 滑鼠左鍵，複選粗銑 9 及輪廓銑削 9，並按滑鼠右鍵點選**產生刀具路徑**。

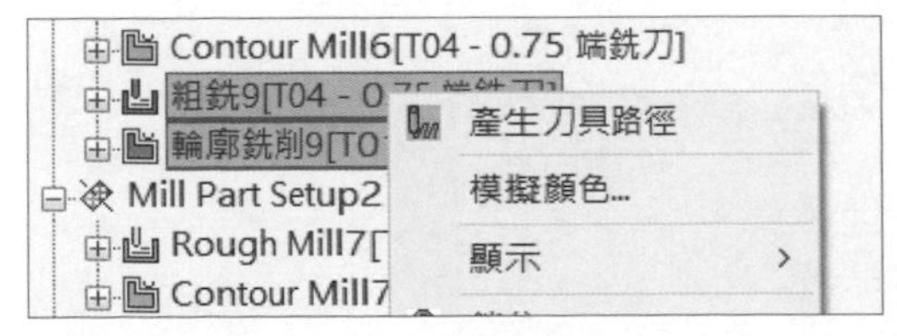

STEP 7 關閉並儲存檔案

4.1.2 範例練習：加入加工計劃

在此範例中，我們將學習如何使用手動的方式，加入加工特徵及加工計劃，並修改加工參數、產生刀具路徑、模擬切削結果。

STEP 1 開啟檔案

請至範例資料夾 Lesson 04\Case Study，並開啟檔案「mill2ax_OP1.sldprt」。

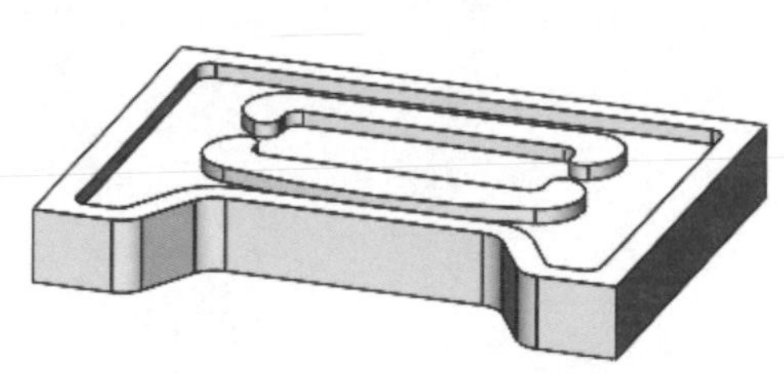

STEP 2 模擬粗加工刀具路徑

請至加工計劃管理員，於銑削工件加工面 1 上按滑鼠右鍵，並選擇**模擬刀具路徑**。

您會看到，在此零件的中央，仍有一部分殘料，因此我們必須透過手動的方式，新增一把刀具來清除殘料。

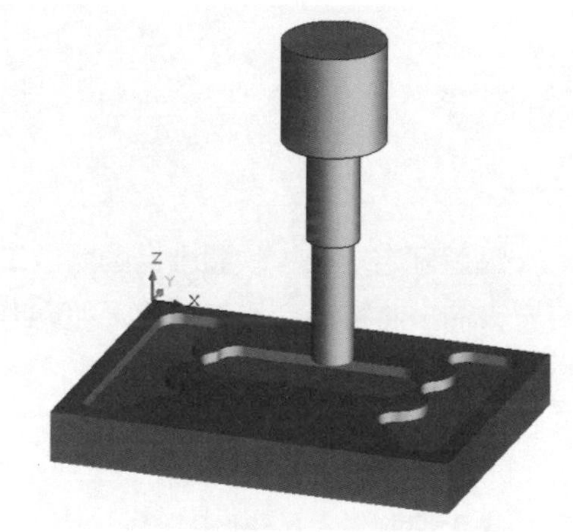

STEP 3 複製加工計劃

按住 Ctrl 鍵不放，並拖曳 Rough Mill1 至銑削加工面 1 上再放開。此時軟體會產生一個新的粗銑加工，並複製 Rough Mill1 所有的加工參數。

Mill Part Setup1 [Group1]
Rough Mill1[T05 - 20 端銑刀]
Rough Mill1 - 複製 [T05 - 20 端銑刀]
Recycle Bin

STEP 4 編輯粗加工參數

請至剛剛產生的 Rough Mill1- 複製上快按滑鼠左鍵兩下，進入編輯畫面。

將畫面切換至**刀塔**的分頁。

選擇 10MM CRB 2FL 22 LOC 作為銑削刀具。

銑刀 | 銑削夾頭 | 刀塔 | 刀位

轉塔：後轉塔 1

刀具

過濾器(F)

選取(e)

儲存(v)

用法	位置號碼	刀具型態	內徑	註解	直
	1	端銑刀	10	6MM CRB 2FL 19 LOC	6
	2	端銑刀	14	10MM CRB 2FL 22 LOC	1
	3	端銑刀	16	12MM CRB 2FL 25 LOC	12
	4	端銑刀	18	16MM CRB 2FL 32 LOC	16
2	5	端銑刀	24	20MM CRB 2FL 38 LOC	2
	6	鑽中心孔	4	6MM X 60DEG HSS CENTERDRILL	6

點選**確定**以更換刀具，此時軟體會提示「**您要替換相對應的夾頭嗎？**」點選**確定**。

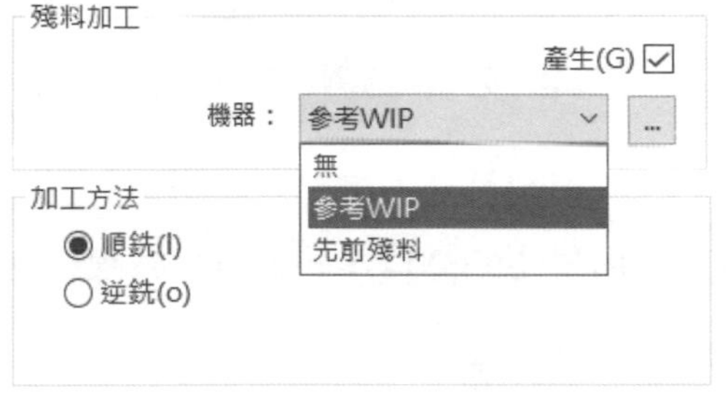

再切換至**粗加工**的分頁。

殘料加工→機器：參考 WIP。

點選**確定**。

STEP 5 產生刀具路徑並模擬

請至 Rough Mill1- 複製上按滑鼠右鍵，並選擇**產生刀具路徑**。

再至銑削工件加工面 1 上按滑鼠右鍵，並選擇**模擬刀具路徑**。

您會看到，原先因刀具直徑較大而無法清除的區域，會因為我們更換成較小的刀具而得以加工，因此可以移除更多的殘料。接著，我們再增加一把輪廓銑削。

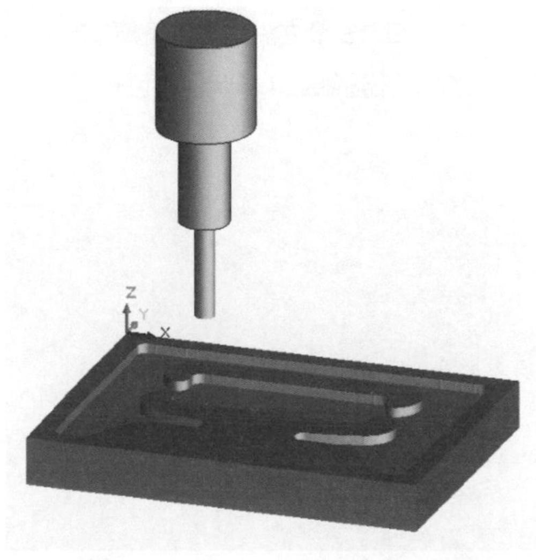

點選**確定**，關閉模擬。

STEP 6 加入輪廓銑削

請至銑削工件加工面 1 上按滑鼠右鍵，並選擇 **2.5 軸銑削加工→輪廓銑削**。

刀具的分頁：選擇 **T01-6 端銑刀**。

特徵的分頁：選擇 Irregular Pocket1。

加工法的分頁：取消勾選**建立時編輯加工法**。

點選**確定**。

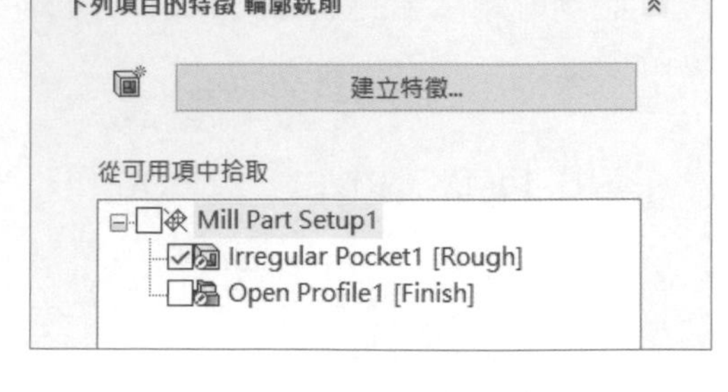

STEP 7 建立開放式輪廓特徵

在此零件的下方，有一梯形的殘料，我們選擇使用開放式輪廓特徵，將其切除。

請至銑削工件加工面 1 上按滑鼠右鍵，並選擇 **2.5 軸銑削加工→輪廓銑削**。

刀具的分頁：選擇 **T01-6 端銑刀**。

特徵的分頁：選擇 Open Profile1。

加工法的分頁：勾選**建立時編輯加工法**。

點選**確定**。

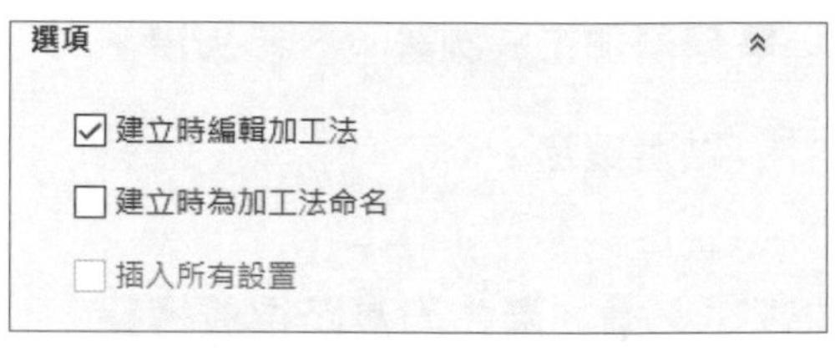

請至**工法參數**中選擇**輪廓**分頁，並點選**設定**，進入**側邊參數**的細部設定。

粗加工路徑→前次裕留量： 20mm。

選項：往覆式。

點選**確定**，結束輪廓銑削的參數設定。

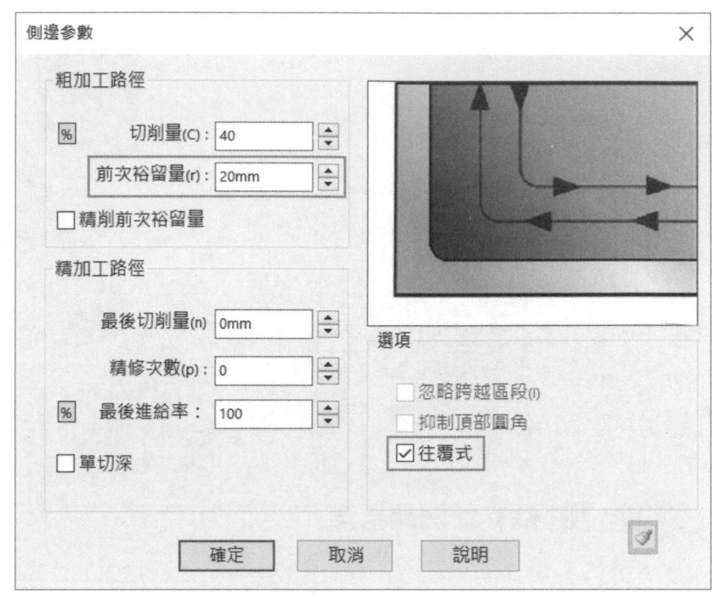

STEP 8 產生刀具路徑

選擇輪廓銑削 1 及輪廓銑削 2，並按滑鼠右鍵選擇**產生刀具路徑**。

STEP 9 模擬刀具路徑

請至銑削工件加工面 1 上按滑鼠右鍵，並選擇**模擬刀具路徑**，且模擬至最後。

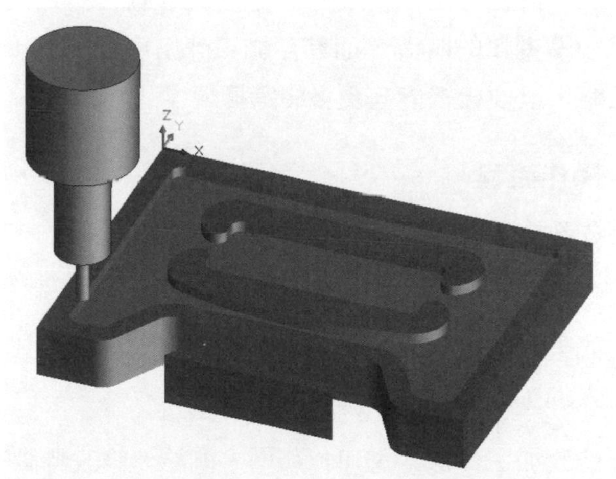

在畫面中，您會看到下方有一梯形殘料，點選**選擇切削與按 Ctrl+D 鍵**按鈕。

用滑鼠點選此梯形殘料，此時殘料會轉為灰色，代表已被選取。再按住 Ctrl+D，則畫面中的殘料即會被清除。

點選**確定**，並關閉模擬。

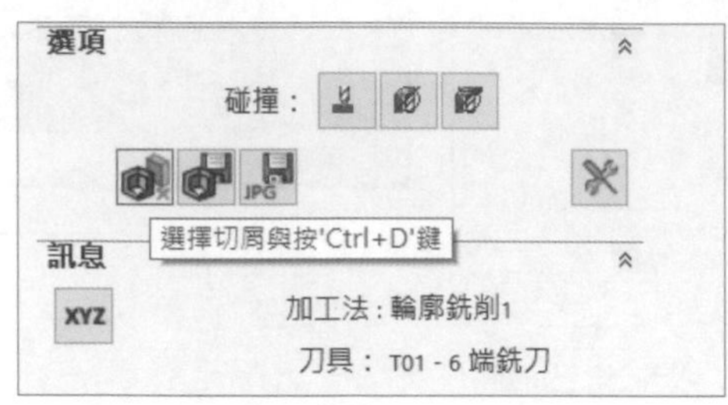

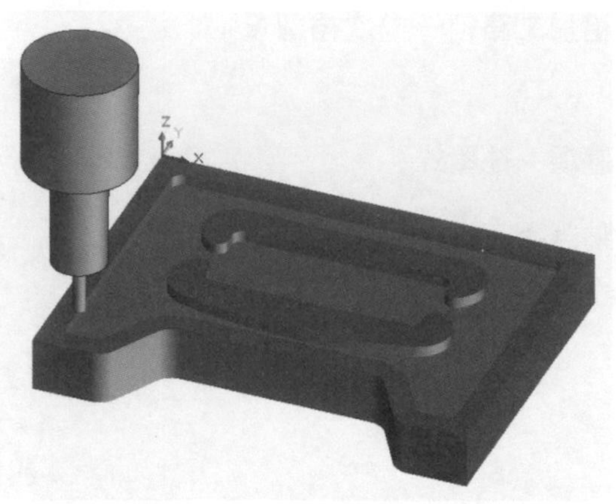

STEP 10 儲存並關閉檔案

4.2 儲存加工計劃

每個特徵的加工方式、順序及加工參數，都是儲存於加工技術資料庫內。當您點選產生加工計劃時，軟體會根據特徵的幾何外型、大小、深度…來匹配對應的加工計劃。透過儲存加工計劃，您可以將您設定好的參數，寫入技術資料庫內，並保存您的加工經驗，減少您後續編輯的時間。而儲存加工計劃可以更新（覆蓋）現有的加工條件，也可以建立新的策略，以便後續能有更多的選擇。

操作流程

1. 先建立加工特徵，並產生加工計劃。此時加工計劃管理員會列出目前此特徵對應的加工順序及預設加工參數。
2. 如果此特徵在技術資料庫內，沒有匹配的加工計劃，您可以使用手動的方式，手動加入加工計劃。
3. 修改加工參數。您可以新增、刪除、修改特徵的加工順序及參數。
4. 回到 SOLIDWORKS CAM 加工特徵管理員。
5. 針對您剛剛修改的特徵，按滑鼠右鍵選擇儲存加工計劃。如果您所儲存的特徵，在資料庫內已經有對應的加工計劃，軟體會出現提示訊息「技術資料庫中已存在特徵條件」。您可以選擇「建立新特徵條件」或者「覆寫已存在的特徵條件」。

如果您選擇建立新特徵條件，則於策略的對話框，您必須選擇 [新]，並給予此策略一個新的名稱。

如果您選擇覆寫已存在的特徵條件，那麼於下拉式選單中必須選擇您所要覆寫的策略。您目前的設定值，就會被寫入技術資料庫內，而原先的內定值，將會被刪除。

下一次當您執行產生加工計劃於類似的特徵時，SOLIDWORKS CAM 所產生的加工方式、順序及加工參數，都會如您剛剛所儲存的一樣。

提示 請注意，**建立新特徵條件**的選項不支援圓柱或孔等螺紋銑削之策略。

指令TIPS　儲存加工計劃

- CommandManager：先選擇特徵，接著點選 **SOLIDWORKS CAM→儲存加工計劃** 。
- 工具列：先選擇特徵，再點選**儲存加工計劃**。
- SOLIDWORKS CAM 加工特徵管理員：在特徵上按滑鼠右鍵，並選擇**儲存加工計劃**。

4.2.1 範例練習：儲存加工計劃

在此範例中，我們將練習手動加入加工特徵，並產生加工計劃。隨之修改其內容，最後並將修改後的內容儲存回加工技術資料庫當中。

STEP 1 開啟檔案

請至範例資料夾 Lesson 04\Case Study，並開啟檔案「mill2ax_OP2.sldprt」。

STEP 2 建立外槽穴特徵

選擇零件頂部的法蘭面。

請至 SOLIDWORKS CAM 加工特徵管理員，於銑削工件加工面 1 上按滑鼠右鍵，並選擇**辨識局部特徵**。

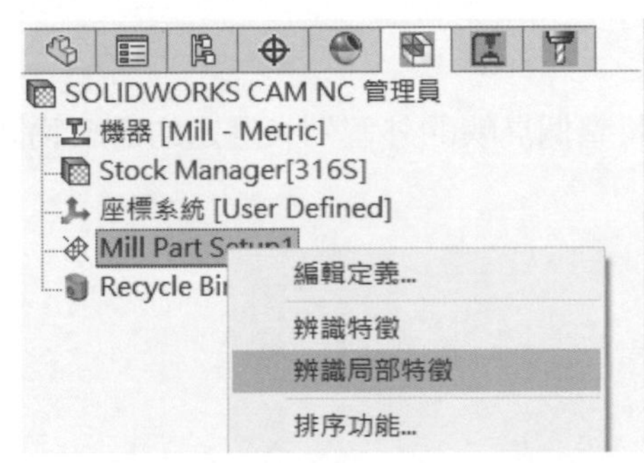

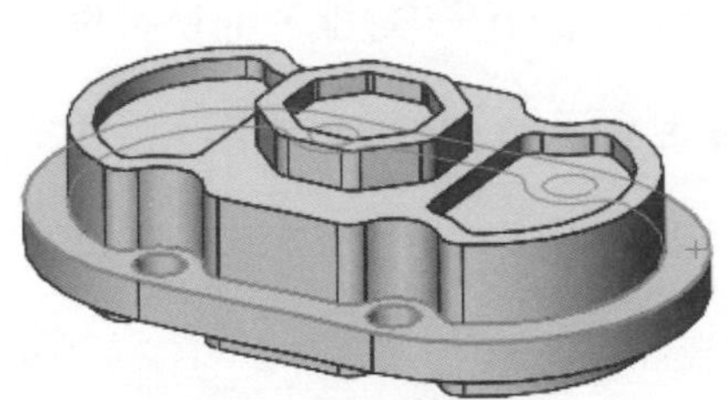

辨識的結果，您將會得到外槽穴特徵。在外槽穴 1 上快按滑鼠左鍵兩下，進入特徵的編輯頁面。

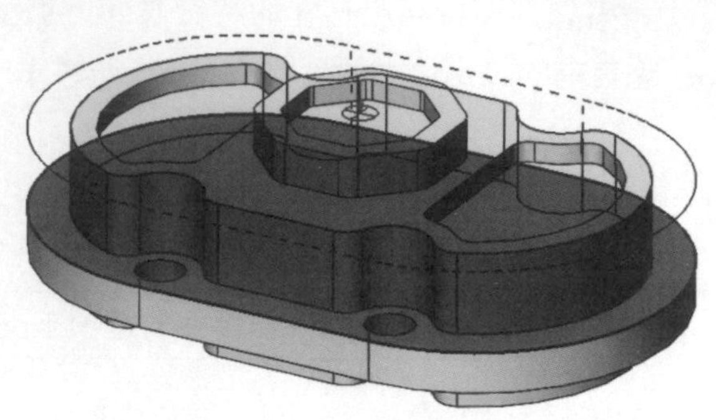

點選**編輯特徵**，然後再點選**終止條件**。

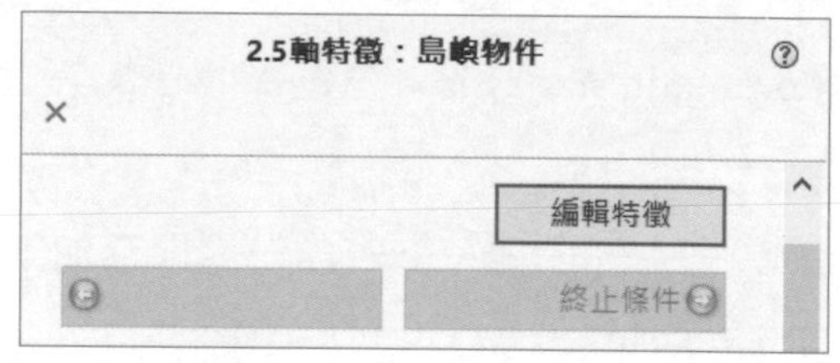

在**特徵輪廓**上，勾選**延伸素材**。

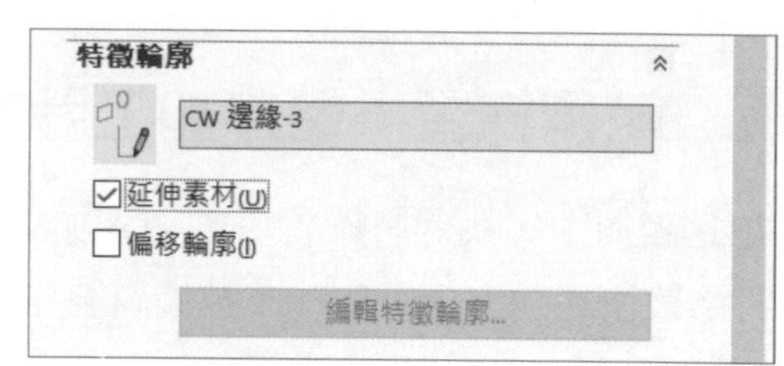

點選島嶼頂部，此時終止條件會自動設為**直到素材**。

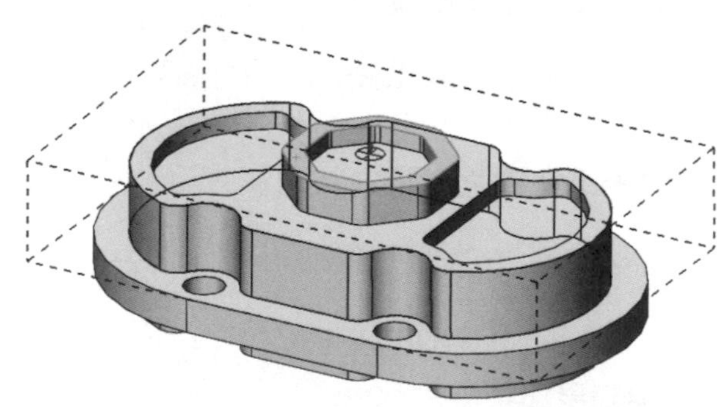

點選**島嶼**，進入島嶼的編輯頁面。

點選島嶼頂部的任一邊線，則軟體會自動將整個島嶼的外型列入**選定的島嶼物體框中**。

點選**確定**。

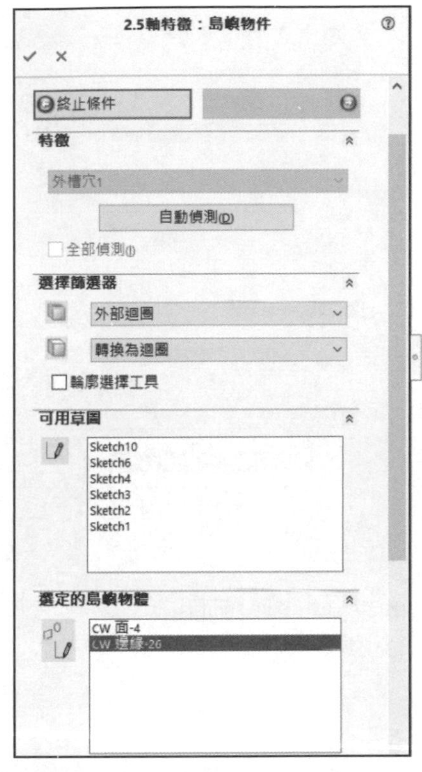

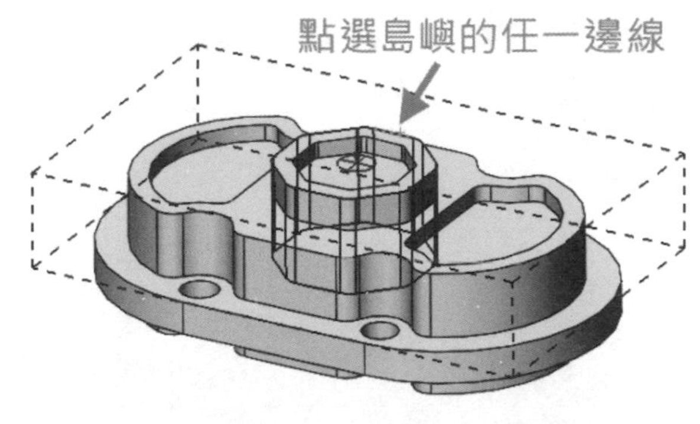

STEP 3 建立粗銑加工計劃

請至 SOLIDWORKS CAM CommandManager，點選 **2.5 軸銑削加工**。

加工法分頁：選擇**粗銑**。

選項：勾選**建立時編輯加工法**。

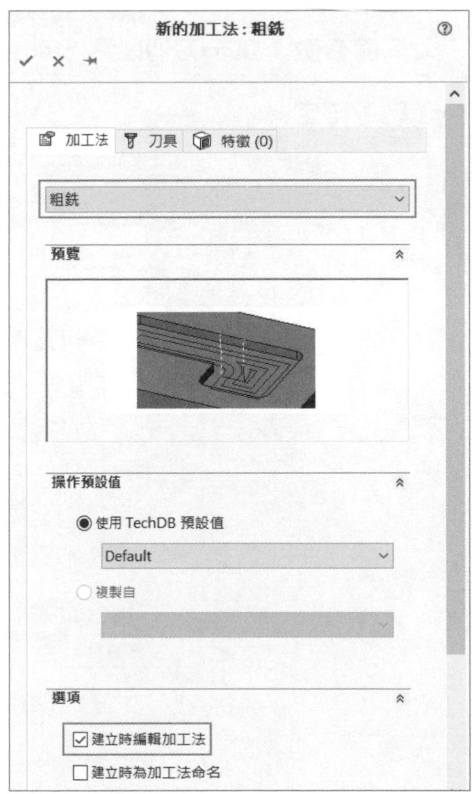

特徵分頁：選擇外槽穴 1，作為我們要加工的特徵。

刀具分頁：選擇 T02-10.00 端銑刀。

點選**確定**。

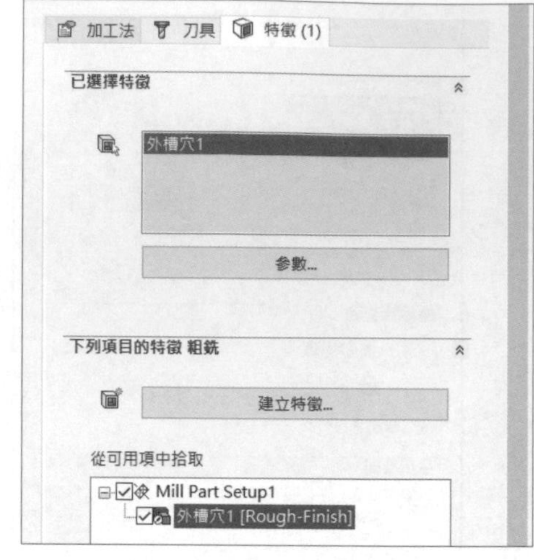

STEP 4 設定粗加工參數

由於勾選了「建立時編輯加工法」，所以工法參數的對話框會自動開啟。

在**粗加工**分頁中：

路徑樣式：由外而內。

等距進給：50%。

深度參數：**第一刀切削量**為 50%，**最大切削量**為 50%，**最後切削量**為 0mm。

點選**確定**。

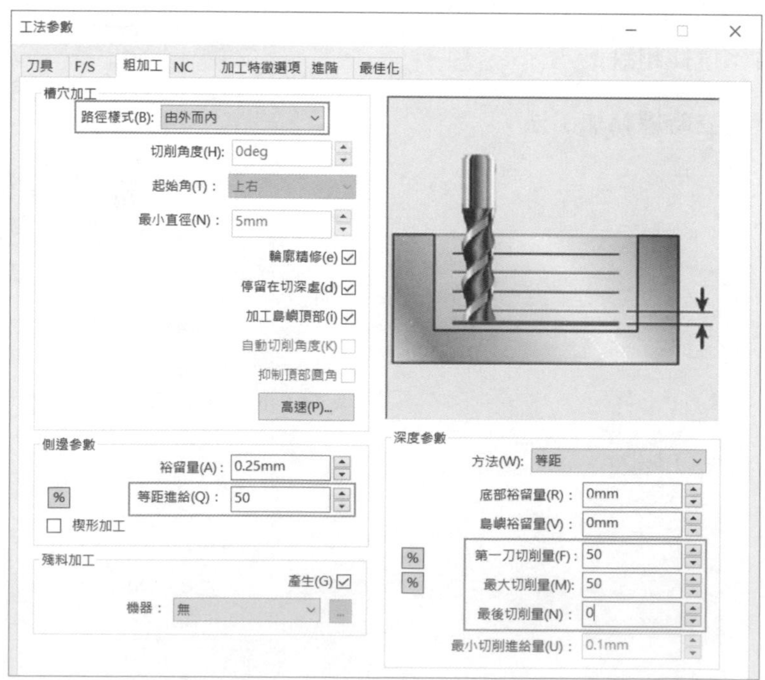

如果您勾選了**加工島嶼頂部**的選項，那麼在產生刀具路徑的時候，在島嶼的頂部也會產生刀具路徑，且裕留量會與剛剛深度參數的底部裕留量一致。

STEP 5 產生刀具路徑並模擬

針對粗銑 1 產生刀具路徑，並模擬其計算之結果。

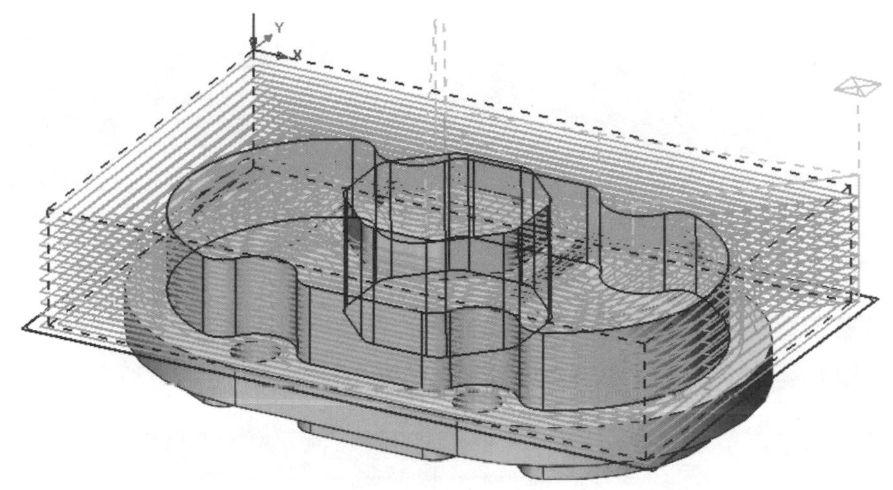

STEP 6 儲存加工計劃

請至 SOLIDWORKS CAM 加工特徵管理員，於外槽穴 1 上按滑鼠右鍵，並選擇**儲存加工計劃**。

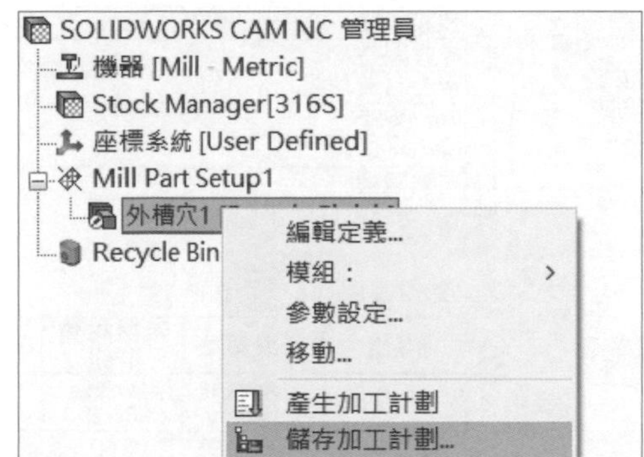

動作：建立新特徵條件。

策略：選擇 **[新]**，並命名為 Pocket In。

點選**確定**。

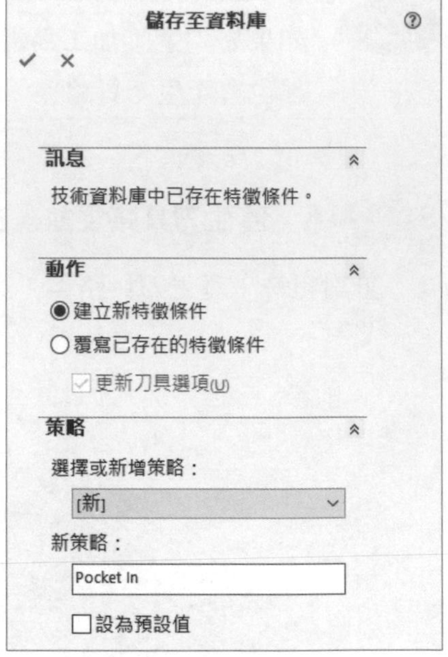

當您點選**確定**按鈕後，會出現**建立特徵條件**的對話框，請注意底下會針對此策略對應特徵的範圍。以此範例來說，當您下次遇到寬度介於 0~100mm 之間，深度 0~30 之間的外槽穴，則會套用此加工策略。

建立特徵條件

特徵詳細說

參數	值
特徵類型	Open Pocket / Perimeter Feature
次類型	Blind
預設策略	Pocket In
本體屬性	None
素材材質群組	Stainless Steel
Box Width	100mm
Feature Depth	30mm
主軸類型	Main

特徵條件：

內徑	預設策略	素材材質群組	Box Width >	Box Width <=	Feature Depth >	Feature Depth <=	主軸類型
	Pocket In	Stainless Steel	0.0000	100.0000	0.0000	30.0000	Main

確定　取消　說明

STEP 7 建立銑削工件加工面

選擇此零件之底面，做為新的銑削工件加工面。

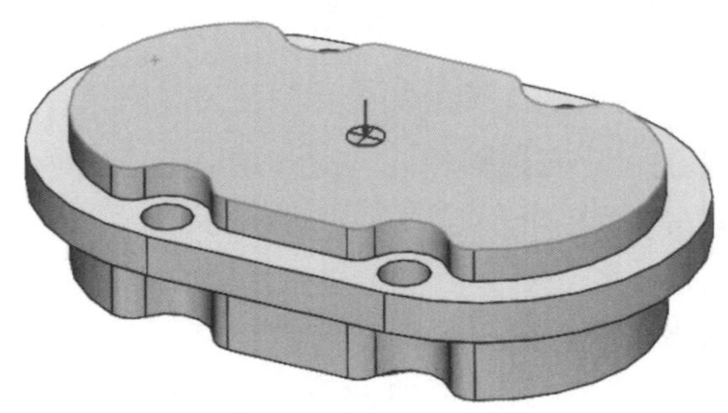

STEP 8 建立外槽穴特徵

選擇零件底部的法蘭面。

請至 SOLIDWORKS CAM 加工特徵管理員，於銑削工件加工面 2 上按滑鼠右鍵，並選擇**辨識局部特徵**。

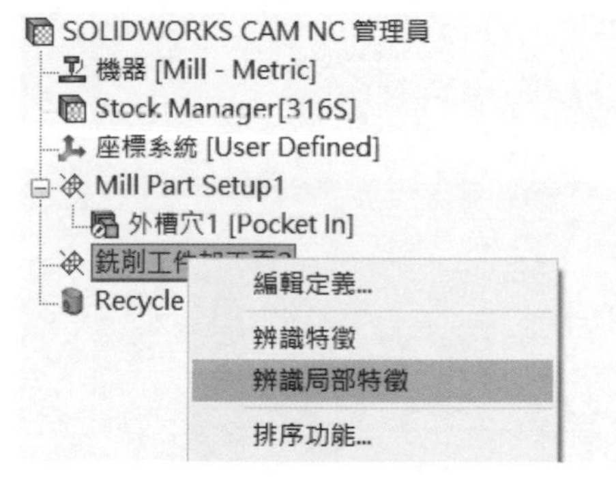

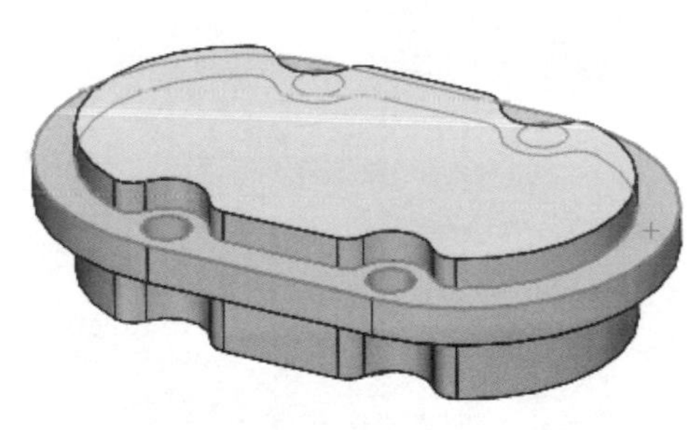

辨識的結果，您將會得到外槽穴特徵。在外槽穴 2 上快按滑鼠左鍵兩下，進入特徵的編輯頁面。

點選**編輯特徵**，然後再點選**終止條件**。

策略：Pocket In。

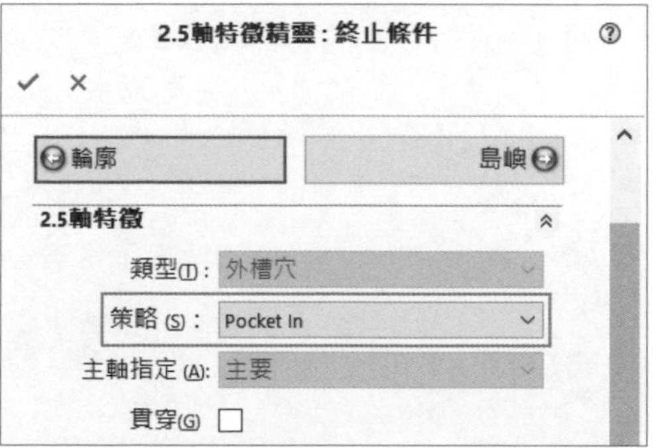

特徵輪廓：勾選**延伸素材**。

點選**確定**。

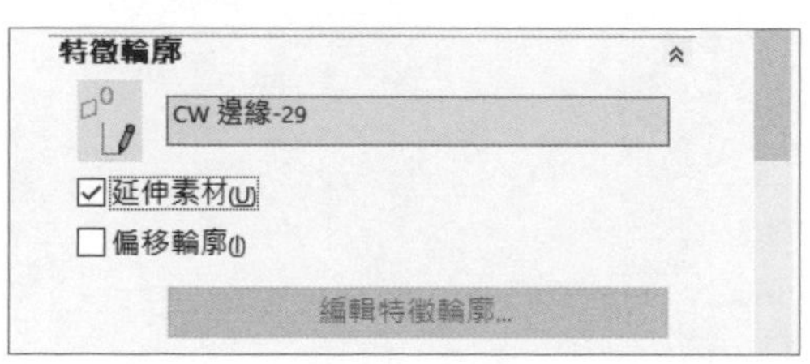

STEP 9 產生加工計劃、刀具路徑並模擬

針對粗銑 2 產生加工計劃及刀具路徑，此時您會注意到，所有的選項會與我們之前設定粗銑 1 時的參數相同。以此類推，下次遇到類似的特徵，您就可以指定加工策略，減少重複設定的時間。

STEP 10 儲存並關閉檔案

練習 4-1 手動加入加工計劃

藉此範例，利用 SOLIDWORKS CAM 的 2.5 軸銑削加工，來為特徵加入加工計劃，並將設定好的加工計劃，儲存回技術資料庫。

操作步驟

STEP 1 開啟檔案

請至範例資料夾 Lesson 04\Exercises，並開啟檔案「Lab4-OPR.sldprt」。在此範例中，機器、素材、座標系統皆已設定完畢。

STEP 2 建立外槽穴特徵

使用**辨識局部特徵**，針對此零件頂部的法蘭面，建立外槽穴特徵。

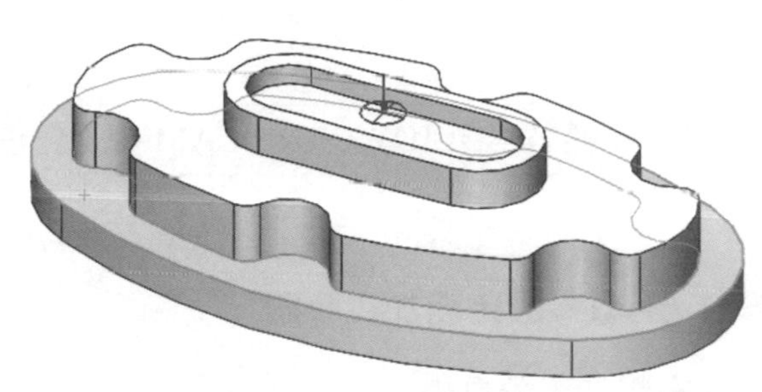

STEP 3 修改外槽穴特徵參數

根據以下條件，修改外槽穴特徵參數：

- 終止條件：至零件頂面。
- 特徵輪廓：勾選**延伸素材**。
- 島嶼：選擇零件頂面島嶼之任一邊線。

點選**確定**。

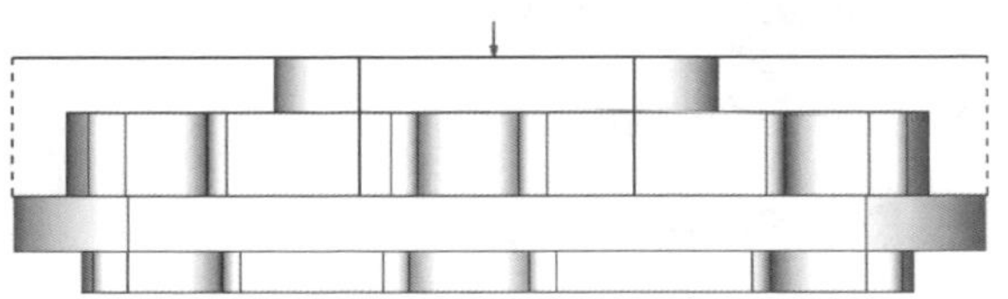

STEP 4 建立粗銑加工計劃

根據以下條件，建立粗銑加工計劃。

在加工法分頁中：

- 策略：**粗銑**。
- 選項：**建立時編輯加工法**。

在特徵分頁中：

- 特徵：開放槽 1。

在刀具分頁中：

- 刀具：T02-10.00 端銑刀。

點選**確定**。

> 提示 請於 SOLIDWORKS CAM 特徵管理員，選擇欲加入粗銑之特徵。

STEP 5 設定粗加工參數

在粗加工分頁中：

- **路徑樣式：由外而內**。
- **等距進給**：50%。
- **第一刀切削量**：50%。
- **最大切削量**：50%。
- **最後一刀切削量**：0.00mm。

點選**確定**。

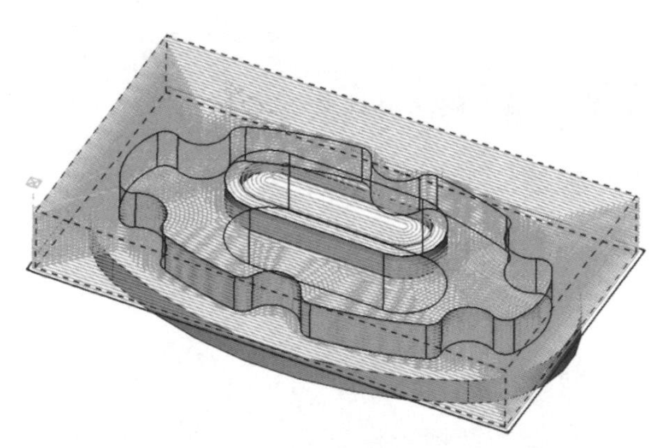

STEP 6 產生刀具路徑並模擬

針對粗銑 1 產生刀具路徑並模擬，您會得到以下結果。

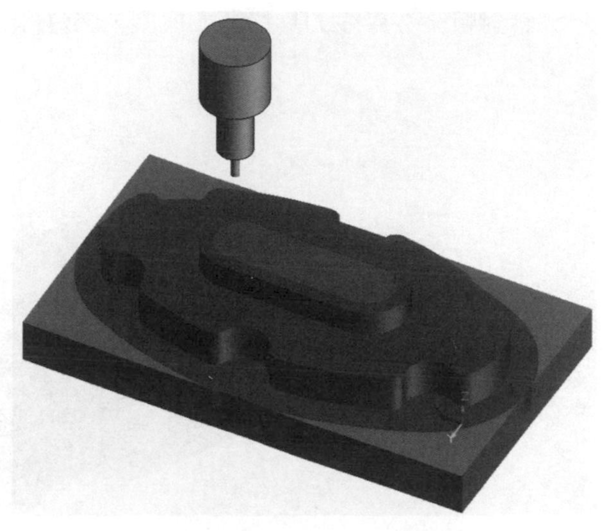

STEP 7 儲存加工計劃

將開放槽 1 的加工計劃，儲存回加工技術資料庫，並命名為 Pocket In Exercise。

在**建立特徵條件**中確認所有細項。

STEP 8 建立外槽穴特徵

使用**辨識局部特徵**，針對此零件底部的法蘭面，建立外槽穴特徵。

修改外槽穴 2 特徵，加工**策略**為我們剛剛所儲存的 Pocket In Exercise。

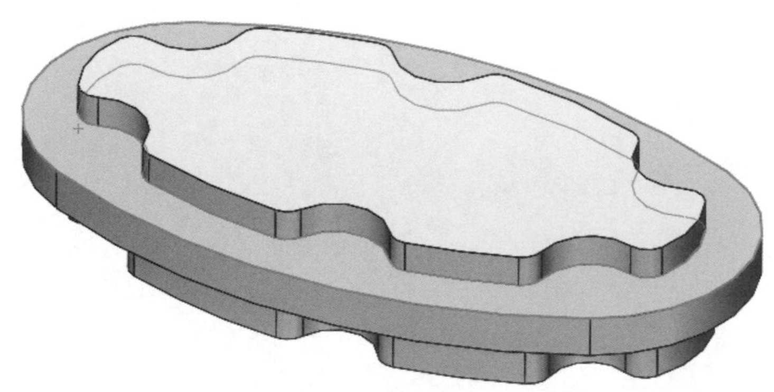

STEP 9 產生刀具路徑並模擬

針對粗銑 2 產生刀具路徑並模擬，您會得到以下結果。

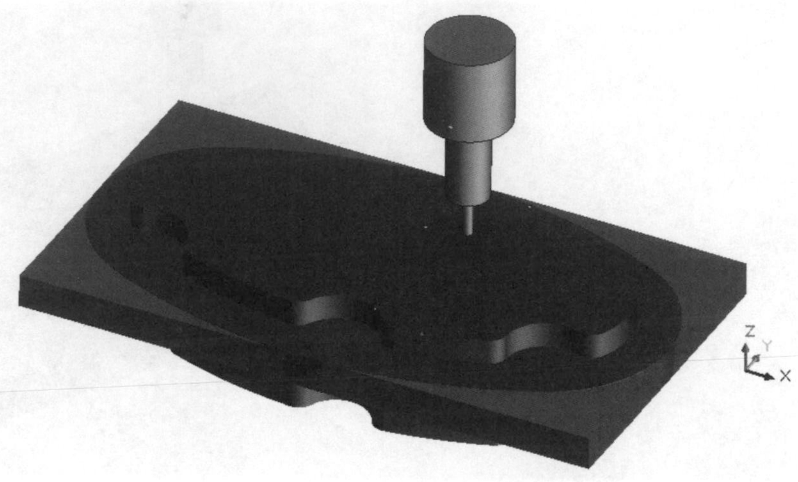

STEP 10 儲存並關閉檔案

05

結合加工法

順利完成本章課程後，您將學會：

- 將相同特徵設為一個群組
- 結合加工法
- 連結加工法

5.1 加工相似特徵

自動特徵辨識（AFR）會自動將外型相同的特徵建立為一個群組。當您針對此群組產生加工計劃的時候，這個加工計劃，將可以滿足群組內所有的特徵。這可以為我們節省大量的設定時間。舉例來說，如果 AFR 沒有幫我們將相同的特徵設為一個群組，假設我們今天同時需要銑削很多相似的特徵，而這些相似的特徵，使用相同的刀具，相同的加工條件，相同的加工參數。那麼我們就得逐一地針對這些加工計劃一一的去設定其細節內容。針對這種情況，我們有兩種思維可以考慮。

建立單獨的加工計劃

第一種方法就是針對多個加工特徵，個別產生獨立的加工計劃，然後確保每個加工參數都是相同的，在預設的情況之下，因為這些參數都是來自於加工技術資料庫，所以這些加工參數理應會是相同的。在加工技術資料庫完善的前提之下，您可以達到幾乎自動化境界。而缺點就是您得逐一審視這些加工計劃的參數是否相同或合宜。假設我們今天一次加工很多個槽穴，而其中粗加工的部份我們想要調整一個參數，那麼我們就得修改每個加工計劃。

合併為一個加工計劃

您也可以將多個加工特徵合併成為一個群組，並使用一個加工計劃來加工它。而針對相似外型特徵的結合，在 SOLIDWORKS CAM 當中並非是自動的，有幾種簡單或半自動的方式來合併成為一個群組。

5.1.1 建立群組

建立群組運用於交互式建立特徵（IFR）的情境之下，當您今天要加工的特徵具有相似的外型，會運用到相同的刀具及相同的加工參數，您都可以將特徵合併為一個群組，並只需要針對此群組產生一個加工計劃，而此加工計劃即會針對群組內所有的特徵進行加工。

指令TIPS　建立群組 

- SOLIDWORKS CAM 加工特徵管理員：在欲組成群組的特徵上按滑鼠右鍵，並選擇**建立群組**。

5.1.2　結合加工法

結合加工法運用於結合相似的特徵，且使用相同刀具的情況之下，舉例來說，例如我們有兩個粗加工，且這兩個粗加工分別來自矩形槽穴特徵及不規則槽穴特徵，當您將粗加工合併之後，一個粗加工將會同時加工兩種不同的槽穴。

注意　雖然說結合加工法可以只需要設定一次，就能同時套用所有的粗銑，但對於部分加工參數來說，仍有保持其獨立性。舉例來說，在粗銑的選項當中有一分頁叫做**加工特徵選項**，此分頁控制進刀的類型及特徵深度，您還是可以透過下拉式選單，來決定個別特徵的進刀方式及加工深度。或者您也可以設定其中一個特徵，並點選**全部套用**，將其加工條件複製給其他特徵。

指令TIPS　結合加工法 

- SOLIDWORKS CAM 加工計劃管理員：在欲結合的加工計劃上按滑鼠右鍵，並選擇**結合加工法**。
- 您也可以在加工計劃管理員的樹狀結構中將加工計劃展開，並將其底下的特徵，拖曳放置至另一個加工計劃底下。

5.1.3　範例練習：結合加工法

在此範例中，我們將學習如何將範例當中的粗銑及輪廓銑削加工計劃結合在一起，並且學習連結加工，將其中一銑削加工面上的輪廓銑削加工參數，複製到另一銑削工件加工面上。

STEP 1 開啟檔案

請至範例資料夾 Lesson 05\Case Study，並開啟檔案「mill2ax_CMB.sldprt」。

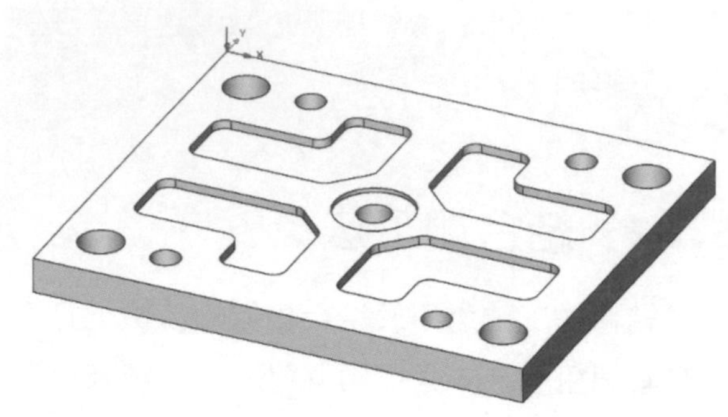

STEP 2 確認特徵及加工計劃

點選 SOLIDWORKS CAM 加工計劃管理員，並審視銑削工件加工面 1。您可以看到在加工面 1 底下有許多加工計劃，同時使用到 T05-20 端銑刀。展開每個加工計劃，並查看其對應的特徵。

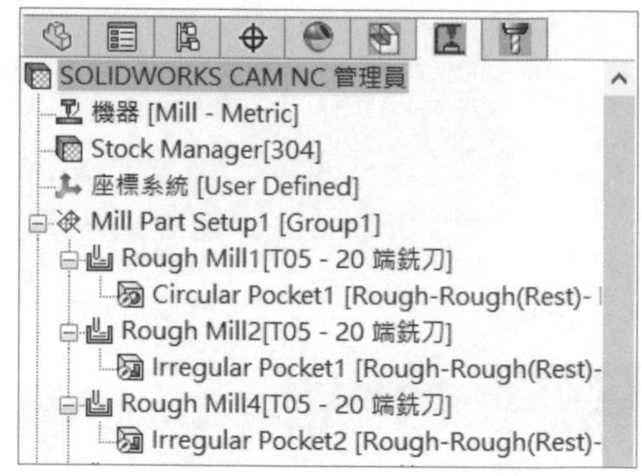

在 Rough Mill1 上快按滑鼠左鍵兩下以編輯加工參數。Rough mill1 是針對圓形槽穴的加工計劃。點選 **F/S**（Feed/Speed）分頁，進入轉速進給的編輯頁面。

我們根據以下條件，設定 F/S：

- **定義由**：加工法。

  當您選擇轉速進給的定義是由加工法所決定的，那麼您可以自由地輸入您希望的加工條件，或者您也可以根據 SMM 及每刃切削量來換算實際的轉速進給。而輸入的轉速進給會直接反映在 NC 碼上。

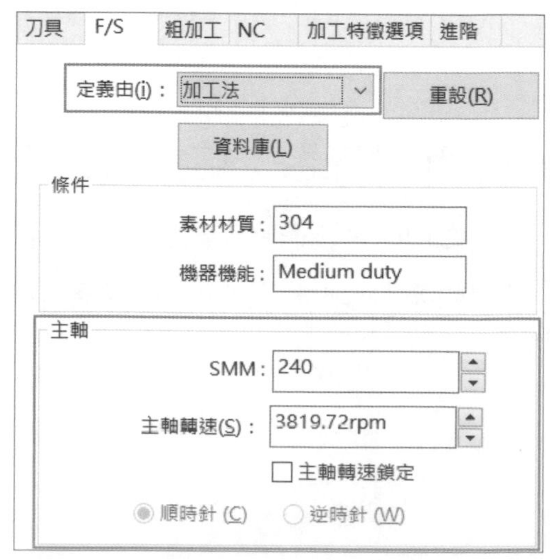

- **主軸→ SMM**：240。

SMM 為切削米速，與轉速不同，轉速是根據米速及刀具直徑換算後的結果。

切換至**加工特徵選項**分頁，並根據以下條件設定加工參數。

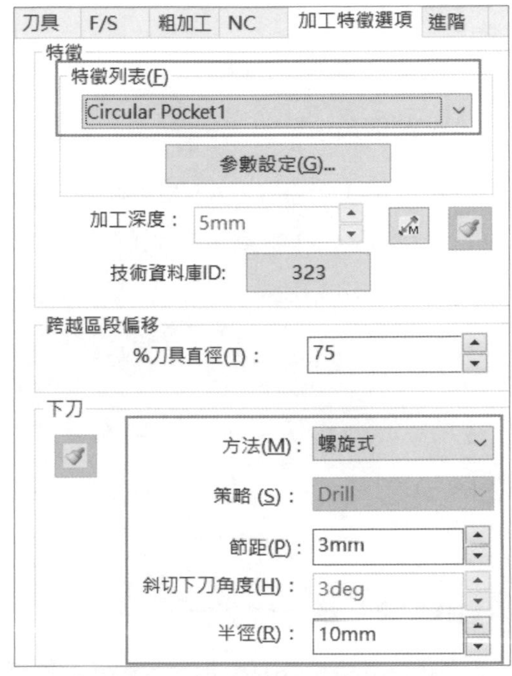

在**下刀**中：

- **方法**：螺旋式。
- **半徑**：10mm。

點選**取消**。

在 Rough Mill2 上快按滑鼠左鍵兩下以編輯加工參數。Rough mill2 是針對不規則槽穴的加工計劃。點選 **F/S**（Feed/Speed）分頁，進入轉速進給的編輯頁面。

我們根據以下條件，設定 F/S：

- **定義由**：資料庫。

當您選擇轉速進給的定義是由加工技術資料庫所決定的，那麼它將根據零件的材質來決定其切削條件。請注意，此處的材質不同於 SOLIDWORKS 的材質，您必須於 SOLIDWORKS CAM 素材管理員，選擇您需要的材質。

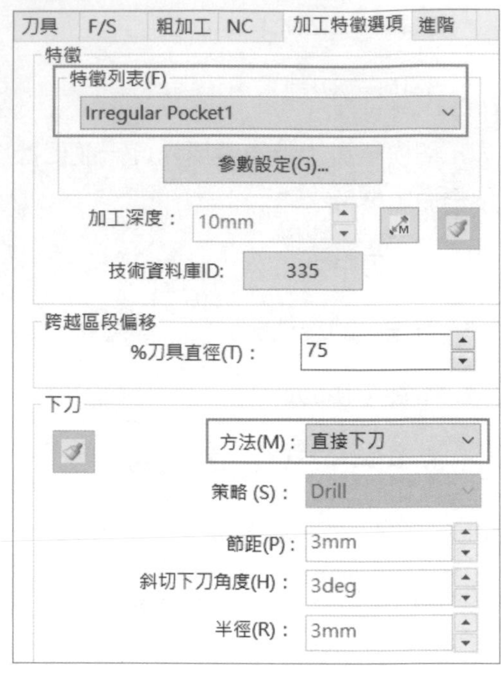

切換至**加工特徵選項**分頁，並根據以下條件設定加工參數。

在**下刀**中：

- **方法**：直接下刀。

點選**取消**。

檢查加工計劃 Rough Mill4、Rough Mill6 及 Rough Mill8，請注意，它們所有的加工參數都與 Rough Mill2 相同。

STEP 3 結合加工法

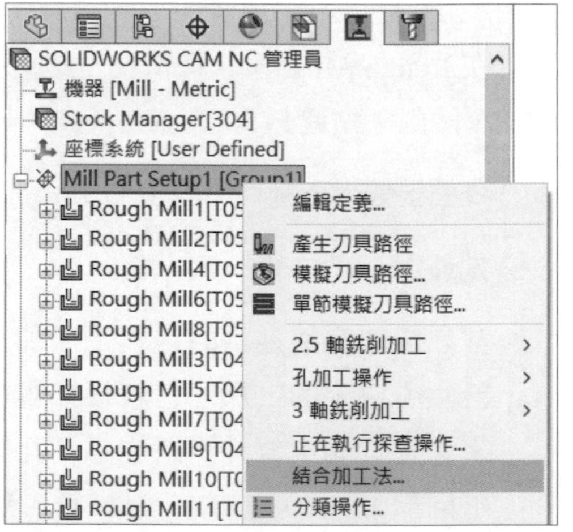

請至 SOLIDWOKRS CAM 加工計劃管理員，於銑削工件加工面 1 上按滑鼠右鍵，並選擇**結合加工法**。

當您從 SOLIDWORKS CAM NC 管理員或者銑削工件加工面點選了結合加工法，結合加工法的對話框將會自動彈出，您可從中勾選您希望合併的加工計劃類型。

SOLIDWORKS CAM 會將使用相同刀具的加工計劃進行合併。而合併之後的結果，將會保留第一個加工計劃的加工參數做為種子，並將其他加工計劃的特徵合併於樹狀結構。

STEP 4 選擇加工法類型

勾選**粗銑**及**輪廓銑削**，並點選**確定**。

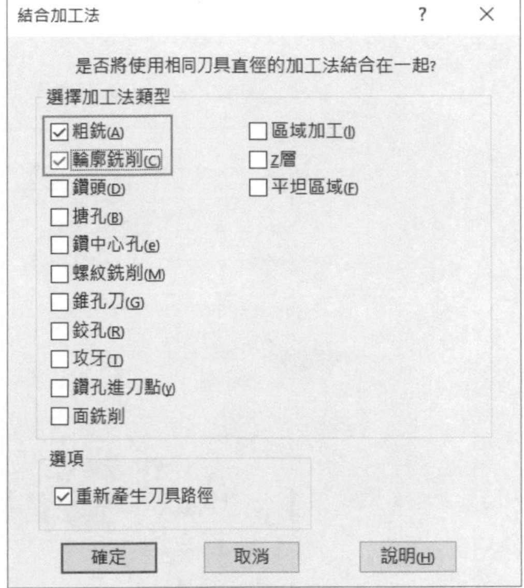

結合加工法之後的結果，如右圖所示。

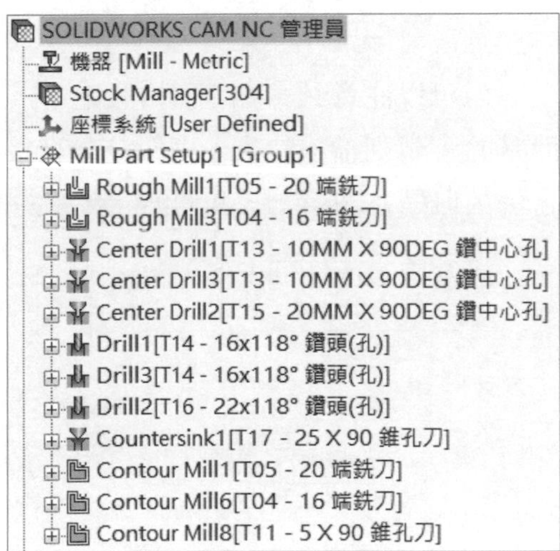

STEP 5 檢查加工計劃

在結合加工法之前，Rough Mill1 的樹狀結構底下，僅有圓形槽穴特徵而已，但因為不規則槽穴特徵 1~4 都是使用相同的刀具進行粗加工，因此不規則槽穴特徵 1~4 會被歸納到 Rough Mill1。請在 Rough Mill1 上快按滑鼠左鍵兩下，進入編輯畫面。

將畫面切換至**加工特徵選項**分頁，並於**特徵列表**中，選擇 Circular Pocket1。

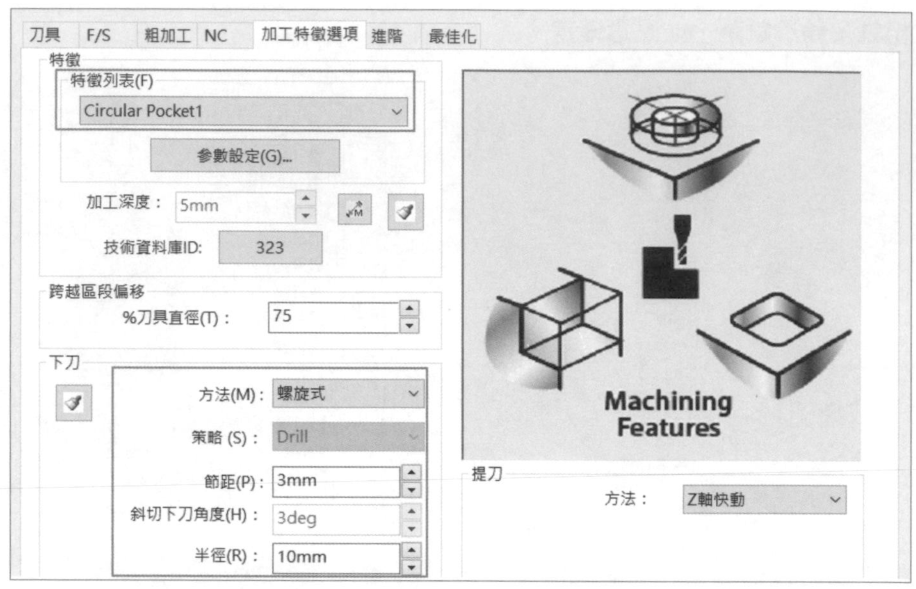

您可以注意到，在下刀的設定中，Circular Pocket1 仍保留了當初螺旋式的下刀方式，而其餘不規則槽穴特徵，則保持了直接下刀的設定方式。因此，即便我們將加工計劃做了合併，但是在細節上，我們仍能保持些微的不同，增加刀具路徑的適應性。

接著將畫面切回 **F/S**（Feed and Speed）的分頁。

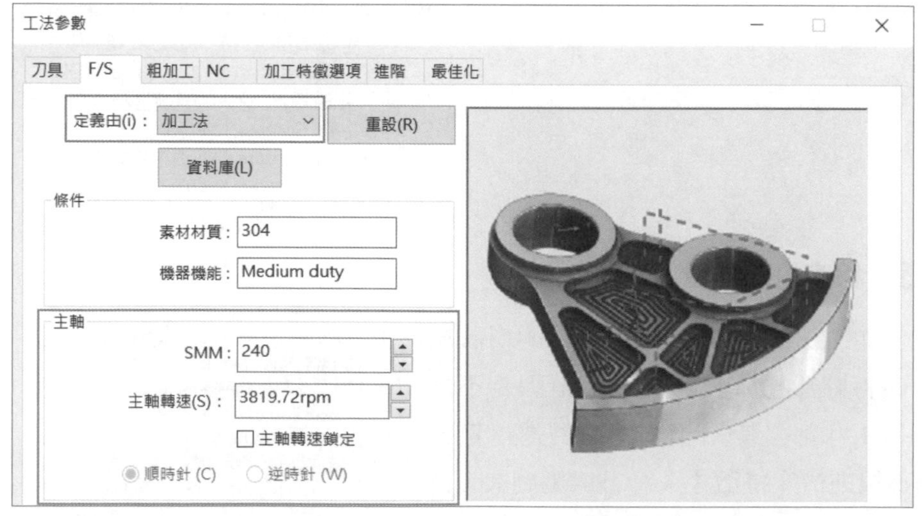

在轉速進給的部分，因為都是相同材質和刀具，因此不像加工特徵選項可以允許有不同的加工條件，在這邊會以當初 Rough Mill1 的切削條件為主。

請將畫面切換至**加工特徵選項**分頁，並於**特徵列表**中，選擇 Irregular Pocket1。

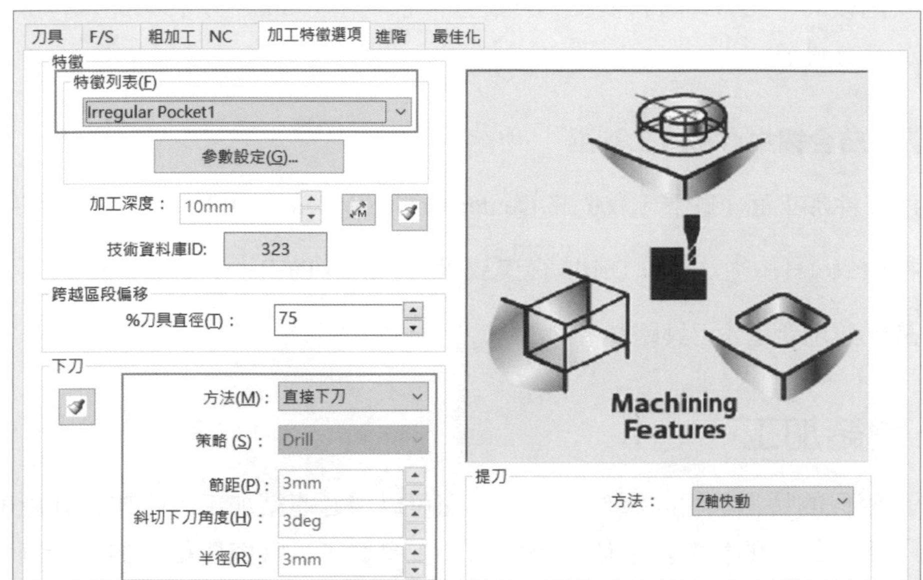

如我們在 Circular Pocket1 當中所提到的，Irregular Pocket1 所使用的方式維持原本的直接下刀。您可以再次將畫面切回 F/S 的分頁，轉速進給的設定方式，仍會是剛剛的根據加工法。

因此我們可以得到一個結論，凡是與特徵（外型）參數無關的加工參數（如：轉速進給、路徑樣式、分層量、進退刀長度…）都是統一使用一個固定的參數。

STEP 6 修改加工特徵選項

畫面切換至**加工特徵選項**分頁，並於**特徵列表**中，選擇特徵 Circular Pocket1。

下刀→方法：螺旋式；**半徑**：10mm。

點選**全部套用**。

畫面當中會出現提示訊息，點選**是**。

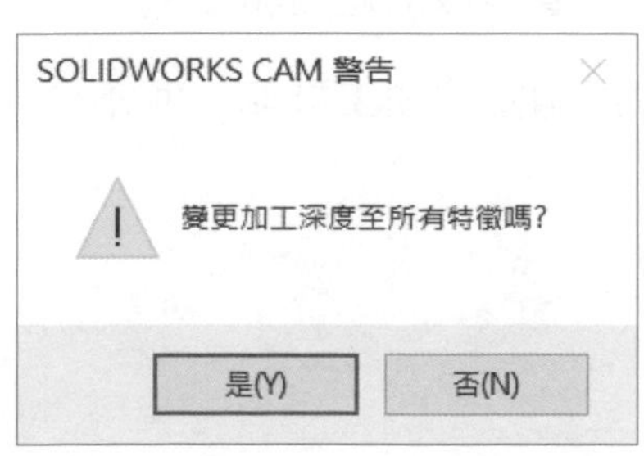

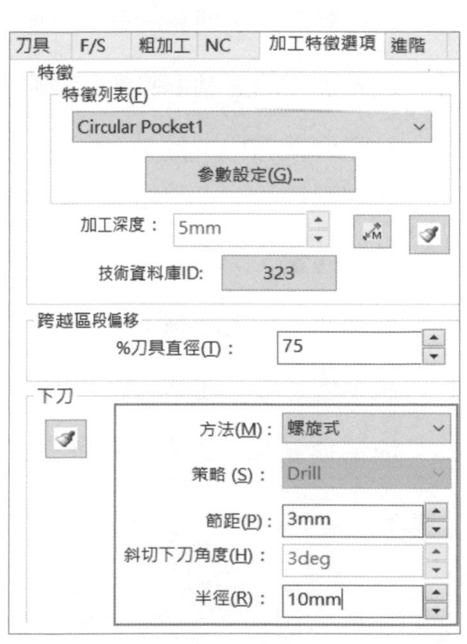

請將畫面切換至**加工特徵選項**分頁，並於**特徵列表**中，選擇特徵 Irregular Pocket1。您會看到修改過後的下刀方式將會變更為螺旋式，且半徑 10mm。所有的加工特徵，都是使用相同的下刀方式了。

STEP 7 結合鑽中心孔加工計劃

於銑削工件加工面 1 底下，我們將 Center Drill1 及 Center Drill3 的樹狀結構展開。

將孔特徵 Hole1，從 Center Drill3 拖曳放置至 Center Drill1。

點選**是**，並重新產生刀具路徑。

5.1.4 連結加工

當加工相似的特徵於相同零件的時候，您可以透過連結加工，將加工計劃串連在一塊，如此一來，相似的特徵就能使用相同的加工參數了。當您連結了加工計劃，包括刀具、轉速進給、路徑樣式、分層量、進退刀高度…，都會自動更新至所有相連的加工計劃。但就如同之前所提到的，加工特徵選項，下刀類型、加工深度…。這些仍保留各自調整的空間，且不會因連結加工而連動。

操作流程

根據以下操作，連結加工計劃：

1. 請至您想產生連結的第一個加工計劃上按滑鼠右鍵，並選擇連結加工。
2. 連結加工的對話框將會自動開啟。
3. 於左側視窗中，挑選您想產生連結的加工計劃，並點選「>>」將其加入至右側視窗。而您選擇的第一個加工計劃，並不會顯示於清單之中。
4. 點選**確定**。

取消連結加工計劃：

1. 請至您想取消連結的加工計劃上按滑鼠右鍵，並選擇取消連結加工。
2. 取消連結加工的對話框將會自動開啟。而您所指定的加工計劃，並不會出現於清單之中。

3. 針對您想取消連結的加工計劃，點選「>>」將其加入右側視窗，並點選解除連結。

4. 如此一來即可解除加工計劃的連結了。

指令TIPS **連結加工**

- SOLIDWORKS CAM 加工計劃管理員：在想產生連結的加工計劃上按滑鼠右鍵，並選擇**連結加工**。

STEP 8 連結加工

請至銑削工件加工面 1，在輪廓銑削特徵 Contour Mill1 上按滑鼠右鍵，並選擇**連結加工**。

選擇 Contour Mill10，並點選「>>」按鈕，將其加入**所選的加工法**。

點選**連結**。

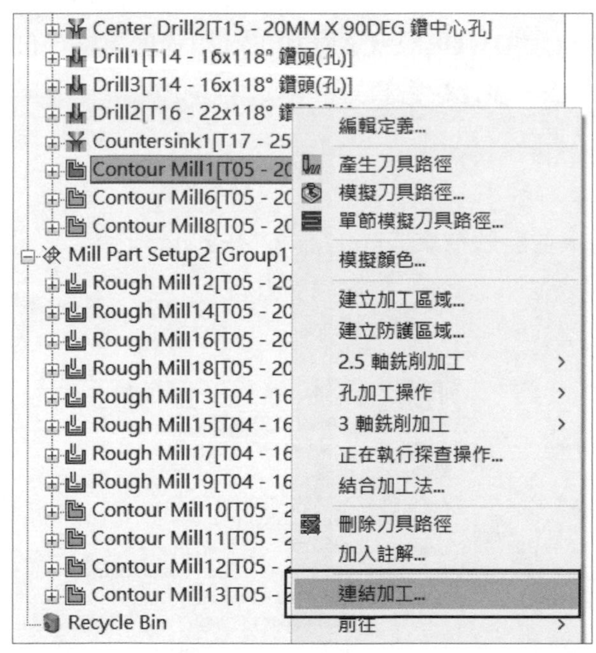

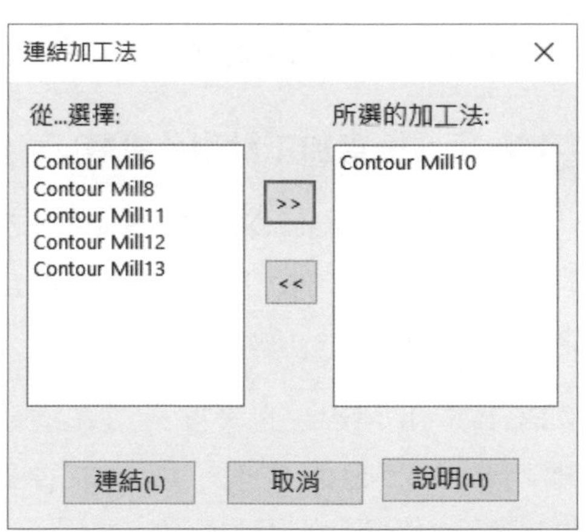

刀具、轉速進給、路徑樣式、分層量、進退刀高度…，都會自動更新至所有相連的加工計劃。但加工特徵選項，例如下刀類型、加工深度…，則不會因連結加工而連動。

STEP 9 變更刀具

編輯 Contour Mill1，將切削刀具修改為 16MM CRB 2FL 32 LOC 的端銑刀。

點選**是**，並更換夾頭，再點選**確定**。

請注意，Contour Mill1 及 Contour Mill10 的切削刀具都會自動修改為 16MM CRB 2FL 32 LOC 的端銑刀了。

Countersink1[T17 - 25 X 90 錐孔刀]
Contour Mill1[T04 - 16 端銑刀]
Contour Mill6[T05 - 20 端銑刀]
Contour Mill8[T05 - 20 端銑刀]
Mill Part Setup2 [Group1]
Rough Mill12[T05 - 20 端銑刀]
Rough Mill14[T05 - 20 端銑刀]
Rough Mill16[T05 - 20 端銑刀]
Rough Mill18[T05 - 20 端銑刀]
Rough Mill13[T04 - 16 端銑刀]
Rough Mill15[T04 - 16 端銑刀]
Rough Mill17[T04 - 16 端銑刀]
Rough Mill19[T04 - 16 端銑刀]
Contour Mill10[T04 - 16 端銑刀]
Contour Mill11[T05 - 20 端銑刀]
Contour Mill12[T05 - 20 端銑刀]

STEP 10 儲存並關閉檔案

5.1.5 範例練習：結合所選的加工法

在先前的範例中，我們學習了如何從 SOLIDWORKS CAM 加工計劃管理員來合併加工法，接著來看一下如何合併所選擇的加工法，並比較它們的不同。

STEP 1 開啟檔案

請至範例資料夾 Lesson 05\Case Study，並開啟檔案「mill2ax_CMB2.sldprt」。

STEP 2 檢查加工計劃及特徵

將滑鼠移至 SOLIDWORKS CAM 加工計劃管理員，在銑削工件加工面 1 上按滑鼠右鍵，並選擇展開項目。

在 Rough Mill1 上快按滑鼠左鍵兩下，進入編輯加工參數的頁面。您可以看到 Rough Mill1 是針對圓形槽穴 Circular Pocket1 的粗銑加工計劃。檢查 **F/S**、**粗加工**、**加工特徵選項**參數，並點選**確定**。針對使用相同刀具的粗加工工法，採用同樣的方式，逐一檢查它們的加工參數。

在之前的範例練習當中，我們已經得知 Circular Pocket1 的粗加工 Rough Mill1，有不同的 **F/S** 及**加工特徵選項參數**。

結合所選的加工參數

在加工計劃管理員底下，結合加工法的指令，提供了兩種不同的選項。

- 合併並刪除重複的加工計劃。
- 將加工參數複製給其他加工計劃，並不刪除其加工計劃。

當您針對一個或多個相同的加工計劃，按滑鼠右鍵並選擇結合加工法時，結合加工法的對話框，將會自動顯示。

而第一個選擇的加工計劃，將會作為種子，所有其他的加工計劃的加工參數，都將參考其內容。或者，您也可以在對話框的「從…複製參數」中透過下拉式選單，選擇其他的加工計劃做為種子。

結合加工計劃對話框

與在銑削工件加工面上的結合加工法最大的差異，主要有兩點：

- 您可以合併您所需要的加工計劃，而不限制於相同刀具的。
- 您也可以將使用不同刀具的加工計劃進行合併。
  - 加工法類型：在此欄位，它將顯示所選擇的加工計劃類型，例如：粗銑、輪廓銑削、鑽中心孔…。而此處的資訊僅提供顯示使用，無法編輯。
  - 結合加工法：當您勾選此選項，您所選擇的加工計劃，將會合併成為一個加工計劃，而舊有的加工計劃將被刪除。

    如果您未勾選此選項，則您所選擇的加工計劃，仍會被保留下來，僅有加工計劃的參數被複製到所選擇的加工計劃，藉此達到同步的目的。
  - 依據刀具分類：當您勾選此選項，於底下的加工法列表，將會只顯示出與目前所選加工計劃相同刀具的加工計劃。當您取消勾選，加工法列表將會顯示使用其他不同刀具，但類型相同的加工計劃。
  - 從…選擇特徵：主要控制誰將被合併，而誰可以繼續保持獨立。你可以根據特徵或者加工計劃，篩選出您想合併的特徵或者加工計劃。篩選時，只需將您所需要的特徵或加工計劃選取，並點選加入，將其加入右邊的欄位。在右邊的欄位特徵或加工計劃，將會被合併為一。

    如果您將下拉式選單，選擇為特徵列表，那麼在左下方的欄位，將會羅列出您可以結合的特徵。例如：矩形槽穴、不規則槽穴、開放槽…。

    如果您將下拉式選單，選擇為加工法列表，那麼它將羅列出您可以結合的加工法，例如：粗銑 1、粗銑 2、粗銑 3…。

- 從…複製參數：當您選擇了結合加工法之後，所有的加工計劃將被合併為一個加工法。但在這之前每個加工計劃都有自己的加工參數，例如刀具大小、轉速進給…，因此我們必須挑選一個加工計劃做為種子，讓其他的加工計劃都能參考其加工參數。當您將特徵或加工法加入清單後，於右上方的下拉式選單，您可以挑選欲做為種子的加工計劃或特徵。
- 使用預設參數：如果您勾選了使用預設參數，則合併後的結果，將會參考加工技術資料庫的預設值。如果您取消勾選使用預設參數，那麼合併後的參數，將參考「**從…複製參考**」。

STEP 3 結合所選的加工計劃

請至銑削工件加工面 1 底下，複選所有使用 T05-20 端銑刀，並按滑鼠右鍵選擇**結合加工法**。

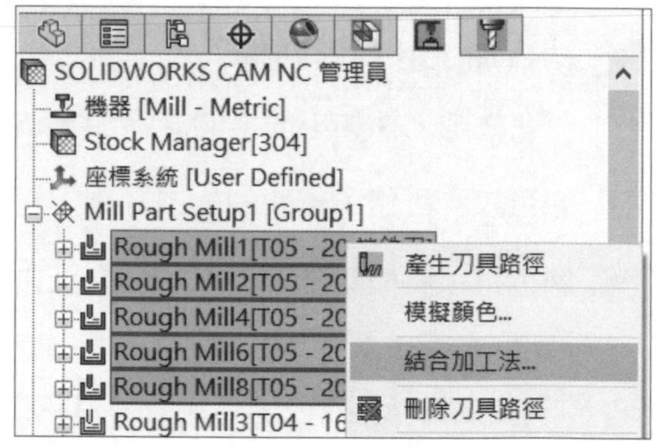

結合加工法的對話框將會自動開啟，而剛剛所選擇的加工計劃，將會羅列於**特徵或加工法列表**。我們於**從…複製參數**透過下拉式選單，選擇 Rough Mill1 作為我們的種子。

點選**確定**。

結合加工法

加工法類型(o)：粗銑
☑結合加工法(C)
☐依刀具分類(t)
從...複製參數(p)：Rough Mill1
☐使用預設參數(U)
☑重新產生刀具路徑
現用刀具(E)：
Id : 20MM CRB 2FL 38 LOC　類型：端銑刀　直徑：20mm　半徑：0mm
從...選擇特徵(S)：加工法列表
Rough Mill2
Rough Mill4
Rough Mill6
Rough Mill8
Rough Mill3
Rough Mill5
Rough Mill7
Rough Mill9
加入(A) ->
移除(R)
特徵或加工法列表(F)：
Rough Mill1
Rough Mill2
Rough Mill4
Rough Mill6
Rough Mill8
確定　取消　說明(H)

結合之後的加工計劃會如右圖所示，它將保留粗銑 1 以及其參數，而被合併的特徵，將會列於樹狀結構之下。

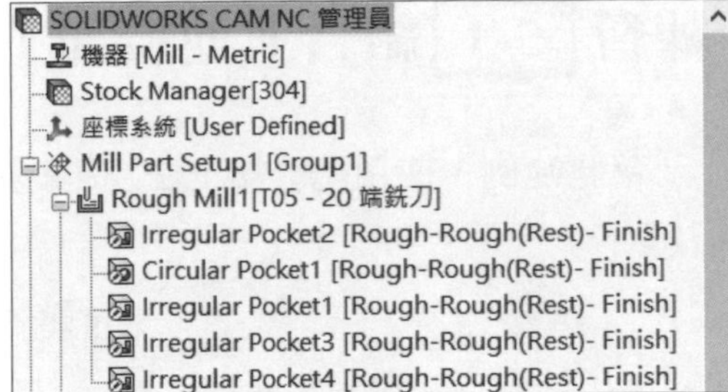

4 儲存並關閉檔案

練習 5-1 結合與連結加工計劃

藉此範例，使用結合加工法及連結加工，讓這些加工特徵，能使用相同加工參數。

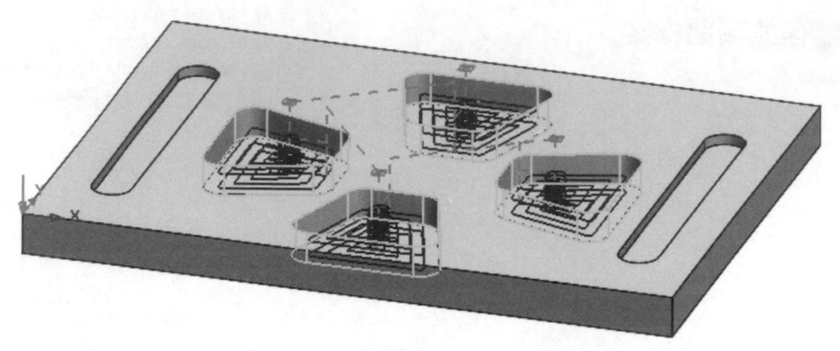

操作步驟

STEP 1 開啟檔案

請至範例資料夾 Lesson 05\Exercises，並開啟檔案「Lab5-CMBLNK.sldprt」。

STEP 2 結合加工法

請至加工計劃管理員，針對使用所有 T04-0.75 的粗銑，進行參數的檢查，例如轉速進給、加工特徵選項…。點選結合加工法，將粗銑 2、4、6、8 進行結合，且以粗銑 2 做為種子。

STEP 3 修改加工特徵選項

再次確認合併後的加工參數，轉速進給是否比照粗銑 2。此外粗銑 2 的下刀是採用螺旋式的，粗銑 4、6、8 是採用直接下刀，故修改加工特徵選項，使其與粗銑 2 相同。

STEP 4 連結加工

將輪廓銑削 1 及輪廓銑削 6 進行連結。

STEP 5 確認連結加工

修改輪廓銑削 6 所使用的刀具，您可以更換任一刀具，並確認輪廓銑削 1 是否連動。

STEP 6 取消連結加工

取消輪廓銑削 1 及輪廓銑削 6 的連結。

STEP 7 確認取消連結加工

修改輪廓銑削 1 所使用的刀具，並確認輪廓銑削 6 是否連動。

STEP 8 儲存並關閉檔案

NOTE

06

加工及防護區域

順利完成本章課程後，您將學會：

- 建立加工及防護區域
- 複製防護區域至其他加工計劃

6.1 加入加工及防護區域

針對 2.5 軸特徵的粗銑及輪廓銑削，您可以進一步透過加工區域及防護區域來指定其加工區域或避讓特徵。

防護區域

當我們在加工零件的時候，往往有些地方會因為夾持的關係，而無法被加工，因此您可以針對需要被保護的區域，設定防護區域，一旦設定了防護區域，加工計劃將無法於防護區域上產生刀具路徑，確保刀具不會切削到我們指定的區域，保障加工的安全性。

加工區域

當您只想針對局部特徵產生刀具路徑時，您可以透過加工區域，來限制產生刀具路徑的區塊。一旦設定了加工區域，刀具路徑就會產生在這個區域之內，區域之外的地方將不會被加工。防護區域及加工區域為相反的概念，以剛剛的例子來說。今天假設我們因為不想切削到夾具，因此將夾具的區塊設為防護區域，但反之您也可以針對沒有夾具的地方設定為加工區域。

加工及防護區域建立於加工計劃底下，一旦加工計劃底下加入了加工或防護區域，則加工及防護區域將會被啟用，但您也可以將其抑制，則刀具路徑將會忽略加工或防護區域。

您可以利用草圖、邊線及面來建立加工或防護區域，而面的部份則不受限於平面或者非平面。當您的加工特徵為島嶼或者包含島嶼，則島嶼的部分也會被視為防護區域，而刀具路徑的加工範圍將會是素材邊界到島嶼之間。此外，加工深度同時也是加工區域或防護區域的選項。舉例來說，今天我們有一防護區域，且防護區域的高度介於刀具路徑之間，則防護區域以上的區塊將產生刀具路徑並且被銑削，而防護區域以下的區塊則不產生刀具路徑且被保留。

指令TIPS　加工及防護區域

- SOLIDWORKS CAM 加工計劃管理員：在加工計劃上按滑鼠右鍵，並選擇**建立加工區域**或**防護區域**。

6.1.1 範例練習：加入防護區域

在此範例中，我們將利用 2D 草圖來建立防護區域，避免刀具切削到夾具。

STEP 1 開啟檔案

請至範例資料夾 Lesson 06\Case Study，並開啟檔案「mill2ax_CTNAVD.sldprt」。請注意，此零件的特徵、加工計劃及刀具路徑皆已建立好了。

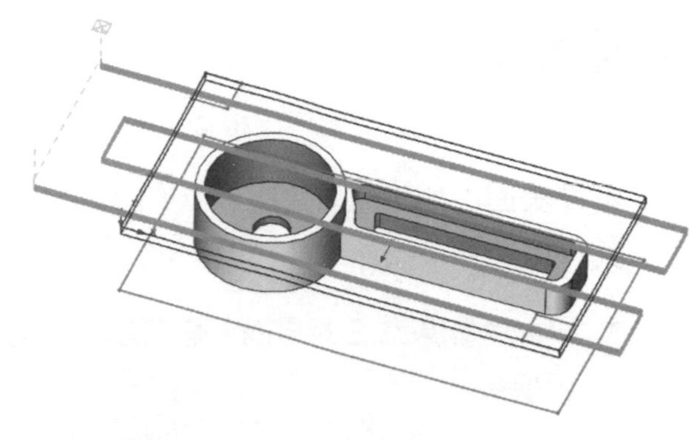

加工參數

請至粗銑、輪廓銑削及面銑的加工計劃中的進階分頁，此處可以設定加工及防護區域的相關參數。

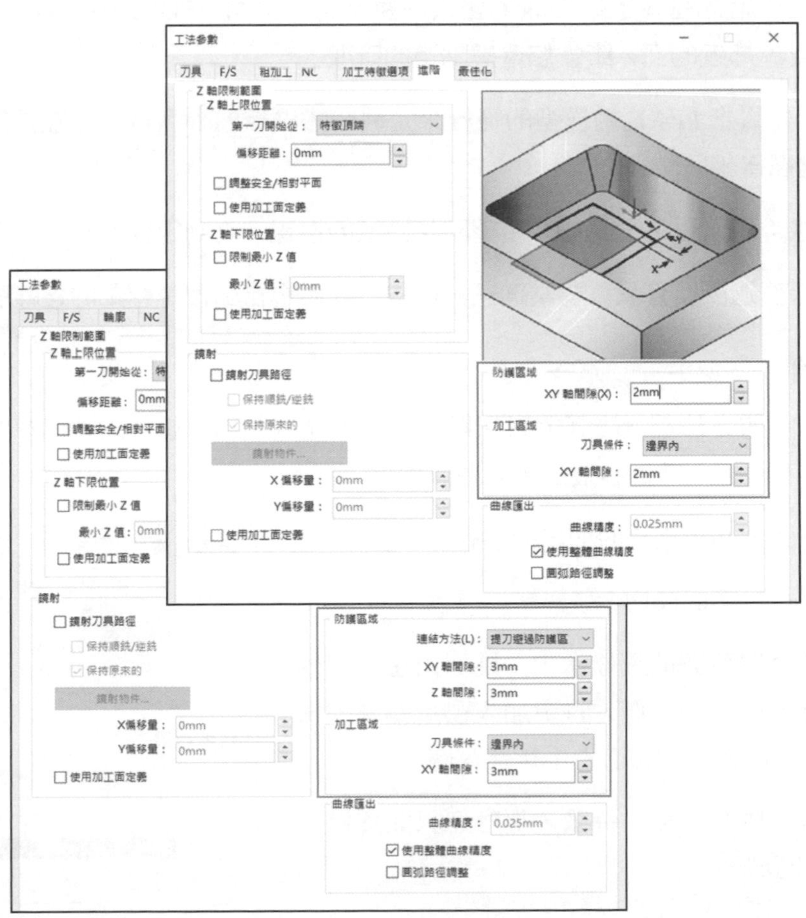

STEP 2 建立防護區域

請至 SOLIDWORKS CAM 加工計劃管理員，在面銑削上按滑鼠右鍵，並選擇**建立防護區域**。

選擇模式

防護區域的外型輪廓可以根據模型的面、邊線及草圖。

- **選擇表面**：如果您希望透過模型的面來定義防護區域的外型輪廓，在這邊提供三種方式可以選擇多個面。
  - 單面：如果您選擇單面，您可以逐一的點選您所需要防護的面。此選項為軟體預設選項。
  - 窗選：如果您需要一次選擇許多的面，您可以按住滑鼠左鍵不放並拖曳，藉由窗選選擇您需要的面。
  - 鄰接面：當您選擇了鄰接面，您只需要點選一個面，SOLIDWORKS CAM 會自動為您搜尋鄰近的面，節省您重複點選的時間。
- **選擇邊**：如果您希望透過模型的邊線來定義防護區域的外型輪廓，在這邊提供兩種方式可以選擇邊線。
  - 單一邊：您可以逐一點選您希望防護區域的邊線，直到邊線形成一個迴圈。
  - 恆定深度迴圈：您只需要點選任一邊線，軟體會自動搜尋相鄰的邊線並產生迴圈。

合理草圖

如果上述兩種方法都無法選擇到您期望的防護區域，那麼您可以利用草圖的方式來定義防護區域，而合理的草圖必須滿足兩種條件。

- 草圖的平面，必須與您的加工面平行。
- 草圖必須為封閉的輪廓。

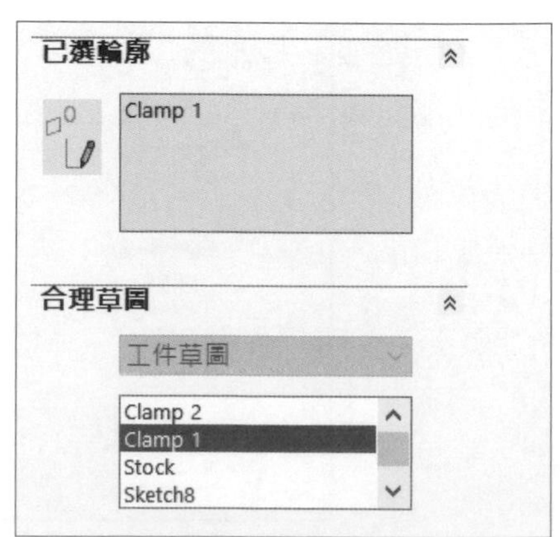

您可以從合理草圖的欄位當中，挑選出您期望的防護區域，而被挑選的草圖，將會加入已選輪廓的欄位之中。您也可以直接在畫面當中挑選草圖。

如果您的特徵為開放的特徵，那麼您只能透過草圖來建立防護區域。

如果您的特徵為封閉的特徵，那麼您有很多種方式可以選擇防護區域。例如按住 Shift 鍵不放，並逐一點選模型的邊線，所點選的邊，將會加入已選輪廓。如果您的選擇模式為恆定深度迴圈，那麼您也可以隨意點選一個邊，讓軟體自動為您搜尋迴圈。又或者如果您要建立防護區域的邊線是相切或是形成一個迴圈的，那麼您也可以將滑鼠移到邊線上，按滑鼠右鍵並選擇迴圈。

形狀

形狀的選項，將決定防護區域的外型是如何計算。

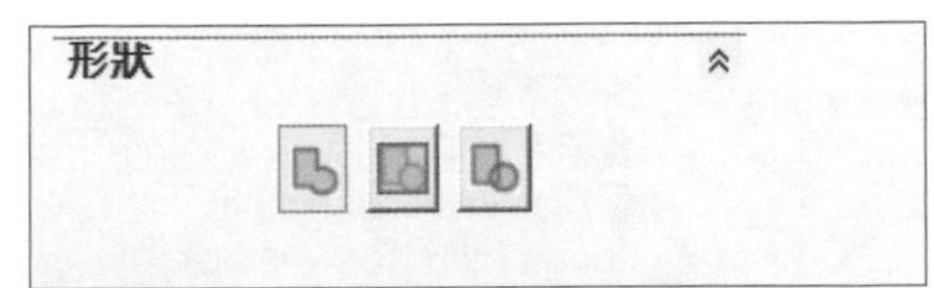

- **輪廓**：當您的防護區域僅有單一一個已選輪廓時，防護區域的形狀，就等同您所選的輪廓外型，此選項同時也是軟體預設的選項。
- **外觀邊界範圍**：當您的防護區域為單一或多重的情況之下，防護區域的形狀，會根據目前已選輪廓的長、寬，自動圍成一個矩形。
- **多重**：當您遇到下列情況時，形狀的選項可選擇多重。
  - 合理草圖將會列出所有與銑削工件加工面平行，且滿足防護區域要求的草圖。而此草圖並不僅限單一封閉輪廓，如果您的草圖具有多個封閉輪廓，您也可以選擇多重，則草圖內的封閉造型，都將被視為防護區域。
  - 倘若草圖當中具有開放輪廓，則開放輪廓將被忽略。
  - 如果您一次選擇多個面作為防護區域，則每個面都會被視為防護區域。
  - 如果您選擇邊作為防護區域，所有與邊可以形成迴圈的邊線，都會被視為一個防護區域。

其他選項

其他選項主要控制防護區域的大小位置，您可以藉由「偏移」及「方向」兩種參數，來進一步控制防護區域的範圍。

- **偏移**：偏移主要控制防護區域的大小，您可以在偏移距離的欄位中輸入尺寸，則防護區域的範圍將會根據您輸入的尺寸縮放。注意，偏移僅允許正值，表示防護區域僅能放大不能縮小。
- **方向**：方向的部分主要控制防護區域的深度範圍。舉例來說，假設我們在成品及素材之間建立一防護區域，則透過方向的選項，您可以決定防護區域的平面位置。防護區域平面以上，仍允許加工；防護區域平面以下，則不允許加工。

STEP 3 選擇草圖

請至下方**合理草圖**的欄位中，選擇 Clamp 1 作為防護區域。點選**確定**，並重複上述動作將 Clamp 2 作為防護區域。將面銑 1 的樹狀結構展開，確認防護區域。

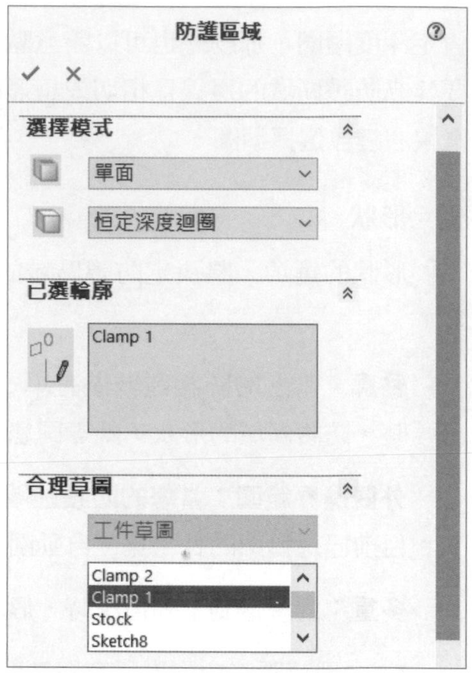

如果刀具路徑沒有重新計算，請按滑鼠右鍵選擇**產生刀具路徑**。

如下圖所示，刀具路徑會避開草圖 Clamp 1 及 Clamp 2。

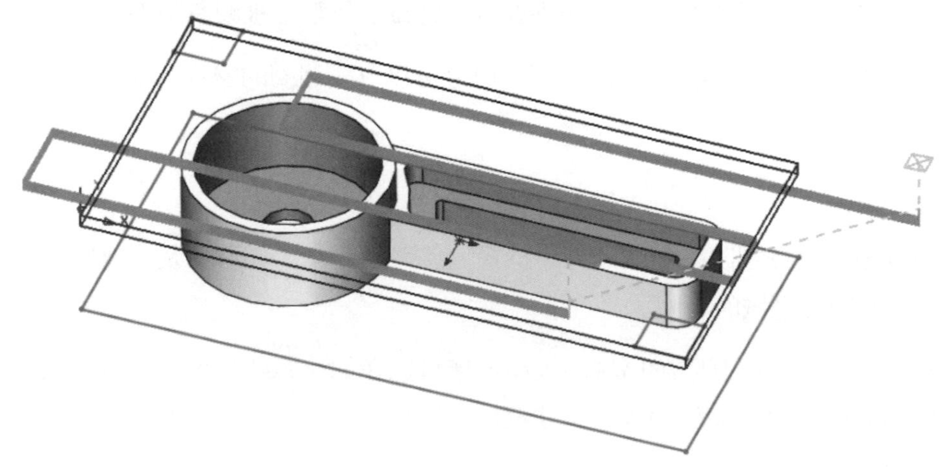

STEP 4 複製防護區域至其他加工計劃

展開粗銑 1 的樹狀結構，並從面銑 1 的樹狀結構當中，將防護區域 1 及防護區域 2 透過 **Ctrl** 鍵複選，並將其拖曳至粗銑 1。

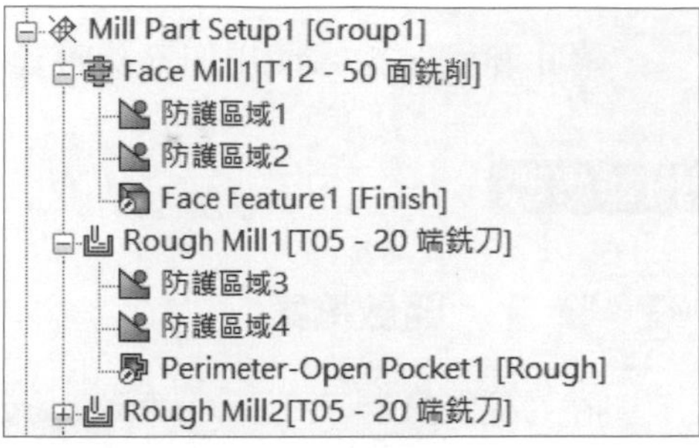

請至粗銑 1 上按滑鼠右鍵，並選擇**產生刀具路徑**。

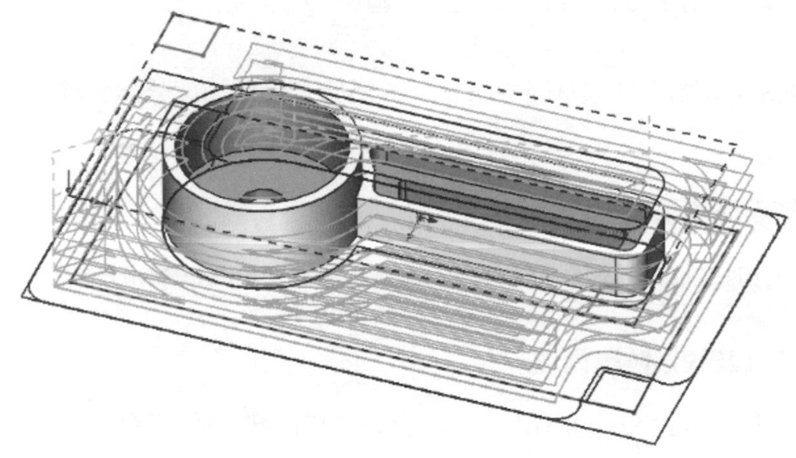

STEP 5 儲存並關閉檔案

練習 6-1 防護區域

藉此範例，練習使用加入防護區域來為此零件加入防護區域，避免銑削到夾治具。

操作步驟

STEP 1 開啟檔案

請至範例資料夾 Lesson 06\Exercises，並開啟檔案「Lab6-Avoid.sldprt」。

STEP 2 加入防護區域

使用草圖 Clamp 作為 Rough Mill1 的防護區域。

提示　於**合理草圖**當中挑選草圖 Clamp 後，請選擇**形狀**的部分為**多重**。

STEP 3 複製防護區域

將 Rough Mill1 的防護區域，透過拖曳放置複製給 Contour Mill1。

STEP 4 建立及複製防護區域

重複上述流程，針對 Rough Mill2 及 Contour Mill2 建立防護區域。

STEP 5 儲存並關閉檔案

07

複製排列特徵及鏡射刀具路徑

順利完成本章課程後，您將學會：

- 什麼是直線、環狀及草圖複製排列加工特徵
- 建立直線複製排列
- 建立環狀複製排列
- 建立草圖驅動複製排列
- 鏡射刀具路徑

7.1 複製排列

如果您有多個相同的特徵需要加工時，您可以使用複製排列，將已經設定完成的刀具路徑複製到其他的位置。這樣的做法可以有效地減少您重複建立特徵的時間，您只需要定義特徵的相對應位置及複製排列的方法，即可在對應的位置產生刀具路徑，且這樣的方式也大幅地減少了計算的時間及效能。

複製排列支援了三種方式：

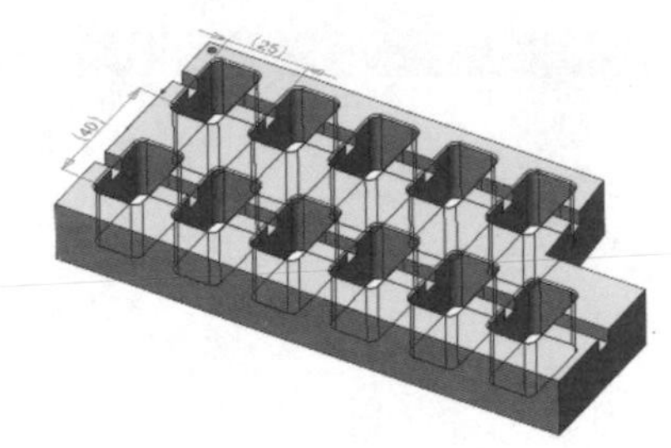

直線複製排列

當您點選建立或編輯複製排列，可以透過以下對話框為直線複製排列設定其相關參數。

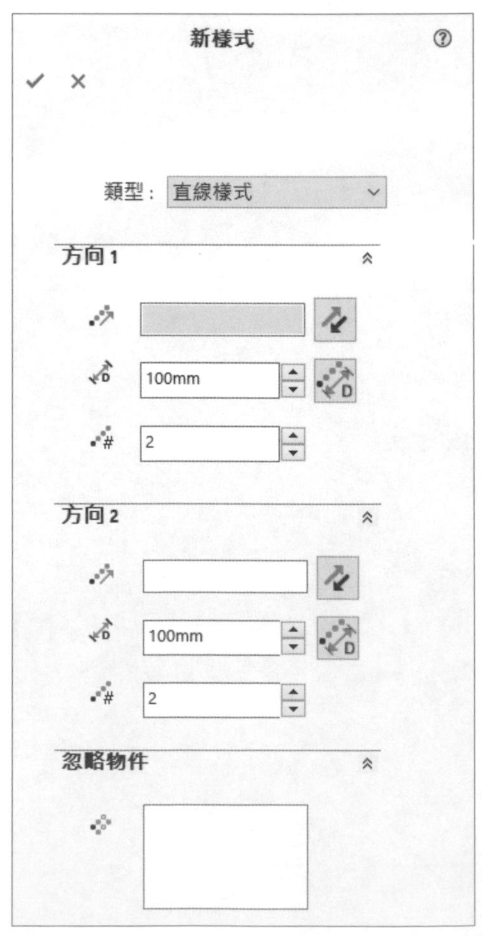

- **方向 1**：此選項定義直線複製排列第一個方向的相關資訊。
  - 參考方向：您可以點選模型的邊線、平面、基準面…作為複製排列方向的參考。
  - 反轉方向：如果複製排列的方向與您預期相反，您可以點選此按鈕反轉其方向。
  - 距離：第一個種子特徵與其副本之間的相對距離。
  - 全部距離：您也可以給予一固定距離，並設定副本數量，軟體即會幫您計算每個副本的相對距離。
  - 數量：總共需要的特徵數量，此數量包含初始的特徵。例如：除了本身之外，還需要 4 個副本，請在此欄位輸入 5。

- **方向 2**：此選項控制複製排列的第二方向，此項目的參數設定與方向 1 相同。
- **忽略物件**：如果您有不需要加工的副本，並希望略過的話，您可以點選忽略物件，並於 SOLIDWORKS 的操作視窗中將其點選，則複製排列將會略過此副本。

環狀複製排列

當您點選建立或編輯複製排列，可以透過以下對話框為環狀複製排列設定其相關參數。

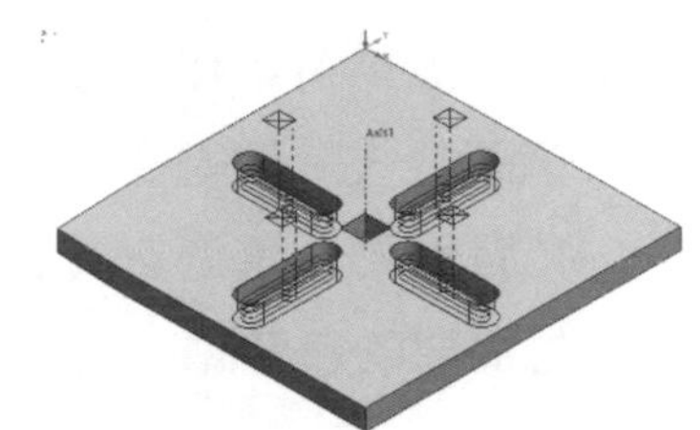

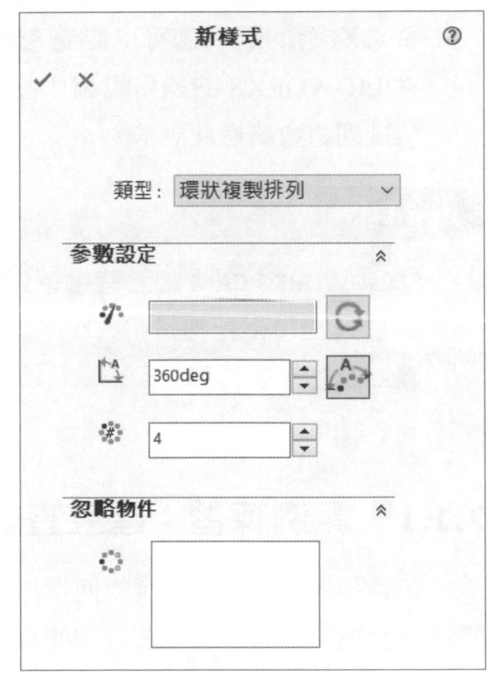

- **參數設定**：此選項定義環狀複製排列的相關資訊。
  - 參考方向：您可以點選圓柱或孔的邊線、面、軸…作為複製排列方向的參考。
  - 反轉方向：如果複製排列的方向與您預期相反，您可以點選此按鈕反轉其方向。
  - 角度：第一個種子特徵與其副本之間的相對角度。
  - 全部距離：您也可以給予一固定角度，並設定副本數量，軟體即會幫您計算每個副本的相對角度。
  - 數量：總共需要的特徵數量，此數量包含初始的特徵。
- **忽略物件**：如果您有不需要加工的副本，並希望略過的話，您可以點選忽略物件，並於 SOLIDWORKS 的操作視窗中將其點選，則複製排列將會略過此副本。

草圖驅動複製排列

當您點選建立或編輯複製排列，可以透過以下對話框為草圖驅動複製排列設定其相關參數。

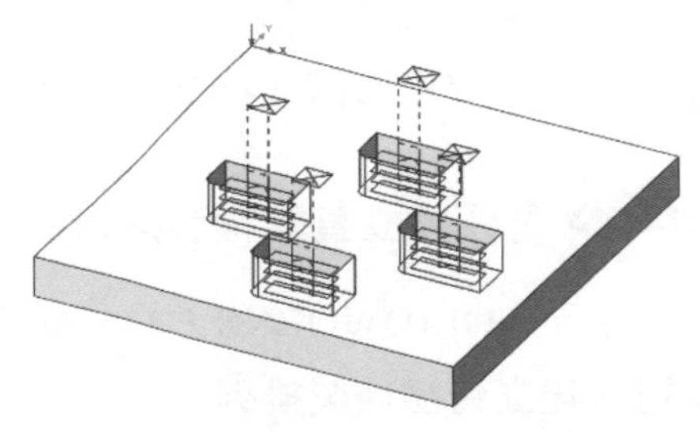

- **可用有效的草圖**：在此對話框，軟體會顯示可以使用的草圖，如果您的草圖包含了圓形、圓弧或點，那麼即會被列入為可用的草圖。雖然草圖可以包含任何類型的幾何，但僅有圓形、圓弧或點可以作為複製排列的參考點。選擇完草圖之後，於視窗會顯示複製排列的參考點及預覽圖形，透過對話框藍色的左右箭頭，選擇您需要的參考點。
- **忽略物件**：如果您有不需要加工的副本，並希望略過的話，您可以點選忽略物件，並於 SOLIDWORKS 的操作視窗中將其點選，則複製排列將會略過此副本。

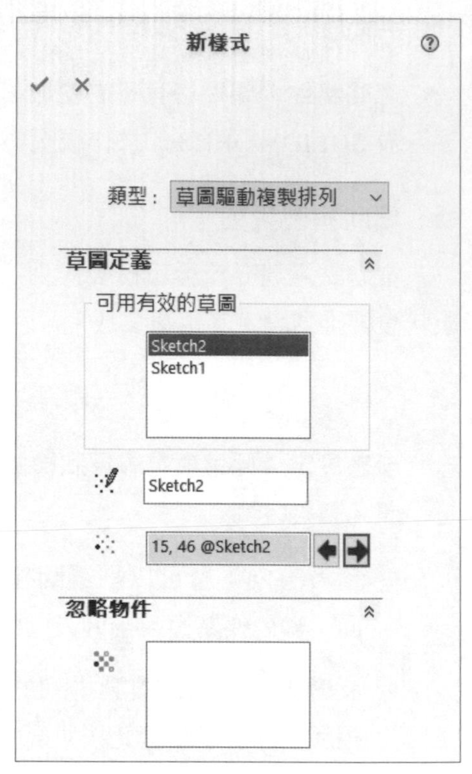

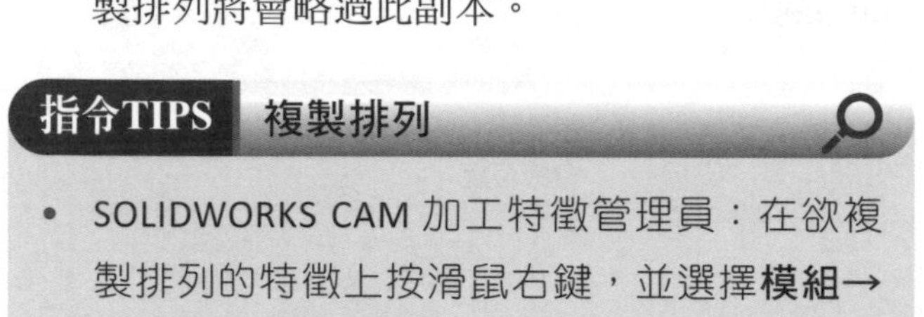

指令TIPS　複製排列

- SOLIDWORKS CAM 加工特徵管理員：在欲複製排列的特徵上按滑鼠右鍵，並選擇**模組→建立特徵複製排列**。

7.1.1　範例練習：建立直線、環狀及草圖驅動複製排列

在此範例中，您將練習如何使用直線、環狀及草圖驅動複製排列。在第一個範例，我們將針對矩形槽穴進行兩個方向的直線複製排列，並練習忽略物件。而在第二個範例，我們將練習，針對直狹槽特徵，進行環狀複製排列。最後，我們將針對不規則槽穴，利用草圖進行複製排列。

STEP 1　開啟檔案

請至範例資料夾 Lesson 07\Case Study，並開啟檔案「mill2ax_PTRNLIN.sldprt」。此零件包含一個矩形槽穴特徵，並且已經設定好了加工計劃及刀具路徑。

STEP 2　建立直線複製排列

請至 SOLIDWORKS CAM 加工特徵管理員，於矩形槽穴特徵上按滑鼠右鍵，並選擇**模組→建立特徵複製排列**。

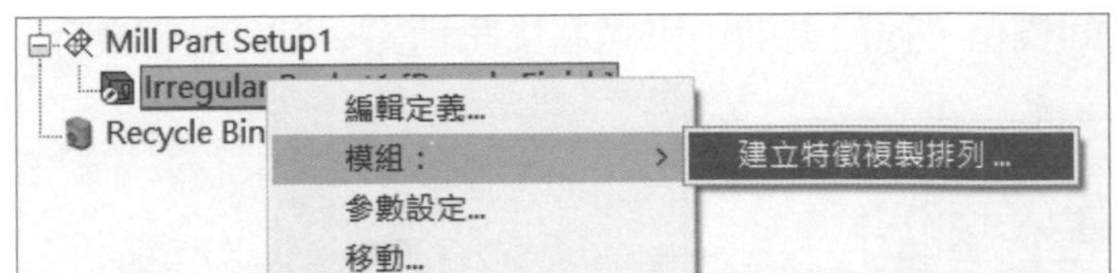

STEP 3 設定直線複製排列

類型：直線樣式。

方向 1：點選此零件的長邊，作為方向一的參考方向。**距離** 25mm。**數量** 6。

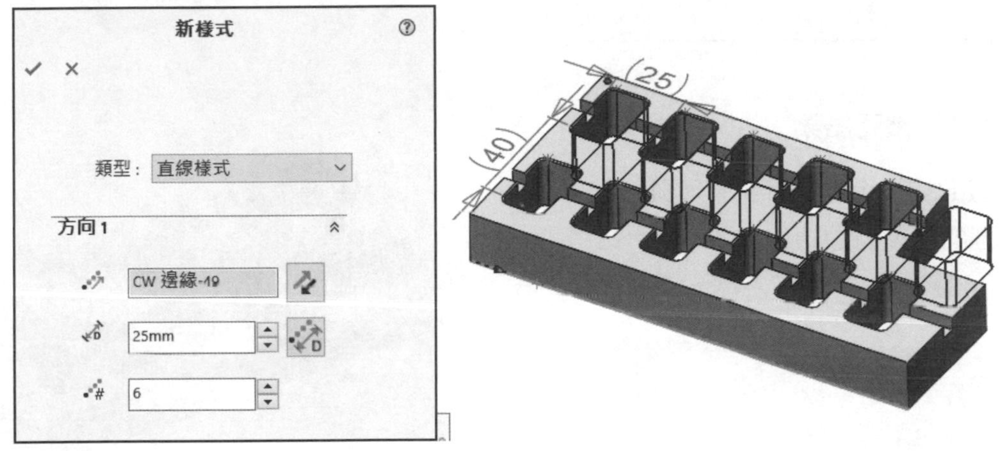

方向 2：點選此零件右側邊線，作為方向二的參考方向，並確認方向是否正確。**距離** 40mm。**數量** 2。

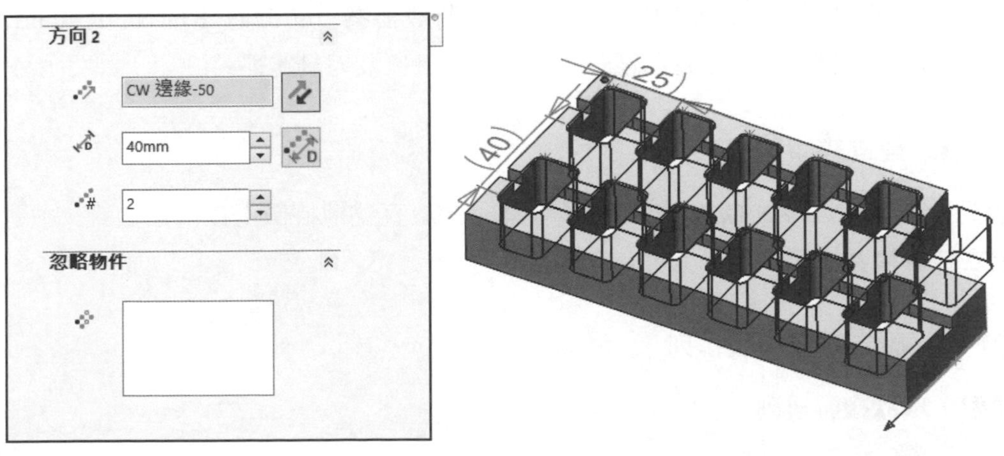

點選**忽略物件**的欄位，並於畫面中點選右上角藍點，則此特徵將不進行複製排列。

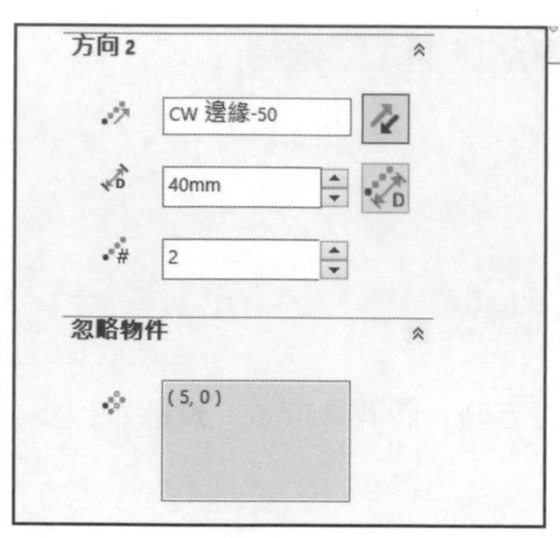

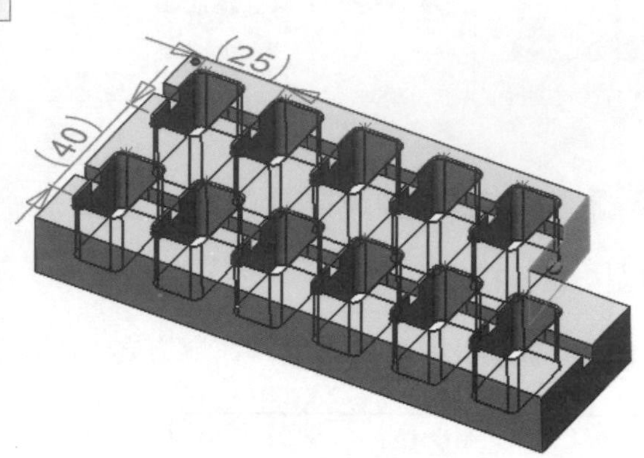

STEP 4 確認結果

將畫面切換至加工計劃管理員，您可以看到，所選的特徵將被複製排列。

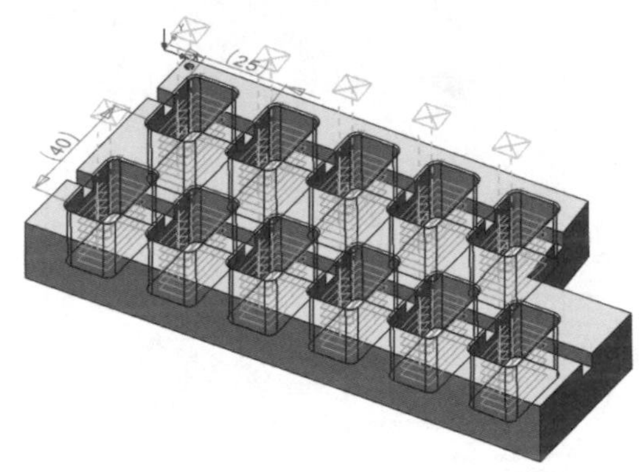

STEP 5 開啟檔案

請至範例資料夾 Lesson 07\Case Study，並開啟檔案「mill2ax_PTRNCIR.sldprt」。此零件包含一個直狹槽特徵，並且已經設定好了加工計劃及刀具路徑。

STEP 6 建立複製排列

請至 SOLIDWORKS CAM 加工特徵管理員，於直狹槽特徵上按滑鼠右鍵，並選擇**模組→建立特徵複製排列**。

STEP 7 設定環狀複製排列

類型：環狀複製排列。

參數設定：選擇參考軸 1 作為環狀複製排列的參考。**全部角度** 360。**數量** 4。

點選**確定**。

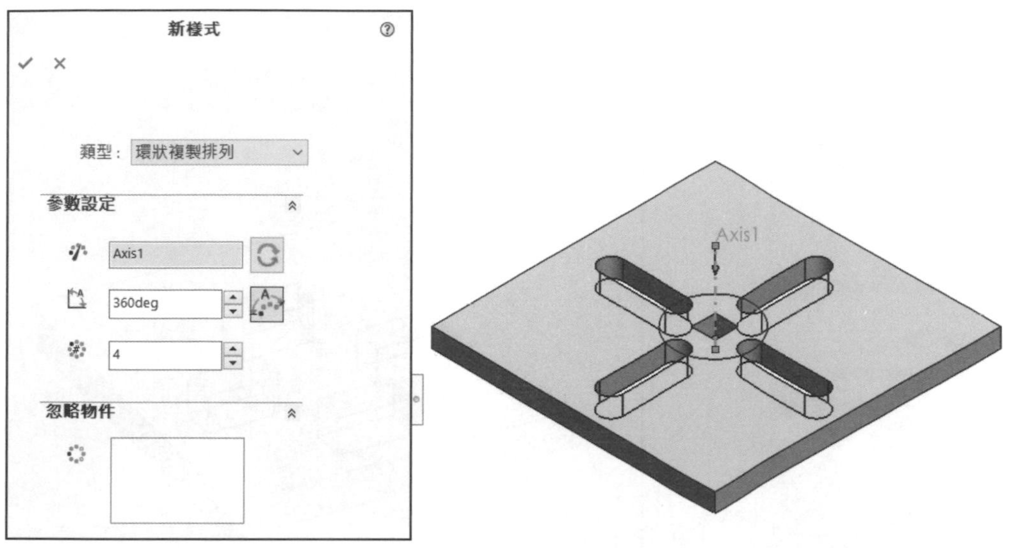

STEP 8 確認結果

將畫面切換至加工計劃管理員，您可以看到，所選的特徵將被複製排列。

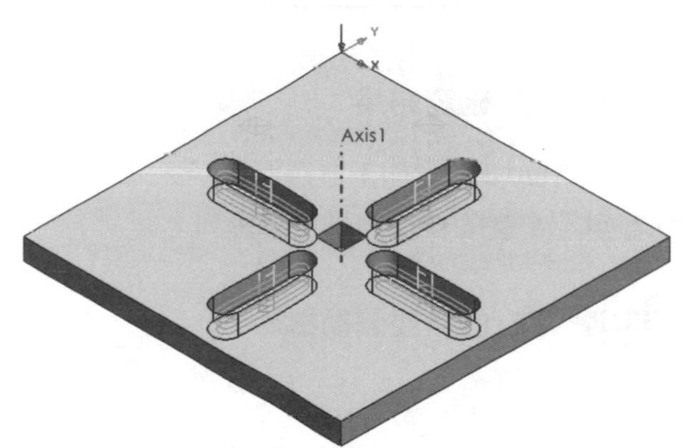

STEP 9 開啟檔案

請至範例資料夾 Lesson 07\Case Study，並開啟檔案「mill2ax_PTRNSKT.sldprt」。此零件包含一個不規則槽穴特徵，並且已經設定好了加工計劃及刀具路徑。

STEP 10 建立複製排列

請至 SOLIDWORKS CAM 加工特徵管理員，於不規則槽穴特徵上按滑鼠右鍵，並選擇**模組→建立特徵複製排列**。

STEP 11 設定環狀複製排列

類型：草圖驅動複製排列。

可用有效的草圖：草圖 2。

點選**移至下一步**，直到圖形的預覽與模型吻合。

點選**確定**。

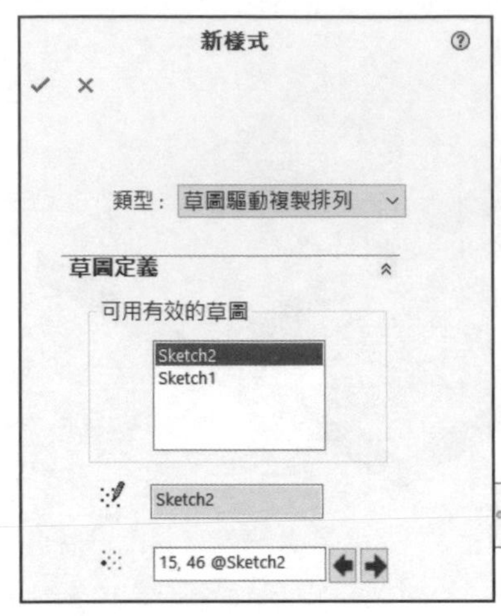

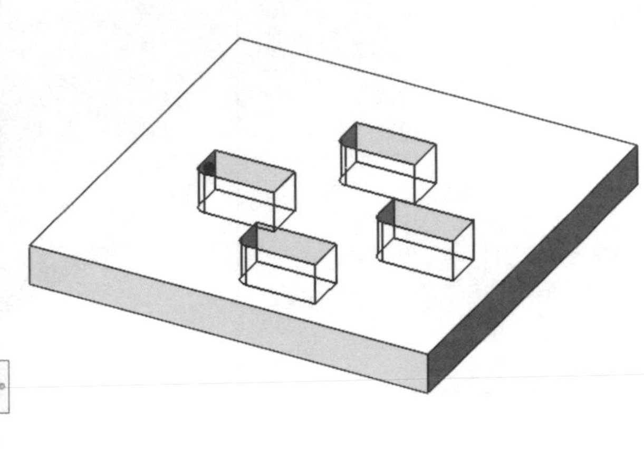

STEP 12 確認結果

將畫面切換至加工計劃管理員，您可以看到，所選的特徵將被複製排列。

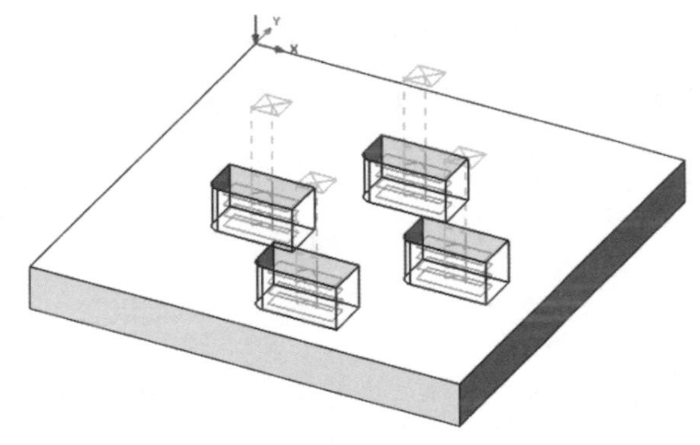

STEP 13 儲存並關閉檔案

7.2 鏡射刀具路徑

SOLIDWORKS CAM 提供了鏡射刀具路徑的功能。而鏡射刀具路徑的功能，可以在銑削工件加工面的層級，也可以在加工計劃的層級。

在銑削工件加工面的層級，您可以在銑削工件加工面上按滑鼠右鍵，並選擇編輯定義。於進階的分頁當中，您可以找到鏡射選項的對話框，而此處就是控制鏡射刀具路徑的細部選項。

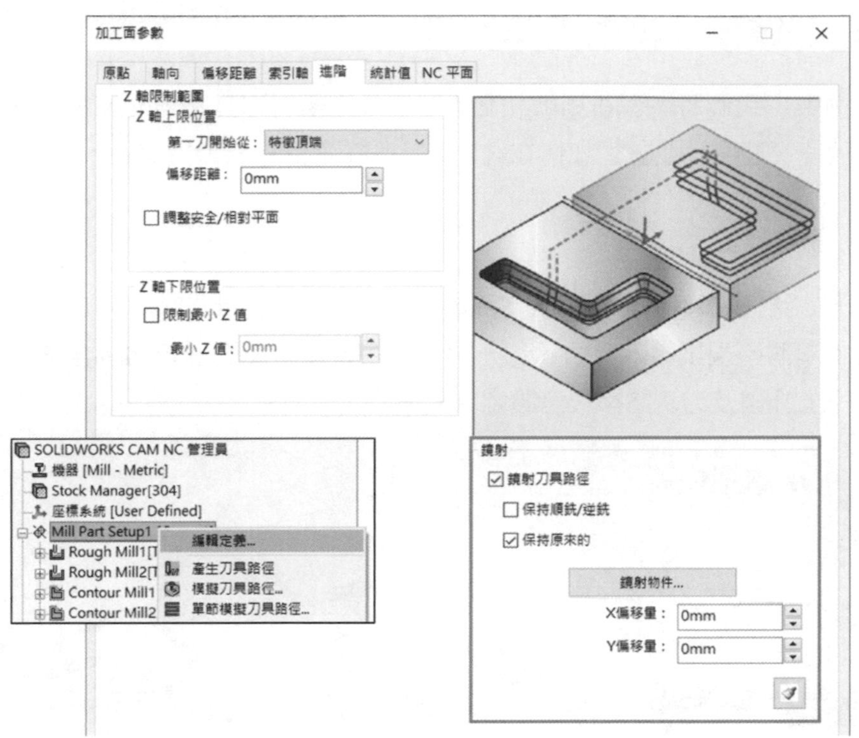

若是在加工計劃的層級，您可以在想鏡射的加工計劃上按滑鼠右鍵，並選擇編輯定義。於進階的選項當中，您同樣可以看到鏡射的對話框。

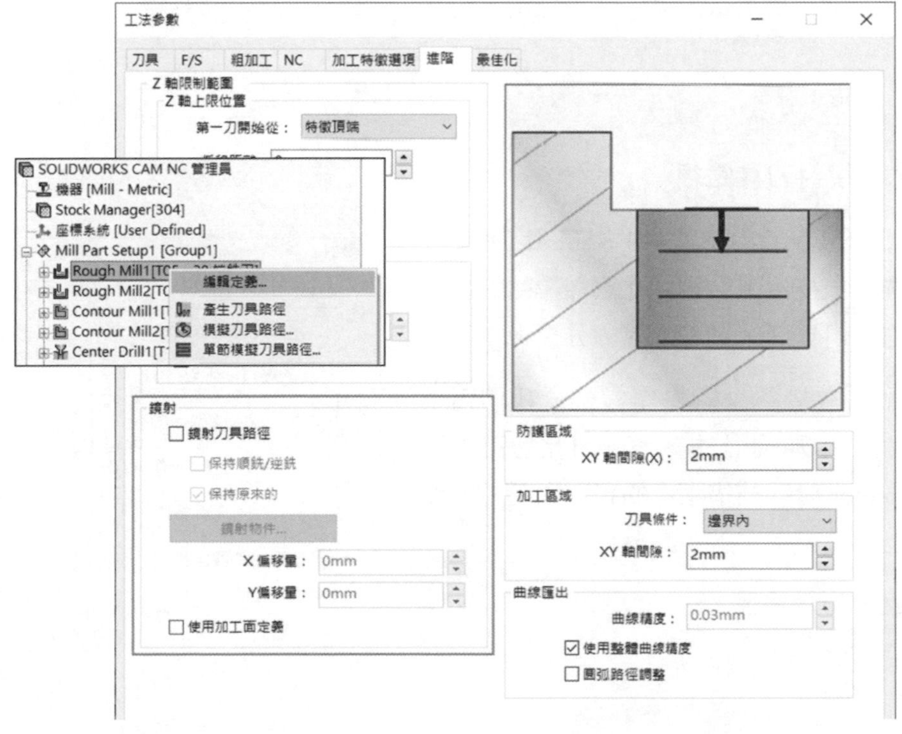

7.2.1 範例練習：鏡射刀具路徑

在此範例中，我們將練習在加工計劃的層級設定鏡射刀具路徑。練習完畢後，無須存檔，重新開啟一次檔案，並練習如何在銑削工件加工面的層級設定鏡射。

STEP 1 開啟檔案

請至範例資料夾 Lesson 07\Case Study，並開啟檔案「mill2ax_MIRROR.sldprt」。在此範例包含了兩個不規則槽穴特徵，和一個孔加工群組，而孔群組內包含了兩個螺紋孔加工。相關的加工計劃及刀具路徑皆已設定完成。

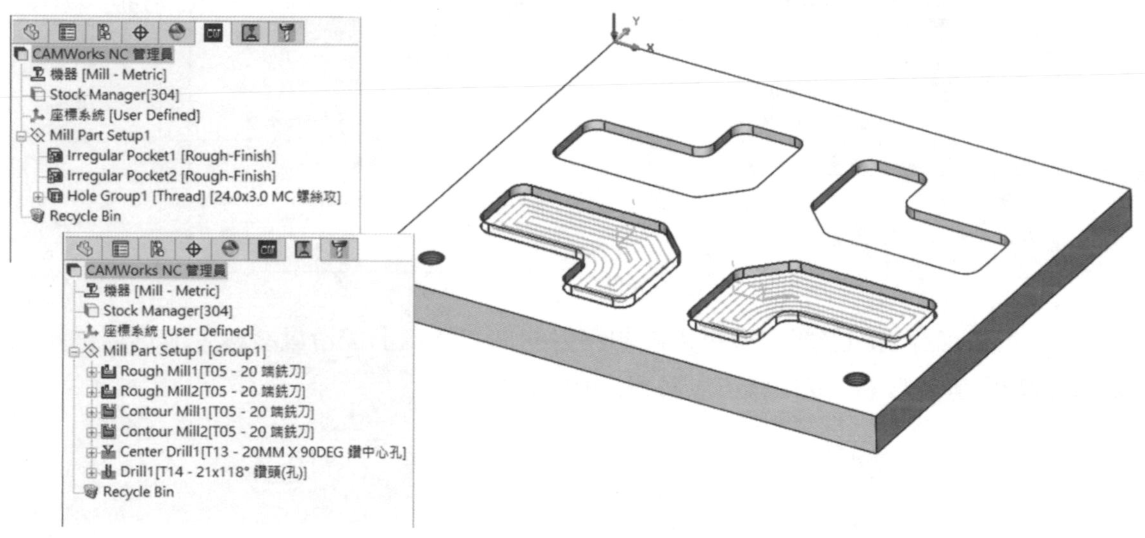

STEP 2 鏡射刀具路徑

請至 SOLIDWORKS CAM 加工計劃管理員，在粗銑 1 上按滑鼠右鍵，並選擇編輯定義。進入粗銑的編輯頁面，選擇**進階**的分頁。

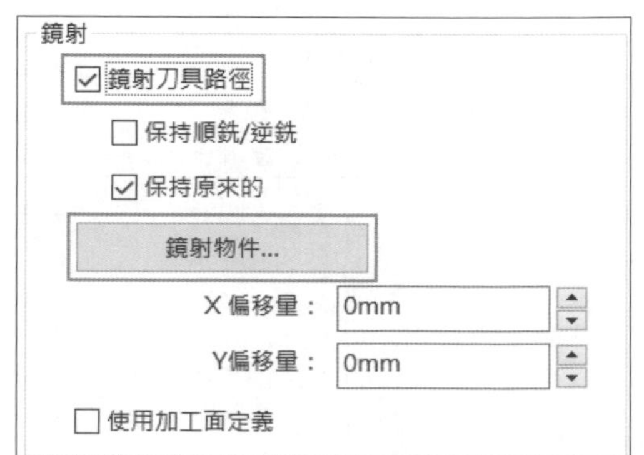

請注意，在接下來的操作當中，我們需要點選基準面，作為鏡射的參考。因此您可以將 FeatureManager 樹狀結構項次的視窗向下拉，使其分割為上下視窗。

勾選**鏡射刀具路徑**。

選取鏡射軸

當您點選鏡射物件後，已選軸的對話框將會自動開啟，您可以在畫面中挑選作為鏡射參考的物件，而所選的項目將會被加入至已選軸的欄位。

- **已選軸**：您可以選擇軸、基準面、零件的面、圓柱面、直線邊線、圓弧邊線、直線草圖或者圓弧草圖，作為鏡射的參考物件。
  - 如果您選擇了圓柱面、圓弧邊線或者圓弧草圖，則軟體會以圓弧的軸線，作為鏡射的參考。
  - 如果您選擇了直線邊線、直線草圖，則軟體會以此直線作為中線，作為鏡射的參考。
  - 如果您選擇了基準面、零件的面，則軟體會以此面作為中間面，作為鏡射的參考。
- **軸特性**
  - 類型：此選項主要會顯示您所選擇作為鏡射物件的類型，例如：草圖、平面、面…。
  - 物件：此選項主要顯示您所選擇的鏡射物件。例如：草圖 1、參考面 1…。
  - 關聯：此選項決定鏡射的結果是否會與您的模型連動。例如您選擇了零件的頂點、邊線或者草圖作為鏡射之參考。假設零件經過設計變更，則刀具路徑連帶著會自動更新。
  - 反轉：當您選擇了反轉，將會更改方向向量。而方向向量在畫面當中會使用藍色箭頭進行顯示。此選項適用於刀具的軸控制，對於刀具路徑的鏡像並沒有影響。

STEP 3 選取鏡射軸

點選**鏡射物件**進入**已選軸**的編輯畫面，選擇前基準面作為我們的鏡射物件。

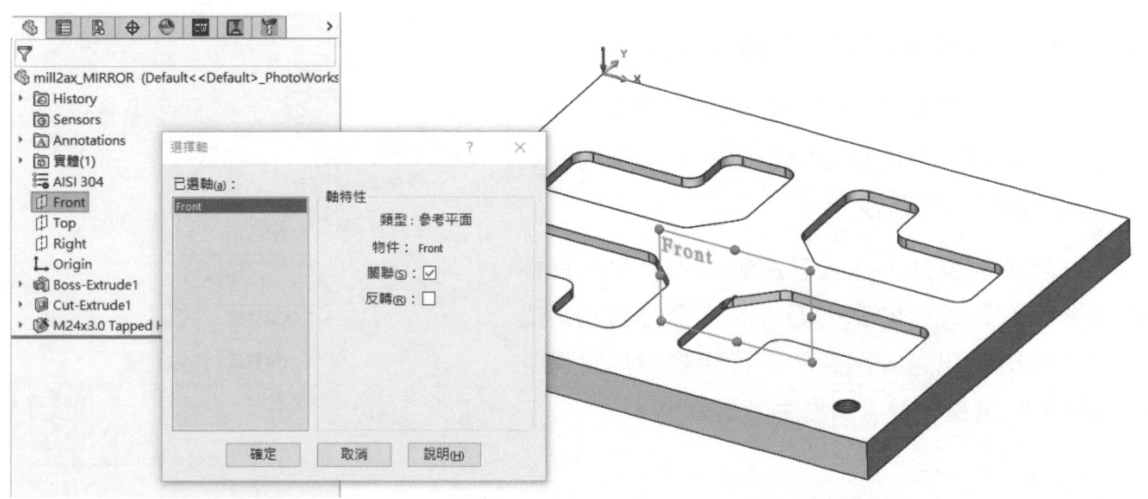

點選**預覽**重新計算刀具路徑，並確認鏡射結果如預期。

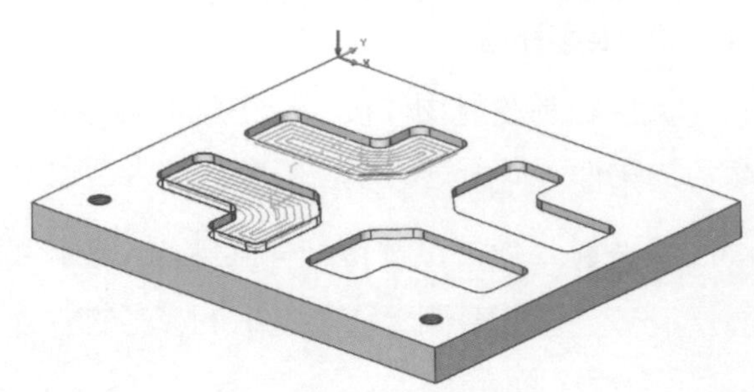

重複上述動作，將鑽中心孔 1 及鑽孔 1 鏡射。請注意，鏡射刀具路徑時零件不見得一定要有幾何外型。

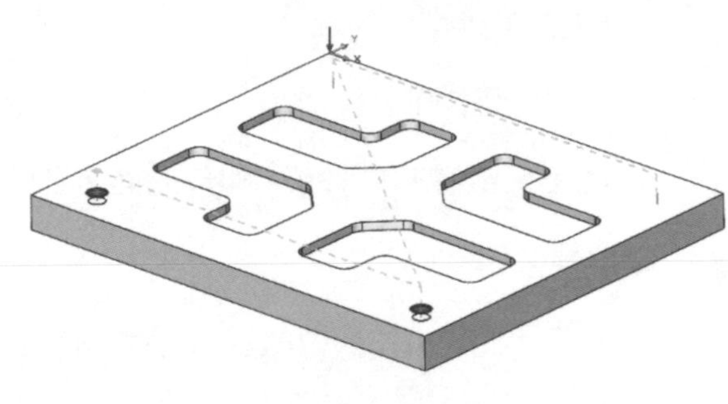

STEP 4 模擬刀具路徑

執行**模擬刀具路徑**，並點選**顯示殘料**，確認結果是否符合預期。

點選**確定**關閉模擬。

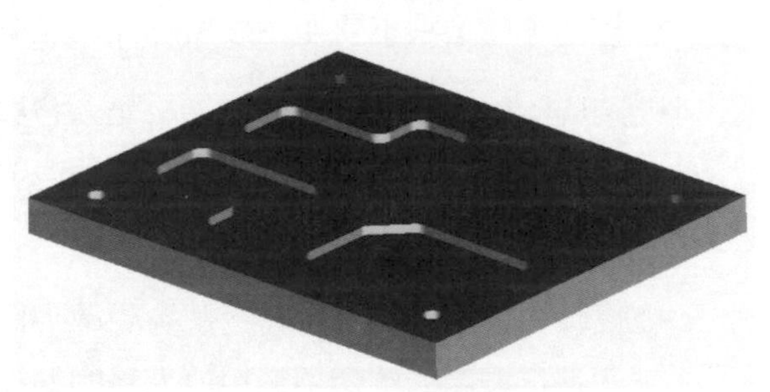

STEP 5 關閉檔案，但不需要儲存檔案

STEP 6 重新開啟檔案

STEP 7 從銑削工件加工面鏡射刀具路徑

請至加工計劃管理員，在銑削工件加工面 1 上按滑鼠右鍵，並選擇編輯定義。於**進階**的分頁中，勾選**鏡射刀具路徑**。

點選**鏡射物件**，進入**已選軸**的對話框，選擇前基準面作為鏡射的參考面。點選**全部套用**。畫面會出現提示訊息，確認您是否要將刀具路徑全部鏡射。點選**是**，並重新產生刀具路徑。

鏡射
☑ 鏡射刀具路徑
☐ 保持順銑/逆銑
☑ 保持原來的
鏡射物件...
X偏移量： 0mm
Y偏移量： 0mm

STEP 8 模擬刀具路徑

執行**模擬刀具路徑**，並點選**顯示殘料**，確認結果是否符合預期。

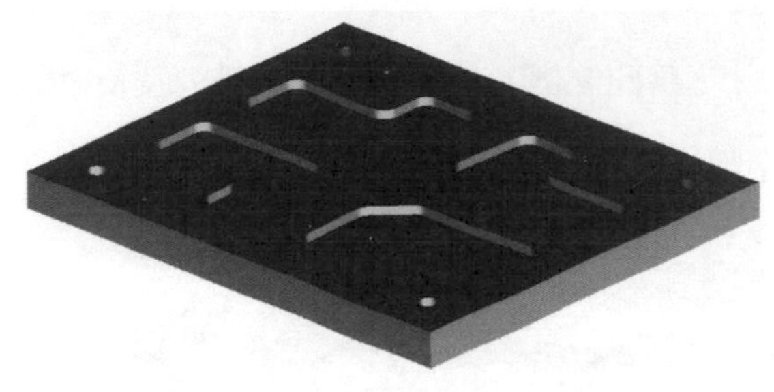

點選**確定**關閉模擬。

STEP 9 儲存並關閉檔案

練習 7-1 複製及鏡射刀具路徑

藉此範例，練習透過複製排列及鏡射的技巧，完成下列複雜零件。

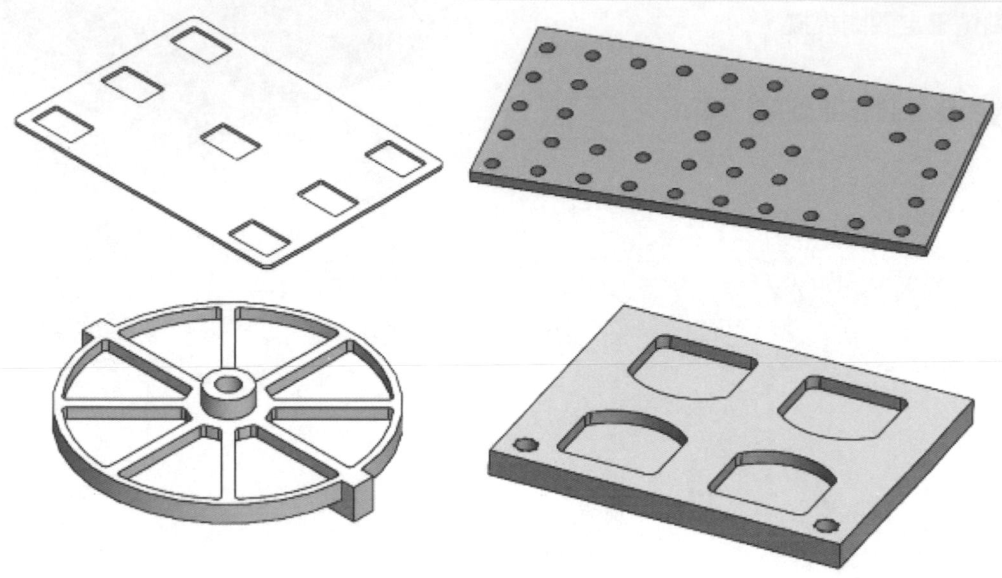

操作步驟

利用以下檔案，建立直線、環狀及草圖驅動複製排列，以及鏡射刀具路徑。

- Lab7_linpat.SLDPRT
- Lab7_cirpat.SLDPRT
- Lab7_sktchpat.SLDPRT
- Lab7_mirror.SLDPRT

STEP 1 開啟檔案

請至範例資料夾 Lesson 07\Exercises，並開啟檔案「Lab7_linpat.sldprt」。

STEP 2 建立直線複製排列

使用直線複製排列，將特徵矩形槽穴 1 的刀具路徑，複製給其他相同的特徵。

方向 1 的設定參數如下：

方向：選擇模型的水平邊線，作為複製排列的參考方向。**距離** 100mm。**數量** 3。

方向 2 的設定參數如下：

方向：選擇模型的垂直邊線，作為複製排列的參考方向。**距離** 70mm。**數量** 3。

忽略物件：根據畫面當中沒有槽穴的區塊，點選藍色點，將其設為忽略物件。

STEP 3 確認結果

將畫面切換至 SOLIDWORKS CAM 加工計劃管理員，並確認刀具路徑預覽。

STEP 4 開啟檔案

請至範例資料夾 Lesson 07\Exercises，並開啟檔案「Lab7_cirpat.sldprt」。

STEP 5 建立環狀複製排列

使用環狀複製排列，將特徵不規則槽穴 1 的刀具路徑，複製給其他相同的特徵。

軸：點選中心孔洞的邊緣線，以此圓心作為複製排列的參考方向。**全部角度** 360。**數量** 8。

STEP 6 確認結果

將畫面切換至 SOLIDWORKS CAM 加工計劃管理員，並確認刀具路徑預覽。

STEP 7 開啟檔案

請至範例資料夾 Lesson 07\Exercises，並開啟檔案「Lab7_sktchpat.sldprt」。

STEP 8 建立草圖驅動複製排列

使用草圖驅動複製排列，將特徵圓形槽穴 1 的刀具路徑，複製給其他相同的特徵。

可用有效的草圖：Sketch3。

STEP 9 確認結果

將畫面切換至 SOLIDWORKS CAM 加工計劃管理員，並確認刀具路徑預覽。

STEP 10 開啟檔案

請至範例資料夾 Lesson 07\Exercises，並開啟檔案「Lab7_mirror.sldprt」。

STEP 11 建立鏡射刀具路徑

使用鏡射刀具路徑，將銑削工件加工面 1 的所有刀具路徑，鏡射至另一側。

STEP 12 確認結果

將畫面切換至 SOLIDWORKS CAM 加工計劃管理員，並確認刀具路徑預覽。

STEP 13 儲存並關閉檔案

08

特徵與加工計劃的進階運用

順利完成本章課程後，您將學會：

- 建立雕刻特徵
- 建立曲線特徵
- 建立階級孔加工計劃
- 攻牙與牙紋銑削
- 倒角加工
- 建立多軸表面特徵

8.1 建立進階特徵

在之前的章節中，我們已經學習如何使用交互式的方式來建立加工特徵，例如：槽穴、開放槽或島嶼外形…。本章我們將學習一些進階的加工應用，例如曲線或者是雕刻特徵。

8.2 雕刻特徵

雕刻特徵主要運用在文字或者是圖案的加工，而它支援的特徵類型為 2D 草圖。如果您的草圖平行於銑削加工面，則此草圖即可作為雕刻特徵使用。而草圖的造型不限制於直線或圓弧、開放或封閉，甚至是自相交錯。刀具路徑中心將會沿著草圖進行切削。

8.2.1 範例練習：建立雕刻特徵

在此範例中，我們將練習如何使用文字草圖進行雕刻特徵的建立。

STEP 1 開啟檔案

請至範例資料夾 Lesson 08\Case Study，並開啟檔案「mill2ax_engrave.sldprt」。在此範例中，所有需要的特徵、加工計劃及刀具路徑皆已設定完畢。

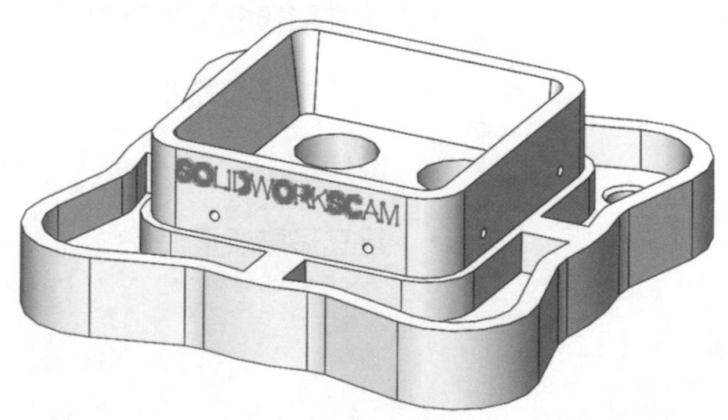

注意　此草圖所使用的字體為 OLF SimpleSansOC 字體，並且此草圖已經經由**解散草圖文字**解散為草圖了。

STEP 2 建立雕刻特徵

請至 SOLIDWORKS CAM 加工特徵管理員，於銑削工件加工面 2 上按滑鼠右鍵，並選擇 **2.5 軸特徵**。

2.5 軸特徵→類型：雕刻特徵。

可用草圖：SWCAM LOGO，作為雕刻特徵。

點選**終止條件**。

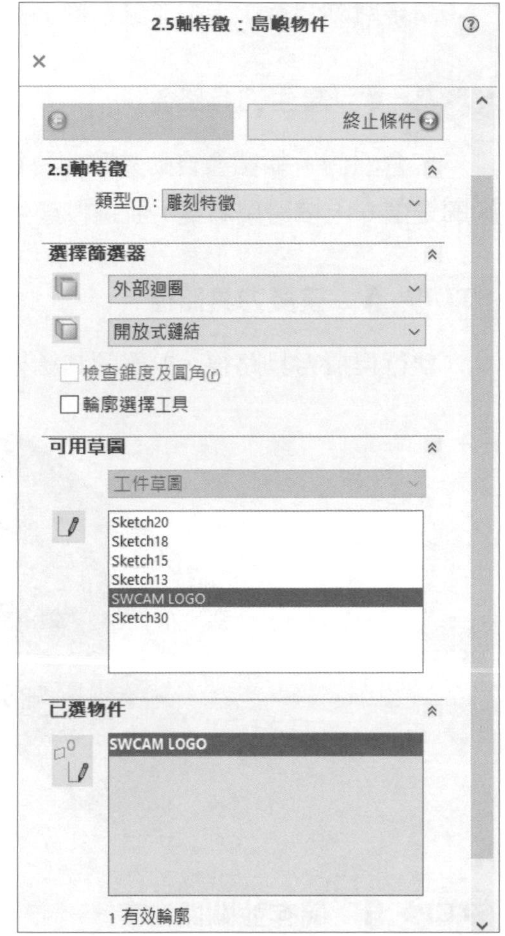

策略：Engrave（雕刻）。

加工深度：0.02in。

點選**確定**。

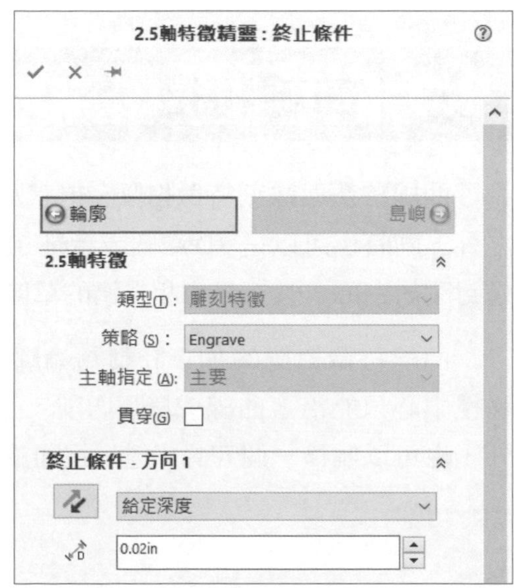

STEP 3 產生加工計劃

請至雕刻特徵 1 上按滑鼠右鍵，並選擇**產生加工計劃**。

STEP 4 產生刀具路徑

您會看到，軟體會自動為雕刻特徵加入一輪廓銑削，並使用 0.01in 的錐度球刀。請至輪廓銑削 6 上按滑鼠右鍵，並選擇**產生刀具路徑**。

STEP 5 模擬刀具路徑

執行模擬刀具路徑，並確認其結果。

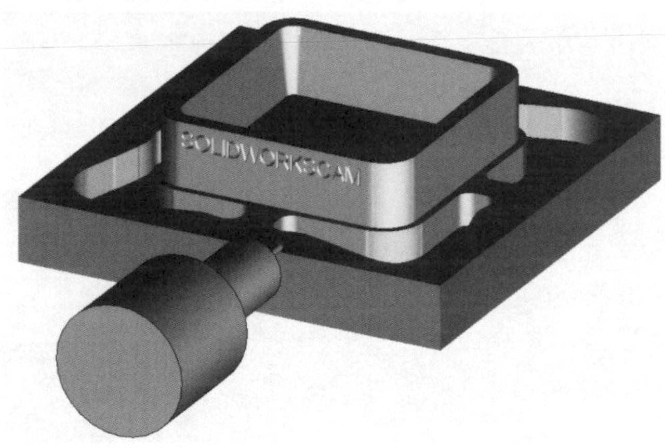

STEP 6 儲存並關閉檔案

8.3 曲線特徵

曲線特徵與雕刻特徵相似，但差別在於雕刻特徵只支援 2D 草圖，而曲線特徵除了 2D 之外，同時也可以是 3D 草圖或者是 3D 模型的邊線。曲線特徵可以是開放的輪廓，也可以是封閉的迴圈，甚至是自相交錯的草圖。

曲線特徵對應的加工計劃為輪廓銑削，而與雕刻特徵最大的不同在於雕刻特徵刀具路徑中心只能沿著曲線或草圖切削，而雕刻特徵除了讓刀具路徑中心走在曲線或草圖上之外，也可以偏移一個刀具半徑，進而讓刀具能沿著曲線切削。

8.3.1 範例練習：建立曲線特徵

在此範例中，我們將利用曲線特徵來加工此中空管材上方圓孔的位置。

STEP 1 開啟檔案

請至範例資料夾 Lesson 08\Case Study，並開啟檔案「mill2ax_curve.sldprt」。在此範例中，機器、素材、座標系統以及銑削工件加工面皆已設定完畢。

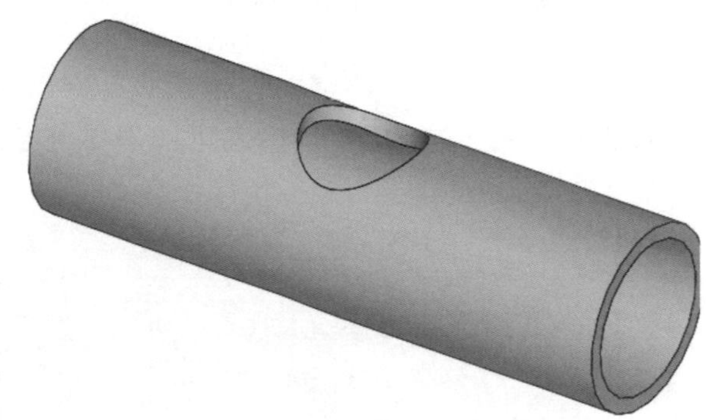

STEP 2 建立曲線特徵

請至 SOLIDWORKS CAM 加工特徵管理員，於銑削工件加工面 1 上按滑鼠右鍵，並選擇 **2.5 軸特徵**。

2.5 軸特徵→類型：曲線特徵。

選擇此中空管材上方圓孔的邊緣，作為我們要加工的特徵。

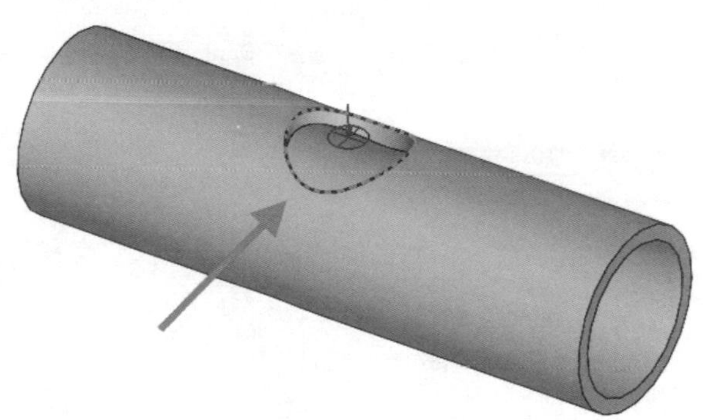

點選**終止條件**。

策略：輪廓銑削。

終止條件 - 方向 1：給定深度，且深度為 10mm。

點選**編輯特徵**選項。

確認刀具偏移的方向，如果方向與您預期相反，則點選**反轉方向**，將箭頭指向刀具所在的那一側。

點選**確定**。

STEP 3 產生加工計劃

在剛剛所產生的曲線特徵上按滑鼠右鍵，並選擇**產生加工計劃**。所產生的加工計劃為輪廓銑削 1。

STEP 4 開啟刀具路徑偏移

在輪廓銑削 1 上按滑鼠右鍵，並選擇編輯定義，進入輪廓銑削的參數設定畫面，並針對 **NC** 的分頁，將 **CNC 補償**勾選為邊界上。

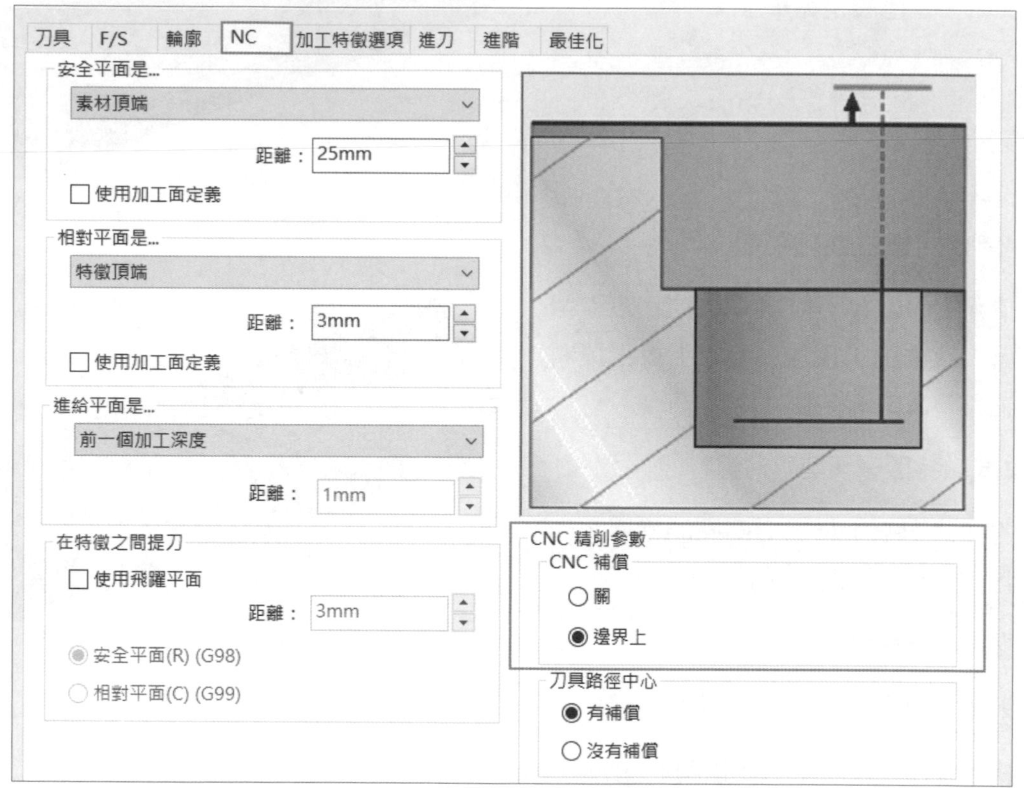

在 **CNC 補償**中，確認程式碼是否需要輸出 G41/G42。

- 關：刀具路徑無須補正，故狀態為 G40。
- 邊界上：因刀具路徑會偏移半徑值，因此需輸出 G41/G42。

在**刀具路徑中心**中：

- 有補償：刀具路徑會與曲線特徵相差一個半徑值，代表刀具會沿著曲線加工。
- 沒有補償：刀具路徑無須偏移一個半徑值，因此刀具直接走在曲線上。

點選**確定**。

STEP 5 產生刀具路徑並模擬刀具路徑

請至輪廓銑削 1 上按滑鼠右鍵，並選擇**產生刀具路徑**。再至計算好的輪廓銑削 1 上按滑鼠右鍵，並選擇**模擬刀具路徑**，確認其結果是否正確。

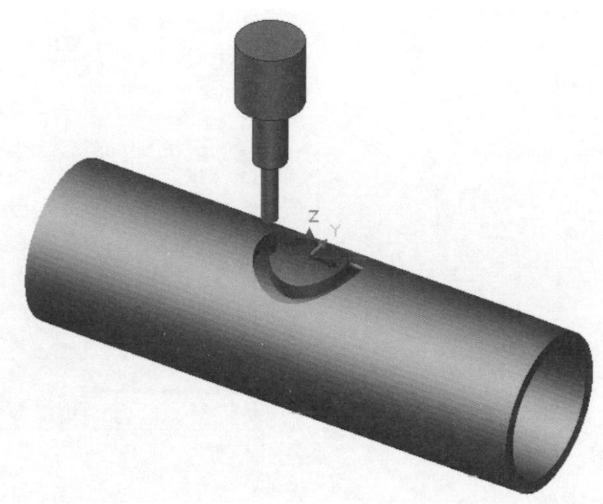

STEP 6 儲存並關閉檔案

8.4 階級孔

階級孔通常運用在模具或者機械加工等運用。階級孔特徵對應的加工方式與孔特徵類似，通常會搭配鑽中心孔及鑽孔。除此之外還需要搭配其他的加工方式，例如粗銑或輪廓銑削來完成階級孔的加工。而這些加工方式可以儲存在加工技術資料庫，進而形成一個策略。

8.4.1 範例練習：階級孔加工

在此範例中，我們將試著藉由多種加工計劃的組合來完成一個階級孔特徵的加工。

STEP 1 開啟檔案

請至範例資料夾 Lesson 08\Case Study，並開啟檔案「mill2ax_stephole.sldprt」。在此範例中，機器、素材、座標系統皆已設定完畢。

STEP 2 變更零件顯示狀態

為了能清楚看到零件內部，我們可以在 SOLIDWORKS 樹狀結構項次當中，在此零件上按滑鼠右鍵，並選擇**最上層透明度**。

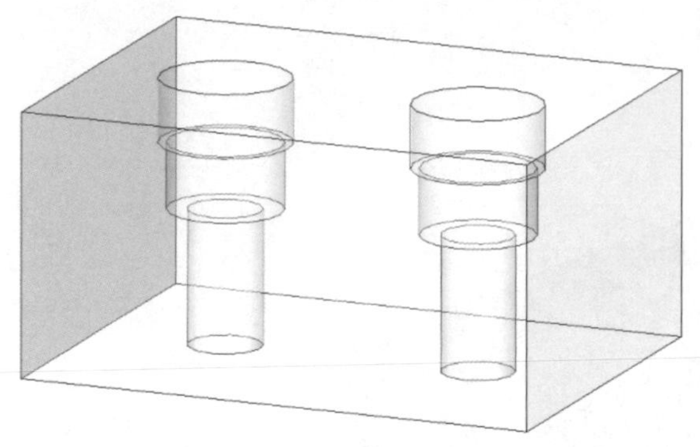

STEP 3 執行特徵辨識

點選**提取加工特徵**。您會得到一階級孔群組，將其展開，您會看到裡面有兩個階級孔。

STEP 4 檢視特徵參數

請至階級孔特徵，並按滑鼠右鍵選擇**參數設定**。於下方**階級數量**的對話框當中，軟體會列出階級孔的層數，點選您想知道的階級，則在右邊的欄位當中即可得知此段階級孔的相關參數。

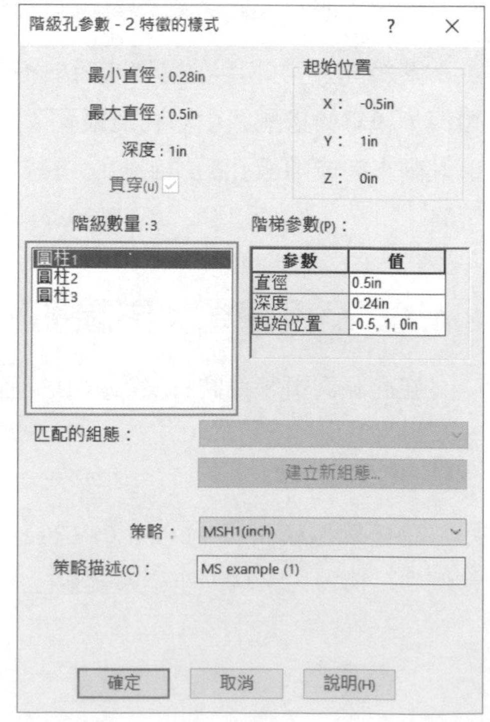

策略：透過下拉式選單，選擇 **MSH1(inch)**。

當您選擇完策略之後，於對話框的右側，會立即顯示出策略所使用的加工刀具及相關參數。而這些參數都是源自於加工技術資料庫。

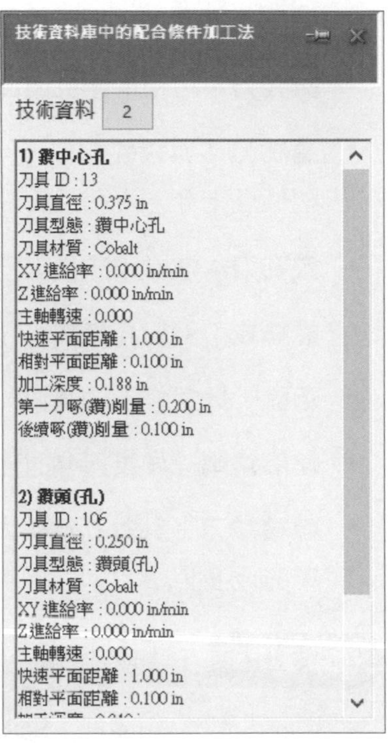

請注意，根據軟體內建值，您會得到兩個加工計劃，**鑽中心孔**及**鑽頭**。

點選**確定**。

STEP 5 產生加工計劃

點選**產生加工計劃**。您會得到兩把刀具，鑽中心孔及鑽頭。

清除警告訊息。

STEP 6 產生刀具路徑

點選**產生刀具路徑**。請注意，產生後的刀具路徑，僅針對第一階的階級孔進行加工。

孔加工操作

在之前的章節當中，我們已經學習到如何利用交互式的方式建立 2.5 軸加工，例如像是粗銑及輪廓銑削。而孔加工也是一樣的概念，您可以在孔特徵上按滑鼠右鍵，並選擇**孔加工操作**，即可手動加入與孔相關的加工計劃。

以下為孔特徵可以對應的加工計劃：

- **鑽中心孔**：用於鑽孔前，作為定位使用。
- **鑽孔**：將孔加工至我們所需要的尺寸及深度，通常會搭配循環指令。
- **錐孔刀**：可用於鑽孔前做為定位孔，或者鑽孔後，做為倒角使用。
- **搪孔刀**：與鉸孔類似，但通常是搭配單一刀刃的刀片，具有較高的精度，並且必須搭配循環指令。
- **鉸孔刀**：通常用來放大已鑽孔的特徵，且同時可以使加工後的孔洞更加光滑。
- **螺絲攻**：針對孔徑較小的牙紋，可以使用螺絲攻。
- **粗銑**：針對較大的孔洞，除了用鑽削的方式之外，也可以用銑削的方式進行除料。
- **輪廓銑削**：如果所剩的殘料不多的情況之下，可以透過輪廓銑削，將剩餘殘料清除。
- **螺紋銑刀**：針對孔徑較大的牙紋，我們可以用螺紋銑刀進行加工，螺紋銑刀又可分為單刃或多刃。

指令TIPS 孔加工操作 

- CommandManager：**SOLIDWORKS CAM →孔加工操作**。
- 功能表：**工具→ SOLIDWORKS CAM →建立→孔加工操作**。
- 工具列：**孔加工操作**。
- SOLIDWORKS CAM 加工計劃管理員：在**孔特徵**上按滑鼠右鍵，並選擇**孔加工操作**。
- SOLIDWORKS CAM 刀具樹狀圖：在所需要的刀具上按滑鼠右鍵，並選擇**孔加工操作**。

STEP 7 加入孔操作

請至 CommandManager 的 SOLIDWORKS CAM 分頁中點選**孔加工操作**。

根據以下條件，設定孔加工所需要的加工方式：

- **加工法**：選擇粗銑，取消勾選**建立時編輯加工法**。

- **刀具**：T01-0.25 端銑刀。
- **特徵**：MS Hole Group1。

點選**參數**，進入**可加工孔參數**。

根據以下條件設定孔特徵：

- **起始孔 / 結束孔**：孔特徵的起始位置→圓柱 1，上。孔特徵的結束位置→圓柱 2，上。
- **孔直徑**：點選 並選擇圓柱 1。

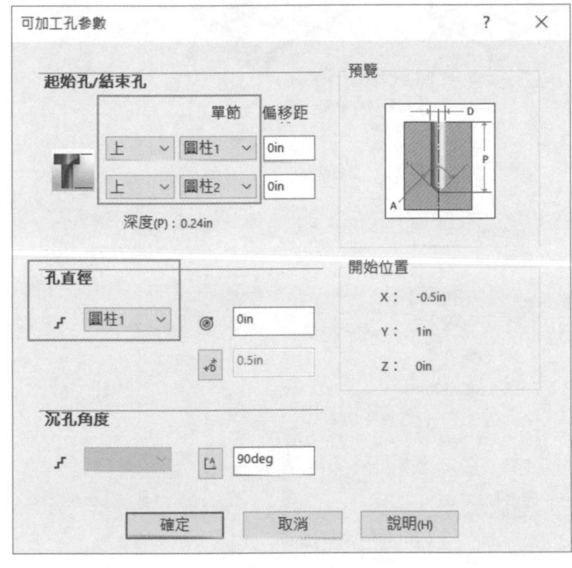

點選**確定**並關閉**可加工孔參數**。

點選**確定**。

STEP 8 建立第二階孔加工

重複上述動作，針對第二階的孔加入粗銑的加工計劃。

- **起始孔 / 結束孔**：孔特徵的起始位置→圓柱 2，上。孔特徵的結束位置→圓柱 3，上。
- **孔直徑**：點選 並選擇圓柱 2。

STEP 9 修改粗加工進刀類型

針對粗銑 1 及粗銑 2，修改**下刀→方法**為螺旋式。

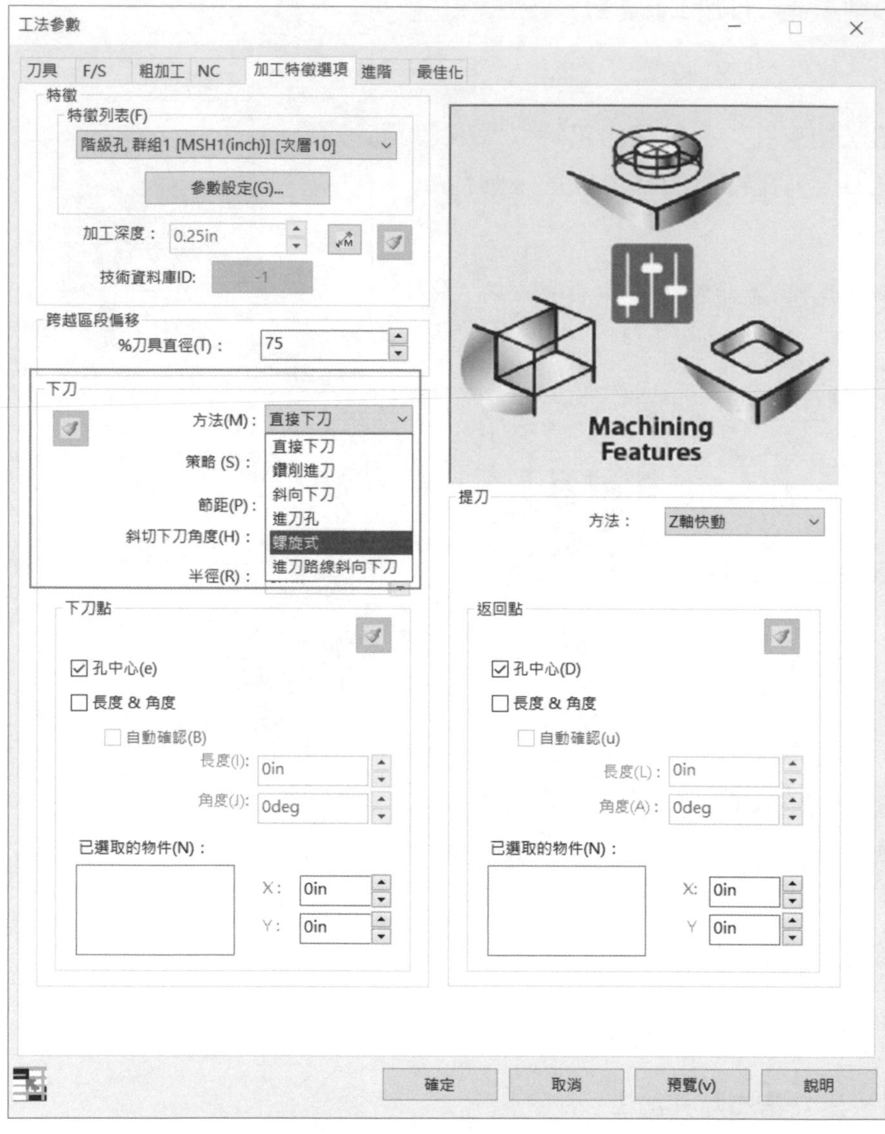

STEP 10 重新排序加工計劃

透過拖曳放置，將粗銑加工計劃，移至鑽中心孔之前。

銑削工件加工面1 [群組1]
粗銑1[T01 - 0.25 端銑刀]
粗銑2[T01 - 0.25 端銑刀]
鑽中心孔1[T17 - 3/8 x 90DEG 鑽中心孔]
鑽頭(孔)1[T15 - 0.25x135° 鑽頭(孔)]
Recycle Bin

STEP 11 修改鑽中心孔參數

在鑽中心孔加工計劃上按滑鼠右鍵，並選擇編輯定義。再將畫面切換至加工特徵選項。點選**參數設定**。

請根據以下條件設定孔特徵：

- **起始孔 / 結束孔**：孔特徵的起始位置→圓柱 3，上。孔特徵的結束位置→圓柱 3，下。
- **孔直徑**：點選 並選擇圓柱 3。

點選**確定**，關閉**可加工孔參數**。

點選**確定**。

STEP 12 修改鑽頭參數

請根據以下條件設定孔特徵：

- **起始孔 / 結束孔**：孔特徵的起始位置→圓柱 3，上。孔特徵的結束位置→圓柱 3，下。
- **孔直徑**：點選 並選擇圓柱 3。

點選**確定**，關閉**可加工孔參數**。

點選**確定**。

勾選**加入刀尖長度**。

點選**確定**。

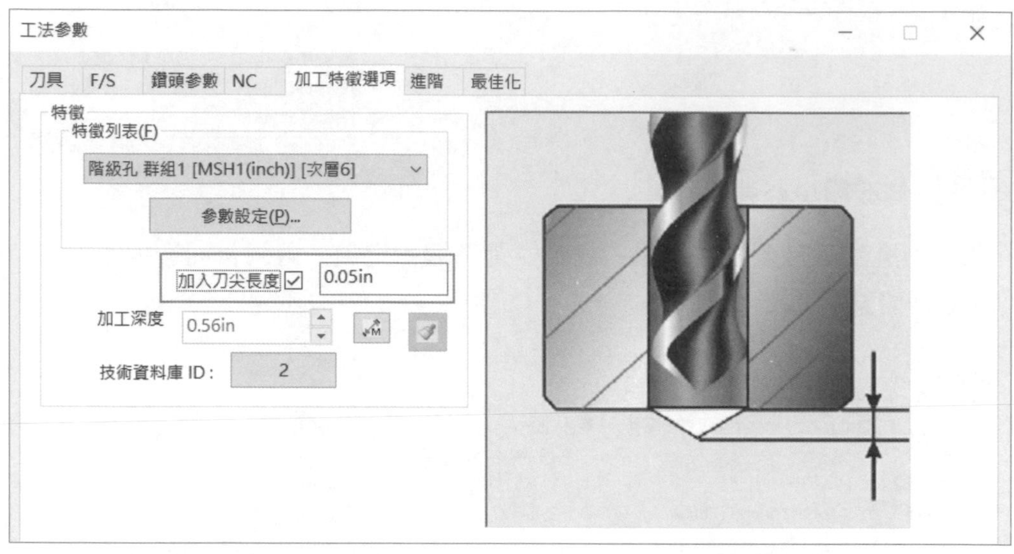

STEP 13 產生刀具路徑

選擇粗銑 1 及粗銑 2，並按滑鼠右鍵選擇**產生刀具路徑**。

STEP 14 模擬刀具路徑

確認刀具路徑模擬結果如下圖。

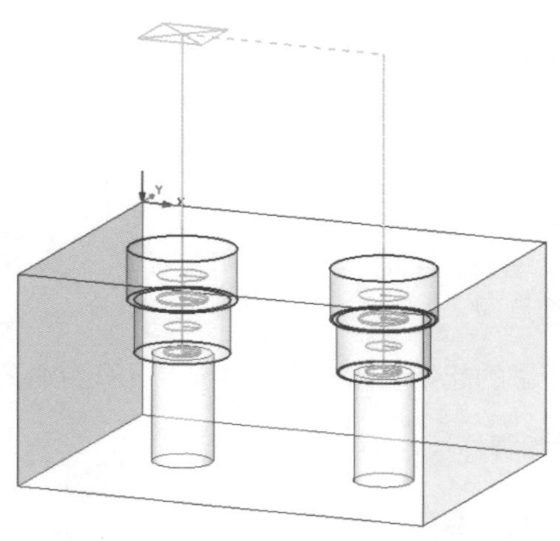

STEP 15 儲存加工計劃

請至 SOLIDWORKS CAM 加工特徵管理員，於階級孔特徵上按滑鼠右鍵，並選擇**儲存加工計劃**。

接著給予此加工策略一個新的名稱。如此一來，當下次遇到類似階級孔時，便會帶出粗銑。

點選**確定**。

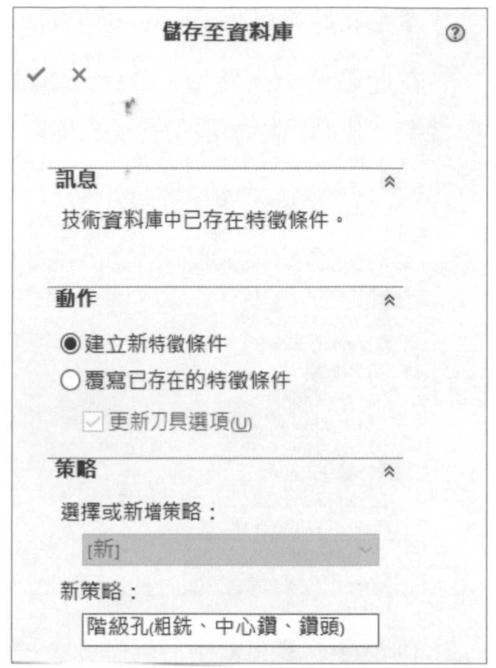

STEP 16 儲存並關閉檔案

8.5 螺絲攻與螺紋銑刀

通常我們在 SOLIDWORKS 當中，針對螺紋的部分，是以圓孔搭配孔標註的方式呈現。因此當您執行特徵辨識或者是透過交互式建立特徵時，所得到的特徵只會有孔。因此您必須要透過更改加工策略或者以手動的方式加入螺紋的加工。而螺紋的加工又可以分為螺絲攻及螺紋銑刀，接下來我們將來學習如何建立螺絲攻及螺紋銑刀的加工計劃。

8.5.1 範例練習：螺絲攻與螺紋銑刀

在此範例中，將使用 AFR 的方式建立孔特徵，並修改特徵的加工策略來建立螺紋銑削。

STEP 1 開啟檔案

請至範例資料夾 Lesson 08\Case Study，並開啟檔案「mill2ax_threadmill.sldprt」。

在此範例中，機器、素材、座標系統皆已設定完畢。並且在 SOLIDWORKS CAM 選項當中，我們已經預設勾選了只提取孔特徵。

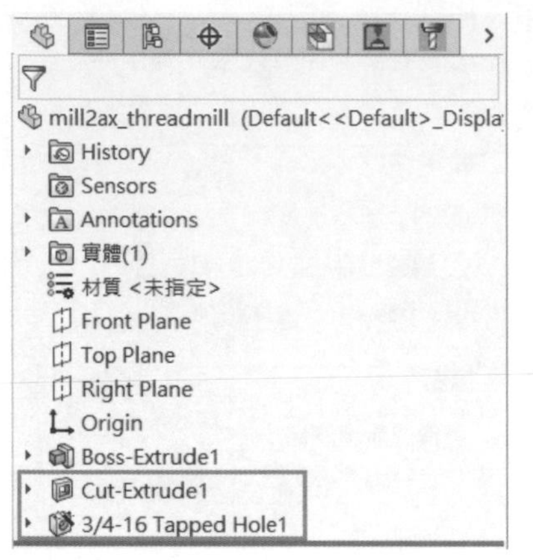

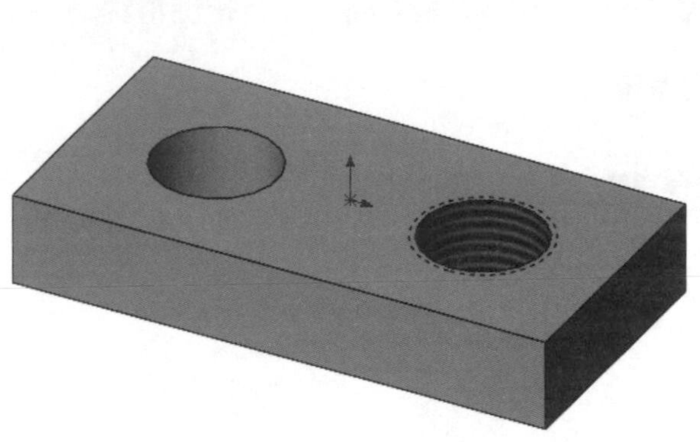

請注意，畫面當中的兩個孔，一個是使用伸長除料繪製的，而另一個則是使用異形孔精靈，並且具有孔標註。

STEP 2 建立孔特徵

點選**提取加工特徵**，雖說外型幾何都一樣，但根據繪圖手法的不同，軟體會將其分類為兩種規格的。因此您會得到孔特徵 1 及孔特徵 2，且孔 1 的預設策略為螺絲攻，而孔 2 的預設策略為鑽孔。

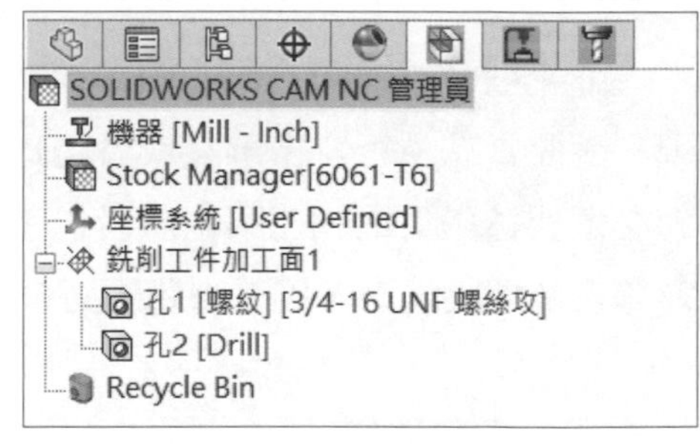

注意，如果您接著產生加工計劃，因為預設策略的不同，孔 1 會得到三把刀具，而孔 2 則會得到 2 把刀具。

STEP 3 修改加工策略

請在孔 1 上快按滑鼠左鍵兩下，進入參數設定的畫面。請注意，目前的銑削**策略**為 Thread，方法為攻牙，將其改選回銑削。此處的**螺紋參數**，是根據異形孔精靈而來的。

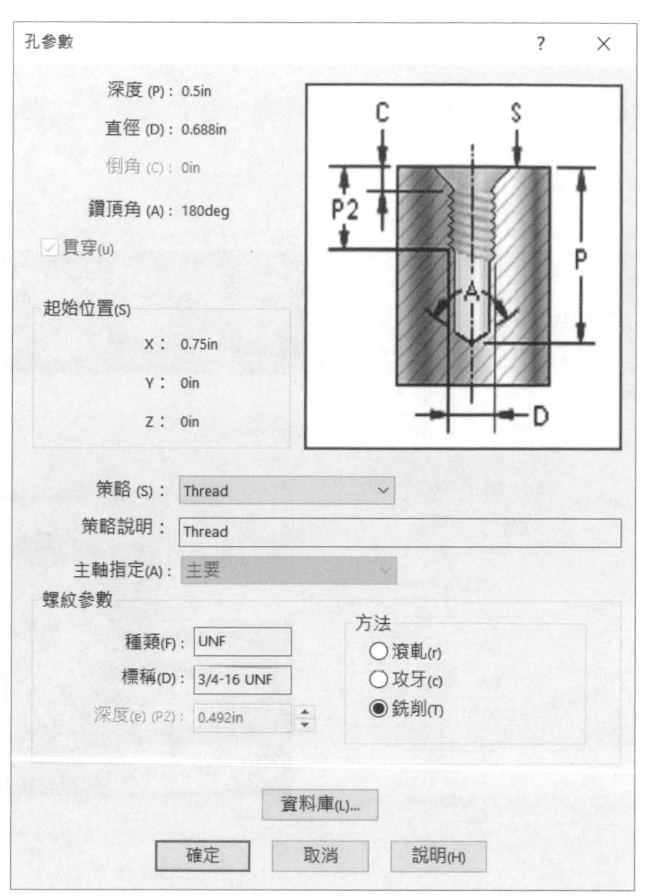

提示 如果您想要讓特徵辨識能辨識您的螺紋孔，請於異形孔精靈的參數設定中，勾選**有螺紋標註**，如此一來特徵辨識才能辨識您的螺紋孔。但此功能目前僅有支援英文介面，如果您想要使用此功能，請於開啟新檔時，選擇使用英文的範本。

注意 在**螺紋參數**的對話框當中，會顯示特徵辨識判別的螺紋規格，確認是否與您預期的一致，如果不是，則點選**資料庫**並選擇正確的螺紋規格。

點選**確定**。

同樣在孔 2 上快按滑鼠左鍵兩下，進入編輯畫面。

修改**策略**為 Thread。

修改**方法**為銑削。

點選**確定**。

STEP 4 產生加工計劃

點選**產生加工計劃**，此時兩孔特徵的加工計劃，都會更新為 3 把刀具，並使用螺紋銑刀的方式進行加工。

技巧

您可以針對螺紋銑刀的加工計劃，快點滑鼠左鍵兩下進入編輯畫面，並調整加工參數。

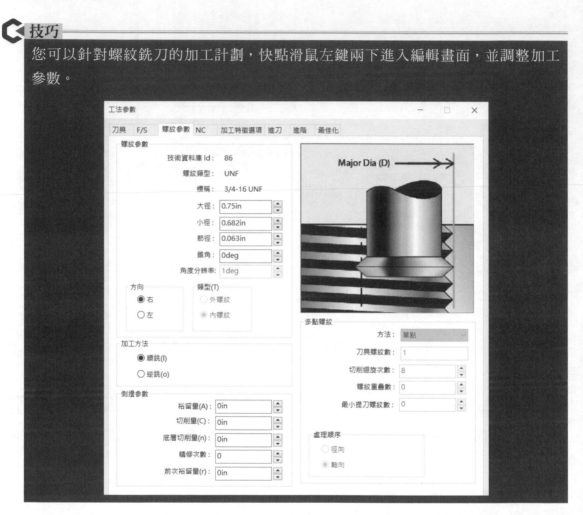

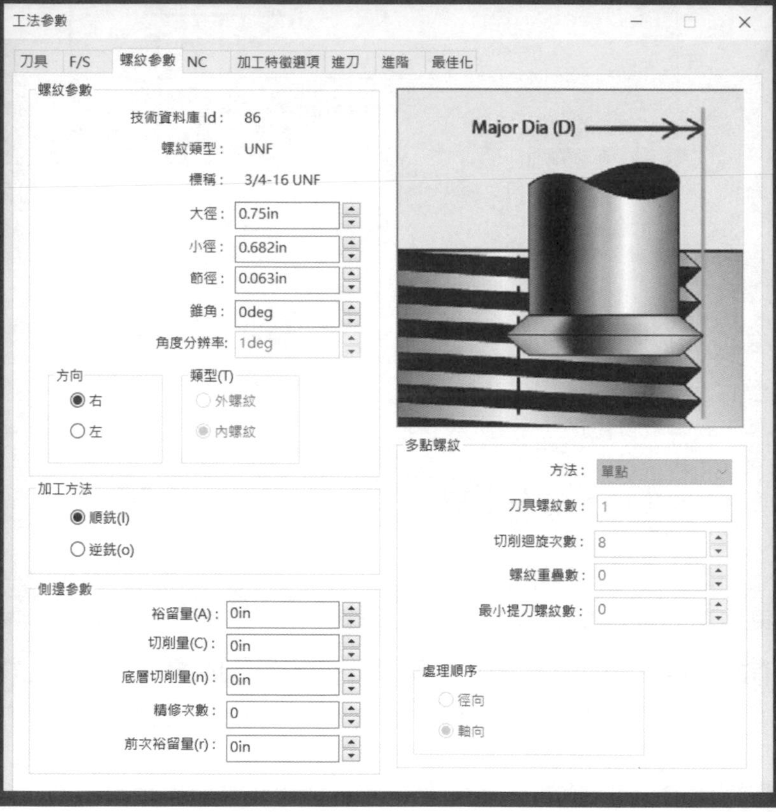

STEP 5 產生刀具路徑並模擬

點選**產生刀具路徑**，並執行**模擬刀具路徑**，確認結果是否如預期。

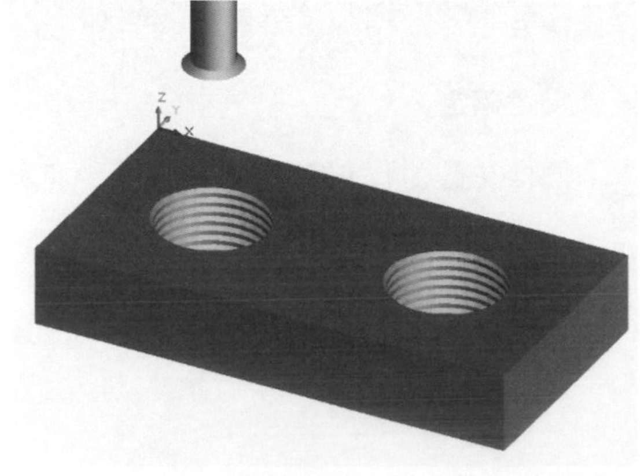

STEP 6 儲存並關閉檔案

8.6 圓角與倒角加工

當零件加工的時候，往往會運用到圓角或倒角來去除毛邊、減少割傷進而提升質感…，而這類的加工往往都是使用成型刀具來進行的，而特徵則是根據零件的幾何。在接下來的範例中，我們將來學習如何運用圓角及倒角兩種加工方式。

8.6.1 範例練習：圓角與倒角加工

在此範例中，我們將學習如何加工圓角及倒角。而倒角的部分根據圖面的不同，有的人會把倒角畫出來，而有的則不會，因此我們就來看看這兩種情境該如何應對。

STEP 1 開啟檔案

請至範例資料夾 Lesson 08\Case Study，並開啟檔案「mill2ax_rndcmf.sldprt」。在此範例中，機器、素材、座標系統，甚至部分的加工特徵及計劃皆已設定完畢。

STEP 2 模擬刀具路徑

執行**模擬刀具路徑**，並比對殘料。您會發現在此零件的周圍，以及中間槽穴的部分仍有殘料尚未銑削。

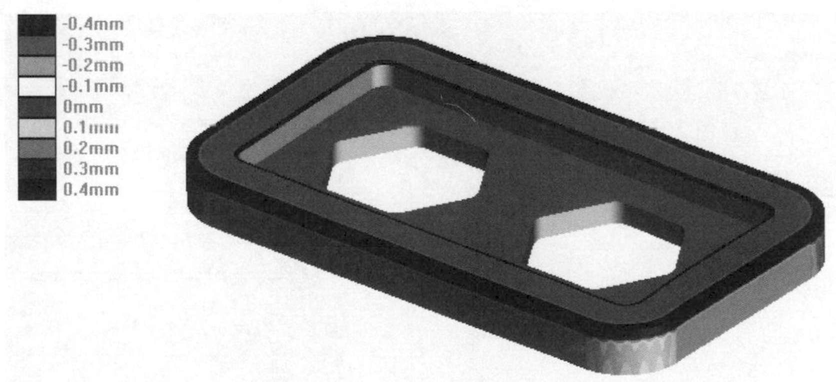

結束並關閉模擬。

STEP 3 建立圓角加工

使用 **2.5 軸銑削加工**，針對特徵 Rectangular Boss1 建立一**輪廓銑削**。

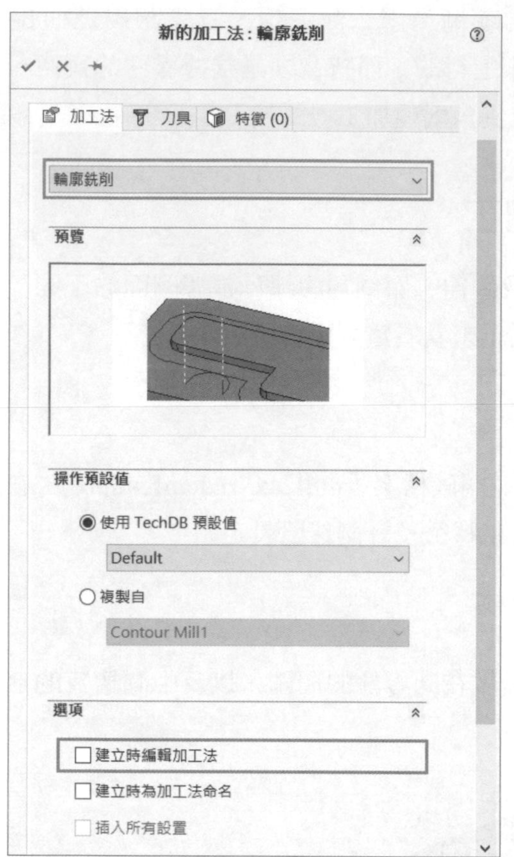

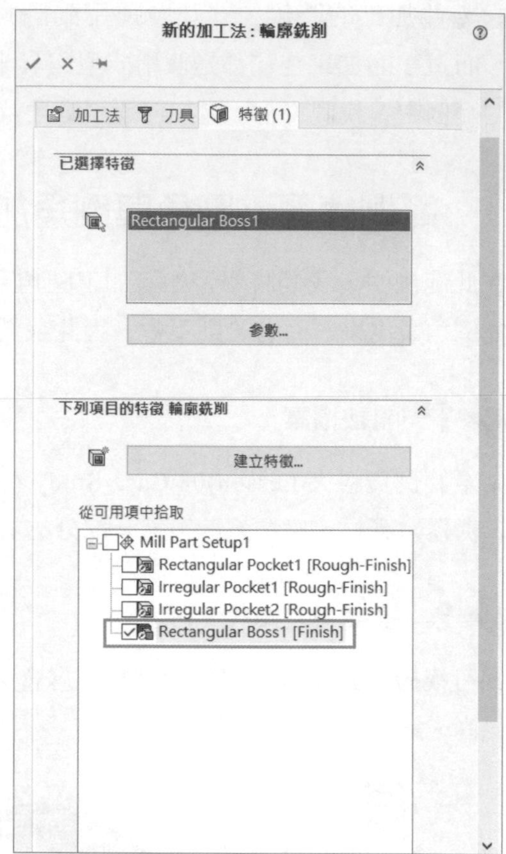

刀具的部分，因目前刀庫內沒有圓角刀，因此點選**新增**來加入一圓角刀。

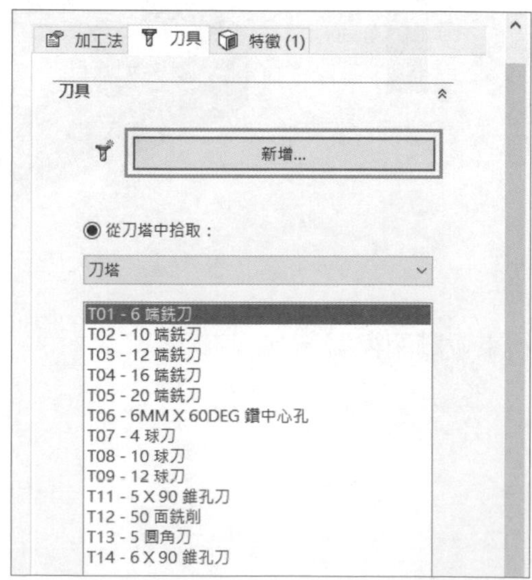

刀具類型：選擇**圓角刀**。

當您透過下拉式選單選擇圓角刀之後，於底下視窗所呈現的就是篩選之後可用之刀具。

選擇 5mm Rad CORNER ROUND 作為我們等會加工所使用之刀具。

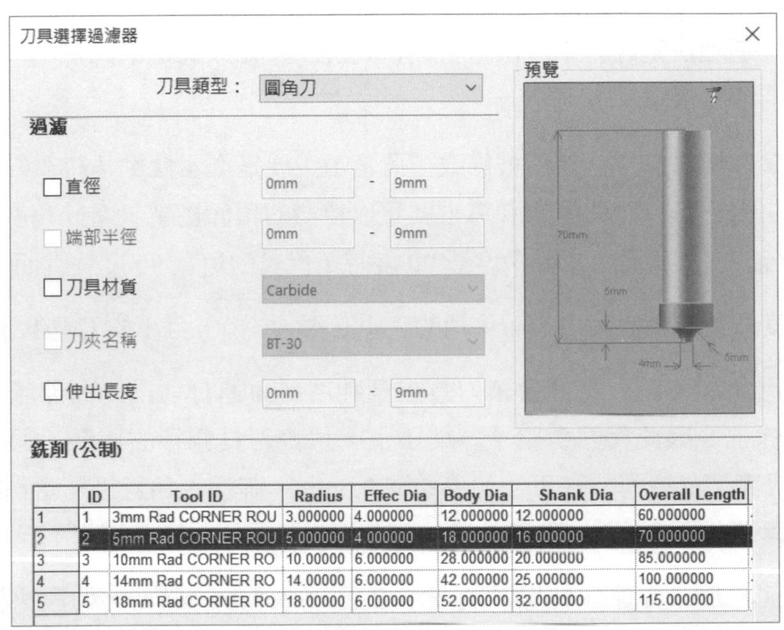

點選**確定**，關閉刀具選擇過濾器。選擇剛剛加入的 5mm Rad CORNER ROUND，並點選**確定**。加工計劃輪廓銑削 5 已經建立完畢。

STEP 4 產生刀具路徑

針對輪廓銑削 5 產生刀具路徑並模擬，您會看到圓角的部分已經加工完畢了。

點選**確定**並關閉模擬。

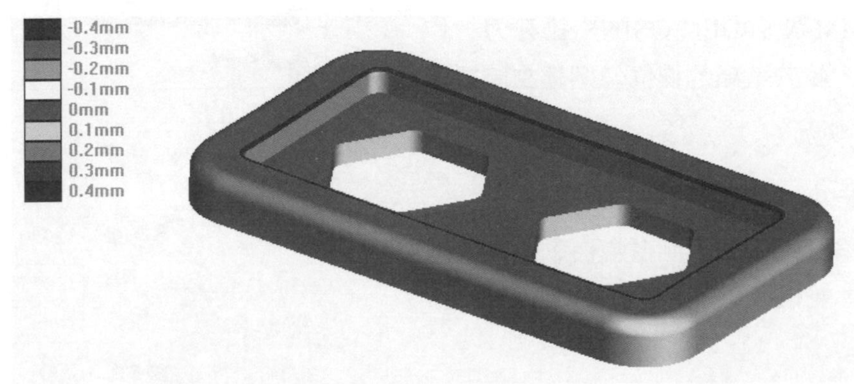

倒角加工

如果您想要針對特徵進行倒角的話，在輪廓銑削的加工計劃內，有一加工倒角選項可以勾選，一旦您勾選了此選項，則輪廓銑削將只會針對倒角的部分進行加工，且因為倒角的部分是由成型刀具加工而成的，因此在刀具的選用上您必須選擇錐孔刀或者是錐度端銑刀。

- **加工倒角**：選項決定此加工計劃是否為倒角加工，如果勾選了此選項，則分層量、裕留量…等選項將會被忽略。
- **角度**：此參數僅供參考且無法被修改，此選項主要是顯示此倒角特徵的角度，而倒角的角度取決於刀具。而角度的計算主要是以特徵的頂面為主，當此角度為 0 度時，代表倒角平行於 XY 平面；當此角度為 90 度時，代表倒角為 90 度垂直面。
- **長度**：長度即為倒角的大小，而倒角的大小必須大於 0，且小於刀具的半徑值。
- **間隙**：因倒角加工時，我們會讓刀具盡量利用斜面進行切削，而非讓刀具的尖點走在特徵邊緣上。因此我們會給予一間隙值，代表刀具偏移的距離。假設您給予間隙 0.5mm，代表刀具會同時往下及側邊偏移 0.5mm，確保倒角量仍為當初訂定的長度，且間隙值與倒角長度的值相加起來不可以超過刀具半徑，避免切削不足。
- **特徵邊**：倒角加工在建立特徵的時候，必須考慮圖形的幾何，假設來源圖面沒有倒角，且客戶要求倒角，則在此選項中必須選擇頂點。假設來源圖面已經先幫您倒角，則在建立特徵的時候，我們有時候會選擇已經倒角的邊緣線，這時您就必須將此選項選擇為外側邊線。

STEP 5 建立倒角加工於已倒角的邊線

使用 **2.5 軸銑削加工**，針對特徵 Rectangular Pocket1，建立一個**輪廓銑削**的加工計劃。

選擇 6MM X 90DEG C'SINK **錐孔刀**，作為使用刀具。並於選項的欄位勾選**建立時編輯加工法**。

點選**確定**。

此時，**輪廓銑削**的對話框會自動開啟。勾選**加工倒角**，並根據以下條件設定**倒角**。

選項
- ☑ 建立時編輯加工法
- ☐ 建立時為加工法命名
- ☐ 插入所有設置

倒角
- ☑ 加工倒角
- 角度(g)：45deg
- 長度：1.5mm
- 間隙：1mm
- 特徵邊：頂點

長度：1.5mm。

間隙：1mm。

特徵邊：頂點。

點選**確定**，加工計劃輪廓銑削 6 設定完畢。

STEP 6 產生刀具路徑

在輪廓銑削 6 上按滑鼠右鍵，並選擇產生刀具路徑。模擬並確認結果。

STEP 7 建立倒角加工於未倒角的邊線

使用 **2.5 軸銑削加工**，針對特徵 Irregular Pocket1，建立一個**輪廓銑削**的加工計劃。

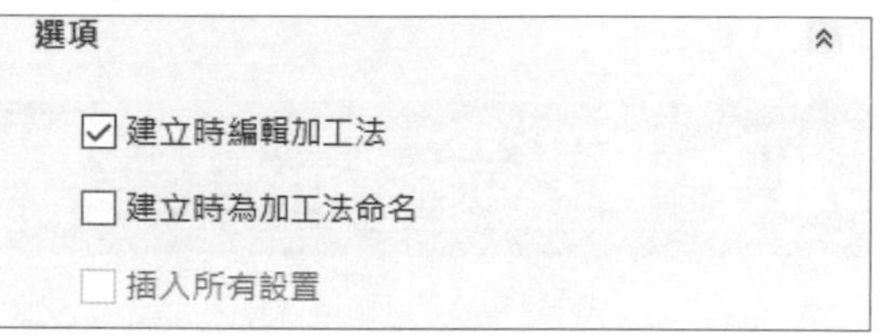

選擇 6MM X 90DEG C'SINK **錐孔刀**，作為使用刀具。並於選項的欄位勾選**建立時編輯加工法**。

點選**確定**。

此時，輪廓銑削的對話框會自動開啟。勾選**加工倒角**，並根據以下條件設定倒角。

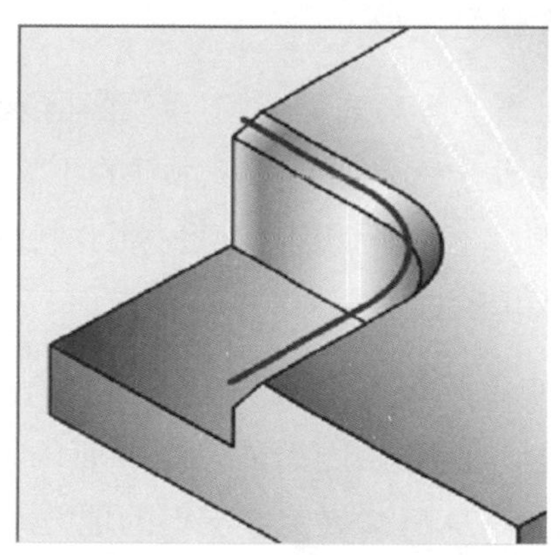

長度：1.5mm。

間隙：1mm。

特徵邊：頂點。

點選**確定**，加工計劃輪廓銑削 7 設定完畢。

重複上述步驟，設定特徵 Irregular Pocket2。

STEP 8 產生刀具路徑

針對輪廓銑削 7 及輪廓銑削 8 產生刀具路徑，模擬並確認結果。

STEP 9 儲存並關閉檔案

8.7 多軸表面特徵

在先前的章節當中，我們所使用的 2.5 軸加工，主要是加工 2D 的輪廓幾何，無法加工曲面。如果您想要加工曲面外型，則必須要先建立多軸表面特徵。而在 SOLIDWORKS CAM 當中提供了三種加工計劃，依序為：區域加工、Z 軸加工層（等高式）、平坦區域。

區域加工為典型的粗加工，主要用於快速地移除大部分零件的素材，後續還需要搭配精加工將表面修至光滑。

Z 軸加工層（等高式），以下我們簡稱為 Z 軸等高。它通常用於曲面的精修，而它生成刀具路徑的原理，就是透過與多水平的平面來切割曲面，將其拆分為一層又一層的輪廓，並且利用球刀由上往下切削，藉此達到精修的目的。而 Z 軸等高適用於較為陡峭的曲面，不適合加工平坦的曲面。

您可以使用平坦區域來加工模型平坦的部位。平坦區域主要是透過類似 2.5 軸粗加工的刀具路徑，例如由內而外、由外而內、往復或單向…，來去除零件上剩餘的殘料。SOLIDWORKS CAM 會在完全平坦的地方產生刀具路徑。

> **提示** 您仍然可以透過交互的方式針對平坦的區塊手動加入 2.5 軸特徵，並產生 2 軸移動的加工計劃。而同樣的，您可以加入加工區域級防護區域來選擇要加工的區塊或避開不需要加工的地方。

指令TIPS 多軸表面特徵

- CommandManager：先選擇一銑削工件加工面，接著點選 **SOLIDWORKS CAM→特徵→多軸表面特徵**。
- 功能表：先選擇一銑削工件加工面，接著點選**工具→ SOLIDWORKS CAM →建立→特徵→多軸表面特**徵。
- SOLIDWORKS CAM 加工特徵管理員：在**銑削工件加工面**上按滑鼠右鍵，並選擇**多軸表面特徵**。

指令TIPS 3 軸加工計劃

- 工具列：先選擇一銑削工件加工面→ **3 軸銑削加工**。
- SOLIDWORKS CAM 加工特徵管理員：在**多軸表面特徵**上按滑鼠右鍵，並選擇 **3 軸銑削加工**。
- SOLIDWORKS CAM 加工計劃管理員：在**銑削工件加工面**上按滑鼠右鍵，並選擇 **3 軸銑削加工**。
- SOLIDWORKS CAM 刀具樹狀圖：在銑削工件加工面上選擇一把刀具按滑鼠右鍵，並選擇 **3 軸銑削加工**。

8.7.1 範例練習：建立多軸表面特徵

在此範例中，您將學習如何建立多軸表面特徵，並完成複雜曲面零件的加工。

STEP 1 開啟檔案

請至範例資料夾 Lesson 08\Case Study，並開啟檔案「mill2ax_cavity.sldprt」。

因此零件與其他的零組件相關聯，當您開啟此零件時，軟體會提示您是否開啟其他相關的文件。選擇**不要開啟任何參考文件**。

在此範例中，機器、素材、座標系統皆已設定完畢。

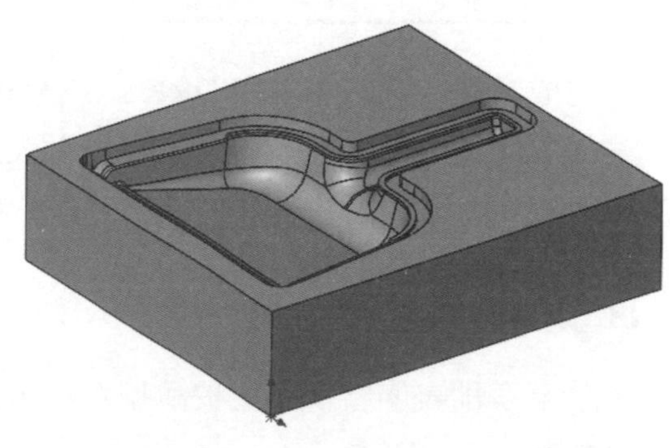

STEP 2 建立銑削工件加工面與多軸表面特徵

選擇此零件之頂面，將其定為銑削工件加工面的參考方向，並確認箭頭方向是否正確。

勾選**多軸表面特徵**。從**策略**的下拉式選單中，選擇 **Area Clearance, Z Level**（區域加工、Z 軸等高）。

點選**確定**。

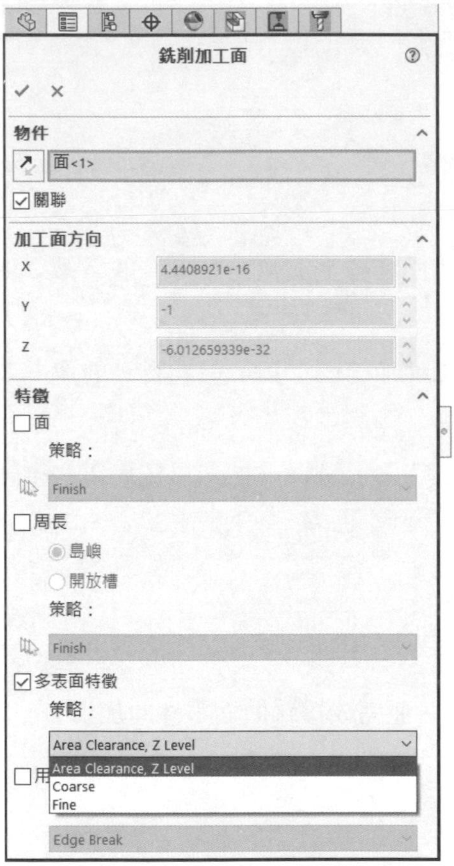

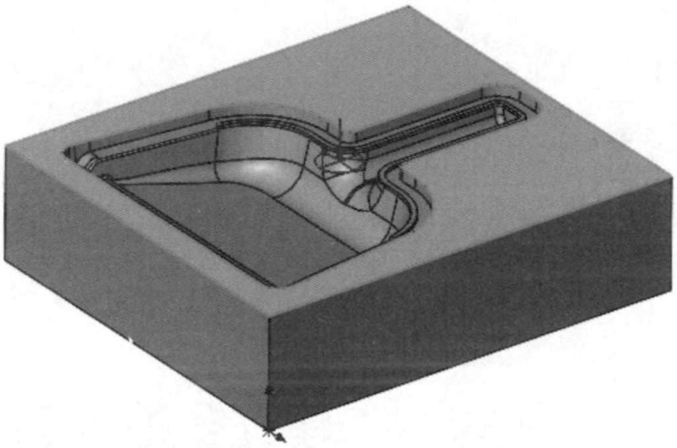

完成之後，在 SOLIDWORKS CAM 的加工特徵管理員中，您會看到我們已經建立了一銑削工件加工面，並且包含了一多軸表面特徵在此其中。如果您想要針對多軸表面特徵快速地建立區域加工及 Z 軸的話，這是一種快速的方式。

STEP 3 產生加工計劃

請至多軸表面特徵 1 上按滑鼠右鍵，並選擇**產生加工計劃**。

軟體會根據策略，在多軸表面特徵 1 上新增兩個加工計劃：區域加工及 Z 軸等高。

> **提示** 因**平坦區域**並非預設策略的加工計劃之一，您必須透過手動的方式新增至加工計劃管理員。
>
> 銑削工件加工面1 [群組1]
> 區域加工1[T05 - 20 端銑刀]
> Z 軸加工層(等高式)1[T08 - 10 球刀]
> Recycle Bin

STEP 4 產生刀具路徑並執行模擬

點選**產生刀具路徑**。

> **提示** 在計算刀具路徑的過程，SOLIDWORKS CAM 的訊息視窗會自動跳出，並顯示目前進度。
>
> SOLIDWORKS CAM過程訊息
>
> | 處理 | 動作 | 進度 (%) | 開始 |
> |---|---|---|---|
> | Z 軸加工層(等高式)1 | 正在連結刀具路徑... | 100 % | 11: |
> | 平坦區域1 | 正在產生偏移... | 100 % | 11: |
>
> 清除
>
> 刪除過程　　同步處理數量：5

點選**模擬刀具路徑**。

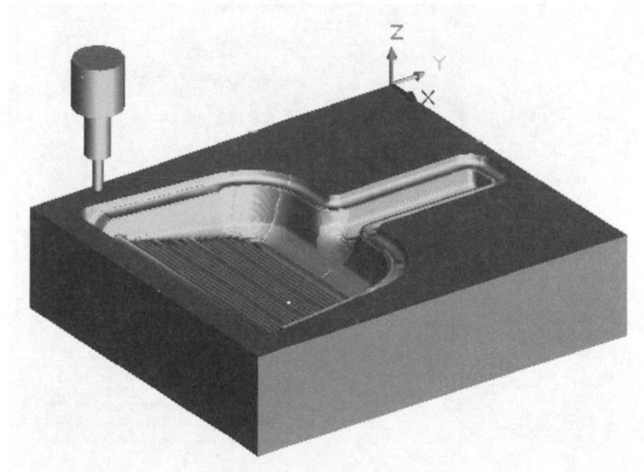

STEP 5 修改區域加工參數

您可以根據您的需求來設定區域加工的切削參數。

請至加工計劃管理員，在區域加工上快按滑鼠左鍵兩下，進入編輯畫面。將畫面切換至**模組**的分頁。

您可以根據需求選擇由內而外（模穴）或由外而內（模仁）。在此，我們選擇**由內而外**。

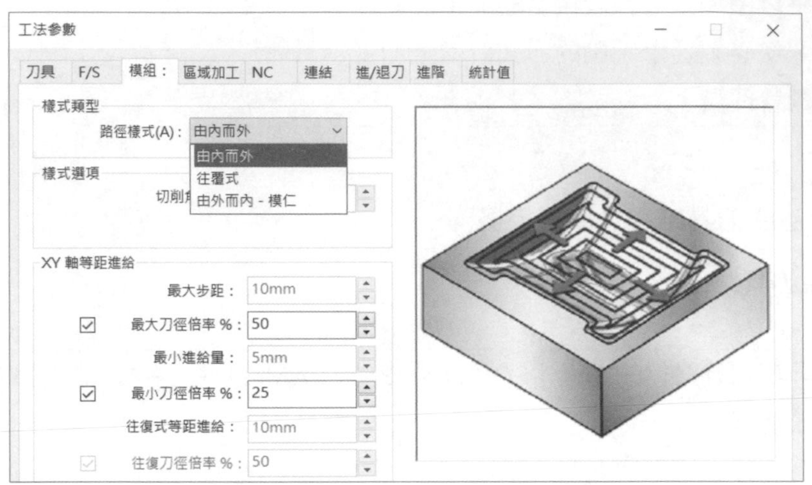

請將畫面切換至**區域加工**的分頁。

於**深度參數**的選項，將**方法**設定為**弦高**，並勾選**加工平面**。

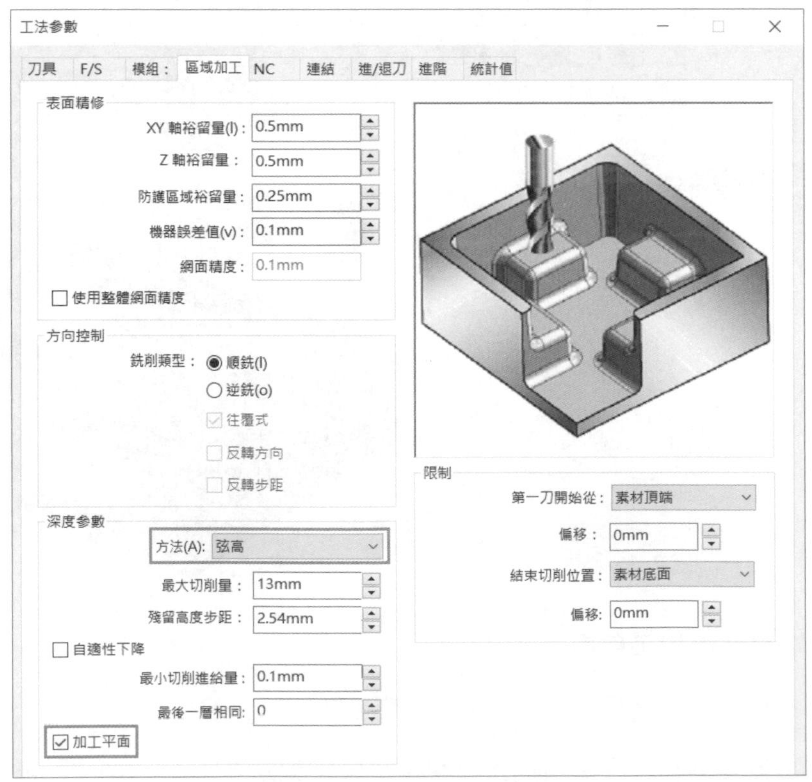

點選**確定**。再點選**是**，並重新產生刀具路徑。

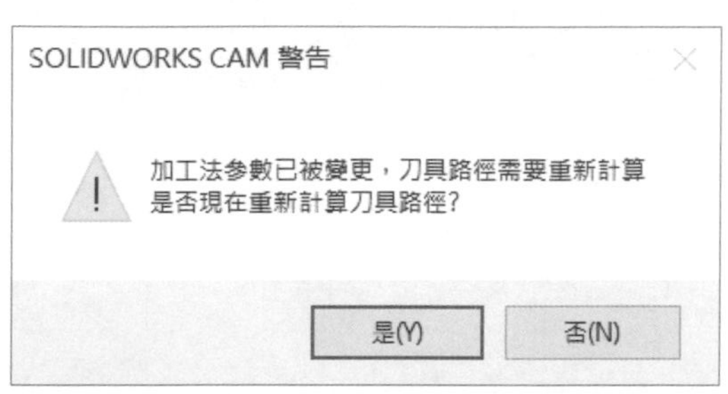
SOLIDWORKS CAM 警告
加工法參數已被變更，刀具路徑需要重新計算
是否現在重新計算刀具路徑?
是(Y)
否(N)

STEP 6 修改 Z 軸加工層（等高式）加工參數

請至加工計劃管理員，再 Z 軸加工層（等高式）上快按滑鼠左鍵 2 下，進入編輯畫面。

將畫面切換至 **Z 軸加工層（等高式）**的編輯頁面。於**深度參數**的選項，將**方法**設定為**弦高**，並勾選**加工平面**。

點選**確定**。再點選**是**，並重新產生刀具路徑。

STEP 7 模擬刀具路徑

執行**模擬刀具路徑**並確認結果。

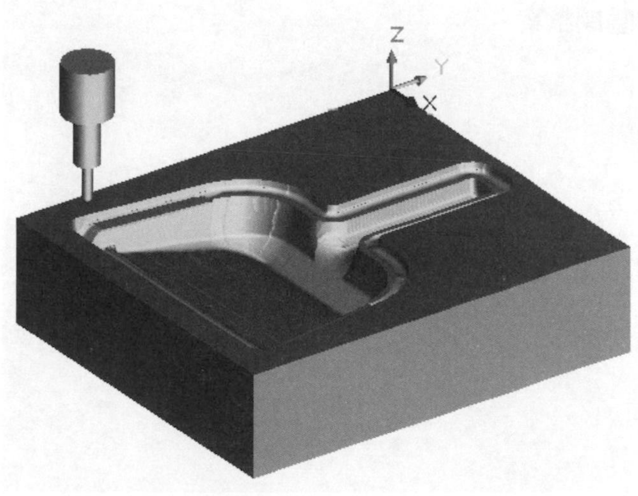
Z
Y
X

技巧

如果您希望直接跳過模擬並預覽切削結果，您可以勾選**高速模式**。

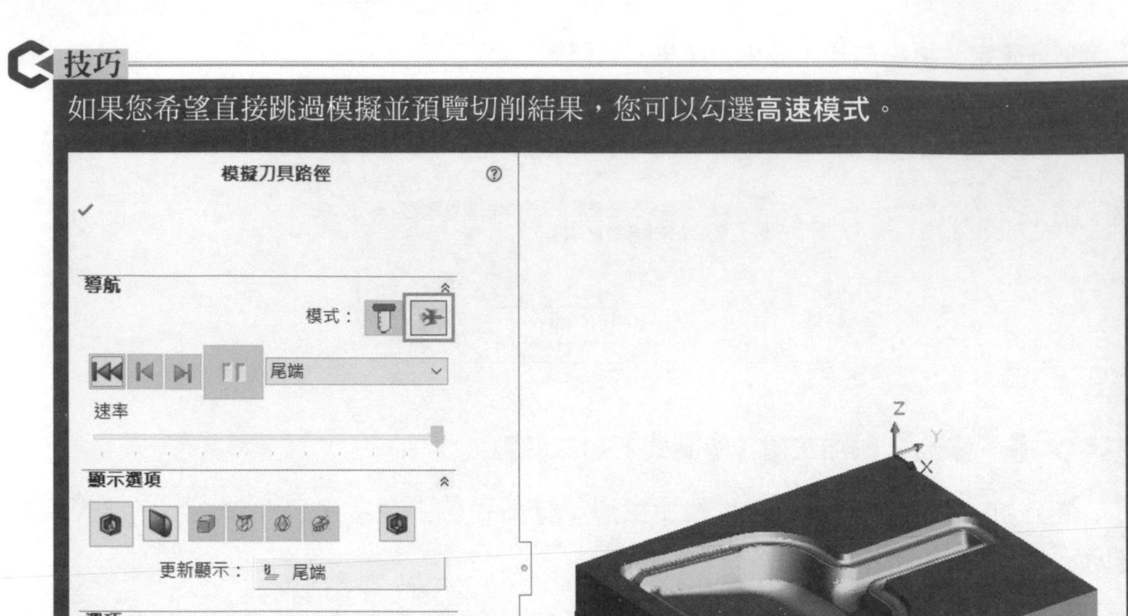

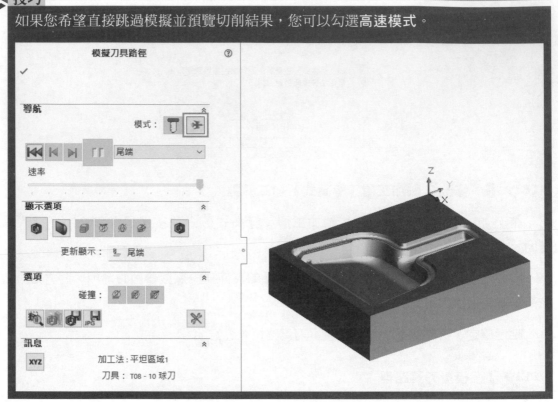

STEP 8 儲存並關閉檔案

練習 8-1 進階特徵及加工計劃

藉此範例，利用 SOLIDWORKS CAM 建立一雕刻特徵、階級孔特徵、圓角及倒角加工。

操作步驟

STEP 1 開啟檔案

請至範例資料夾 Lesson 08\Exercises，並開啟檔案「Lab8_advfeature.sldprt」。在此範例中，機器、素材、座標系統皆已設定完畢。

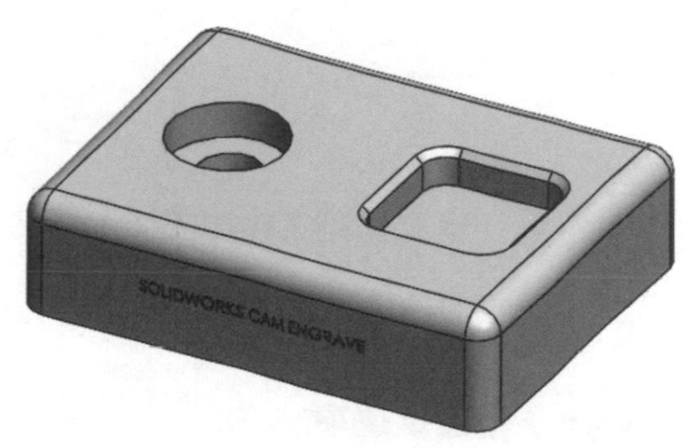

STEP 2 建立銑削工件加工面

建立銑削工件加工面用以加工側面的雕刻特徵。

STEP 3 建立雕刻特徵

2.5 軸特徵→類型：雕刻特徵。

使用草圖：Engrave_Sketch，作為雕刻特徵的參考。

終止條件：給定深度 0.05mm。

STEP 4 產生加工計劃及刀具路徑

產生加工計劃。

清除刀具的警告訊息。

產生刀具路徑。

STEP 5 **執行模擬**

執行模擬刀具路徑並確認結果。

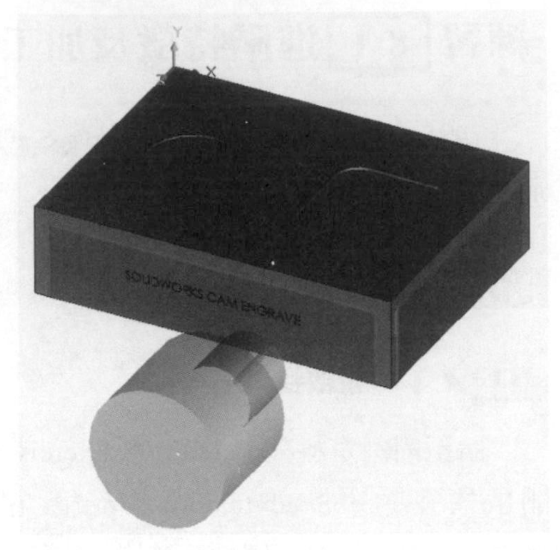

STEP 6 **建立銑削工件加工面**

以此零件的頂面作為加工面的參考方向，並在此方向加工階級孔、圓角及倒角。

STEP 7 **設定選項**

請至 SOLIDWORKS CAM 選項，設定自動辨識可加工特徵僅辨識**孔特徵**。

STEP 8 **提取加工特徵**

請至銑削工件加工面 2 上點選**辨識特徵**，軟體將會辨識出階級孔特徵。

STEP 9 **針對大孔產生加工計劃**

點選**孔加工操作**，針對較大的直徑特徵，建立**粗銑**加工計劃（圓柱 1）。

選擇特徵階級孔 1，設定圓柱 1 作為直徑的參考尺寸。選擇**刀具** T02-10 端銑刀。

STEP 10 **調整粗加工參數**

針對加工特徵選項，將**下刀**修改為**螺旋式**。

STEP 11 **針對第二階孔產生加工計劃**

點選**孔加工操作**，針對第二階孔，重複上述步驟建立**粗銑**加工計劃。

設定圓柱 2 作為直徑的參考尺寸。選擇**刀具** T02-10 端銑刀。

針對加工特徵選項，將**下刀**修改為**螺旋式**。

STEP 12 產生鑽中心孔加工計劃

點選**孔加工操作**，針對最小孔特徵，建立**鑽中心孔**加工計劃。

選擇特徵階級孔 1，並修改參數設定，將特徵的起點，設定為圓柱 3 之上緣。將特徵的終點，設定為圓柱 3 之下緣。

設定圓柱 3 作為直徑的參考尺寸。選擇**刀具** T06-6MM X 60DG Center Drill。

STEP 13 修改鑽中心孔加工參數

將畫面切換至 **NC** 的分頁。將**相對平面**，調整為**素材頂端**。

STEP 14 產生鑽頭加工計劃

點選孔加工操作，針對最小孔特徵，建立鑽頭加工計劃。

選擇特徵階級孔 1，並修改參數設定，將特徵的起點，設定為圓柱 3 之上緣，將特徵的終點，設定為圓柱 3 之下緣。

設定圓柱 3 作為直徑的參考尺寸。選擇刀具 T01-6 端銑刀。

STEP 15 修改鑽中心孔加工參數

將畫面切換至 **NC** 的分頁。將**相對平面**，調整為**素材頂端**。

STEP 16 產生刀具路徑並模擬

請至銑削工件加工面 2 上按滑鼠右鍵，並選擇**產生刀具路徑**。執行模擬刀具路徑，並確認結果。

STEP 17 建立槽穴特徵

2.5 軸特徵→類型：槽穴。

選擇篩選器：**轉換為迴圈**，並點選擇倒角底部的邊線。

終止條件：選擇此槽穴的底面。

策略：Rough-Finish。

點選**確定**。

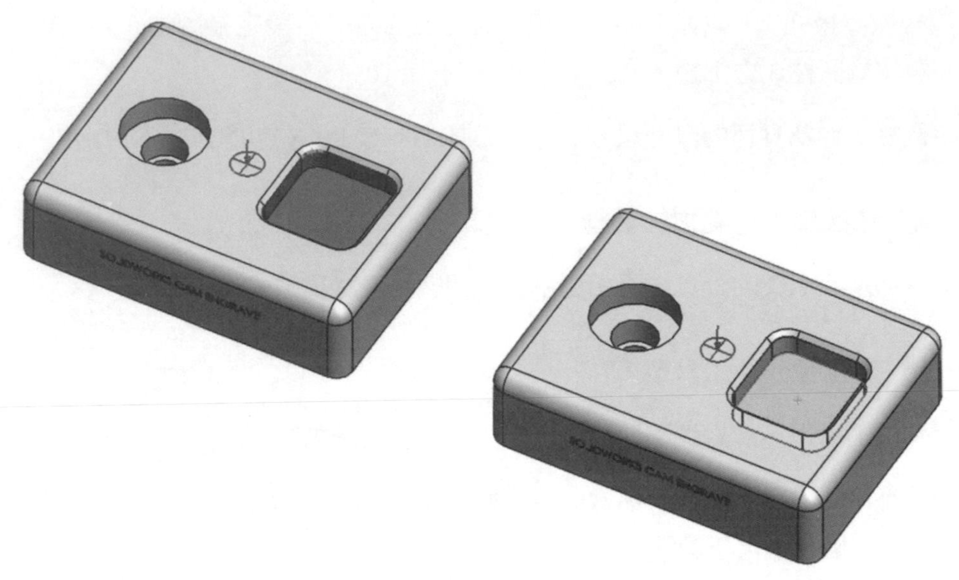

STEP 18 產生加工計劃及刀具路徑

選擇矩形槽穴 1，並點選**產生加工計劃**。選擇粗銑 3 及輪廓銑削 2，並點選**產生刀具路徑**。

STEP 19 建立倒角加工

點選 **2.5 軸銑削加工**，並針對矩形槽穴 1 加入一**輪廓銑削**加工計劃。

刀具的部分，選擇錐孔刀 12MM X 90DEG C'SINK。勾選**建立時編輯加工法**。

點選**確定**。**工法參數**設定畫面將會自動跳出。

請至**輪廓**的分頁中勾選**加工倒角**。

設定**長度**：1.5mm。

設定**間隙**：1mm。

特徵邊：外側邊線。

點選**確定**。輪廓銑削 3 已經建立完畢。

選擇輪廓銑削 3 並**產生刀具路徑**。

STEP 20 建立島嶼特徵

2.5 軸特徵→類型：島嶼。

選擇零件的底面，作為外型的參考。

終止條件：零件之頂面。

STEP 21 產生加工計劃及刀具路徑

選擇矩形島嶼 1，並點選產生加工計劃。

軟體會針對此島嶼，加入輪廓銑削 4。

STEP 22 建立圓角加工計劃

點選 **2.5 軸銑削加工**，並針對矩形島嶼 1 加入一**輪廓銑削**加工計劃。

請至選項勾選**建立時編輯加工法**。**刀具**的部分，選擇**圓角刀** 10mm Rad CORNER ROUND。

點選**確定**。

STEP 23 產生刀具路徑並模擬

選擇輪廓銑削 5 並**產生刀具路徑**。執行模擬刀具路徑，並確認結果。

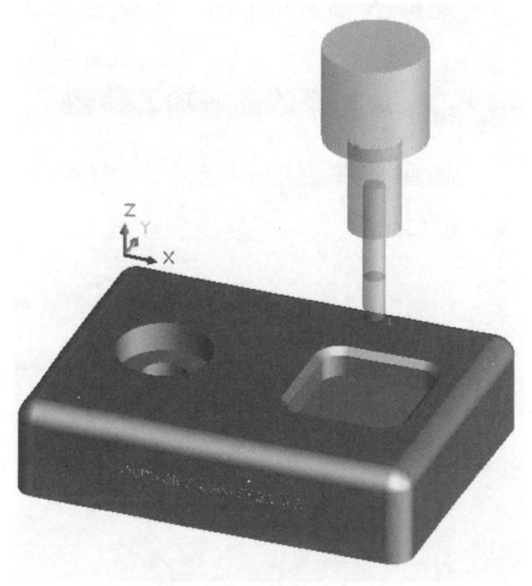

STEP 24 儲存並關閉檔案

練習 8-2 多軸表面特徵

藉此範例，我們將利用 SOLIDWORKS CAM 多軸表面特徵，來加工一曲面檔案。

操作步驟

STEP 1 開啟檔案

請至範例資料夾 Lesson 08\Exercises，並開啟檔案「Lab8_multisurf.sldprt」。在此範例中，機器、素材、座標系統皆已設定完畢。

STEP 2 建立多軸表面特徵

請至銑削工件加工面 1 上，建立**多軸表面特徵**。

特徵類型：已顯示所有。

策略：Area Clearance, Z Level。

點選**確定**。

STEP 3 產生加工計劃

選擇多軸表面特徵 1，**產生加工計劃**。

STEP 4 修改區域加工參數

請至區域加工 1 上快按滑鼠左鍵兩下，進入編輯頁面。於**模組**的分頁，選擇**由外而內 - 模仁**。

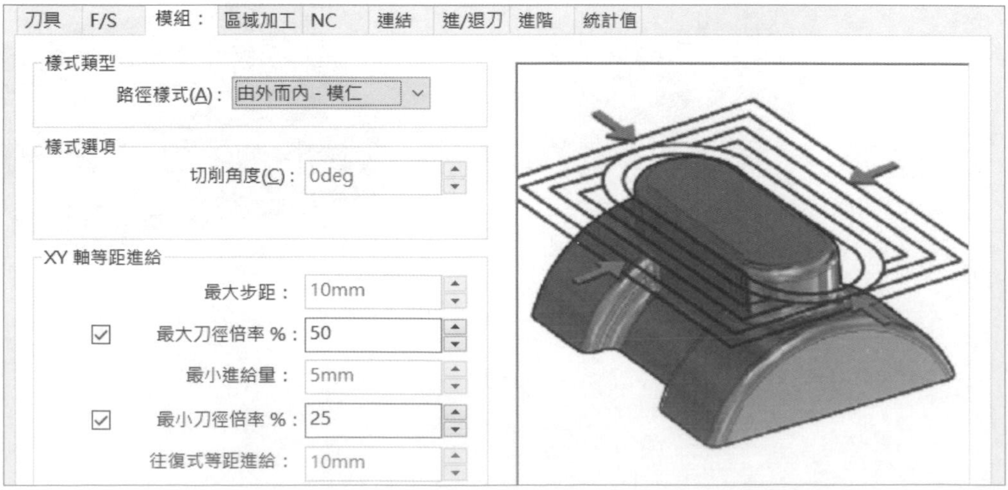

刀具 F/S 模組： 區域加工 NC 連結 進/退刀 進階 統計值

樣式類型
路徑樣式(A)：由外而內 - 模仁

樣式選項
切削角度(C)：0deg

XY 軸等距進給
最大步距：10mm
☑ 最大刀徑倍率 %：50
最小進給量：5mm
☑ 最小刀徑倍率 %：25
往復式等距進給：10mm

請至**區域加工**分頁，將**深度參數**中的**方法**選擇為**弦高**，並勾選**加工平面**。

點選**確定**。

STEP 5 修改 Z 軸加工層（等高式）參數

請至 Z 軸加工層（等高式）上快按滑鼠左鍵兩下，進入編輯頁面。

請至 **Z 軸加工層（等高式）**分頁，將**深度參數**中的**方法**選擇為**弦高**，並勾選**加工平面**。

點選**確定**。

STEP 6 產生刀具路徑並執行模擬

選擇區域加工 1 及 Z 軸加工層（等高式），**產生加工計劃**。執行模擬並確認結果。

STEP 7 儲存並關閉

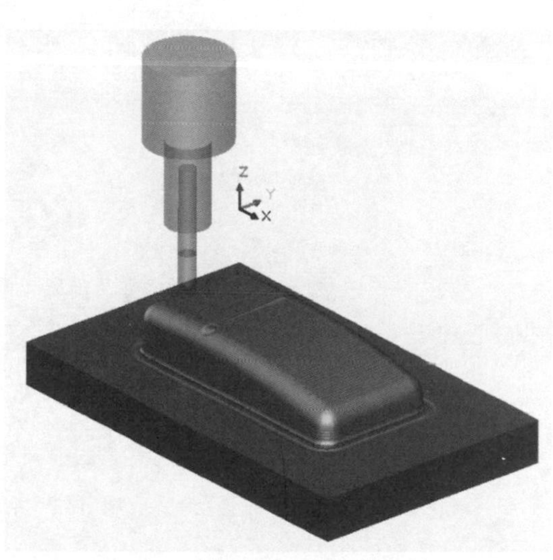

NOTE

09

使用者定義刀具及加工技術資料庫

順利完成本章課程後，您將學會：

- 什麼是加工技術資料庫
- 如何建立一使用者定義刀具
- 將使用者定義刀具新增到加工技術資料庫
- 如何建立一台新的銑床
- 如何建立一把新的銑刀
- 如何將刀具加入至刀塔
- 自定義加工策略

9.1 SOLIDWORKS CAM 加工技術資料庫（TechDB）

在先前章節，我們已經學習了如何建立加工特徵及加工計劃來產生零件的NC碼。在此章節，我們將更進一步探討 SOLIDWOR CAM 加工技術資料庫，了解當您儲存了開放槽的加工計劃，它是如何在背景運作。

在此章節，我們將學習如何建立特殊的成型刀具、如何建立新的機器、如何建立新的刀具，並將您的加工條件寫入其中。最後，根據自定義的刀具及加工計劃組織成一個自定義的策略，並建立自己專屬加工技術資料庫。

加工技術資料庫也就是我們熟知的（TechDB），它是整個軟體運作的核心，它提供了所有加工的策略及參數，這也是為什麼當我們執行特徵辨識或產生加工計劃時，軟體會為您匹配適合的加工條件。而加工技術資料庫包含了刀具、切削條件、對應不同特徵所預設的加工計劃。因此，當您設定的越詳細，軟體所自動帶出來的切削條件就會越接近您的需求，進而減少設定的時間，快速產生刀具路徑及 NC 碼的效果。

而加工技術資料庫所附帶的數據，適用於大多數的情境之下，為了充分利用 SOLIDWORKS CAM 技術資料庫的優勢，我們將在接下來的章節學習如何在加工技術資料庫當中找到這些對應的情境，並修改為自定義的加工條件，以達到加工智能化。

> **提示** 當您安裝 SOLIDWORKS CAM 時，加工技術資料庫會自動安裝在您的電腦。不需要單獨的資料庫，例如 SQL 或 Access 做為安裝及執行的資料庫引擎。

TechDB 安裝位置

當您安裝 SOLIDWORKS CAM 時，軟體將會安裝於 C:\ProgramData\SOLIDWORKS\SOLIDWORKS CAM 20xx\TechDB。而在以下情況之下，SOLIDWORKS CAM 將會允許 TechBD 修改安裝位置。

- 如果您有多位 SOLIDWORKS CAM 使用者，且這些使用者將使用相同的數據，則您可以將 TechDB 移動至共用空間，並分享給其他使用者。如此一來，所有的使用者將可以共同維護此 TechDB。
- 如果您是單獨用戶身分使用 SOLIDWORKS CAM，並已在加工技術資料庫中自定義加工數據。您可以將自定義的加工技術資料庫移動到網路上安全的位置，以保護技術資料庫安全無虞。

當您開啟加工技術資料庫時，加工技術資料庫的對話框將會自動開啟。而在首頁的部分則會根據機器、刀具及特徵分類。您可以點選左側的縮圖來訪問您想修改的數據內容。

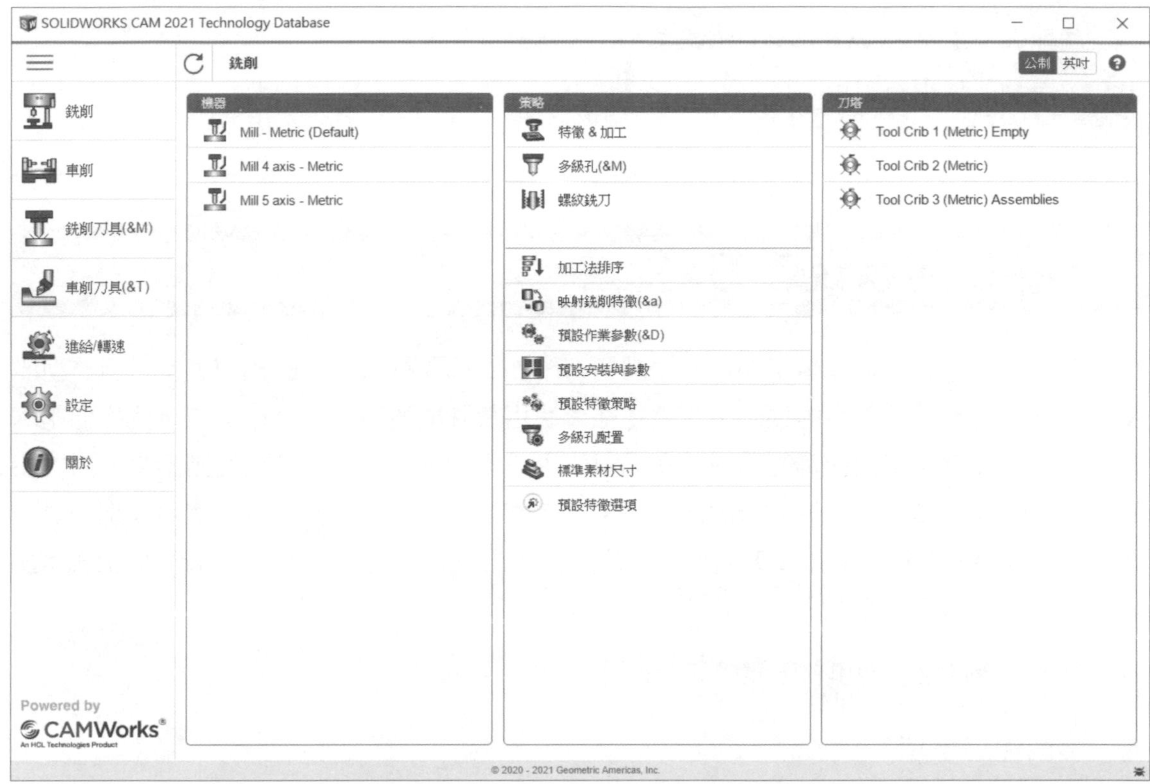

關於首頁的項目敘述如下：

項目	描述
銑削	這是當您啟動加工技術資料庫的預設選項。它提供使用者針對銑床、刀塔、銑削特徵及加工計劃，進行檢視 / 新增 / 編輯的動作。
車削	它提供使用者針對車床、刀塔、車削特徵及加工計劃，進行檢視 / 新增 / 編輯的動作。(注意，車削模組僅有在 SOLIDWORKS CAM Professional 版本才有。)
銑削刀具	提供使用者針對銑削刀具、夾頭及組合刀具，進行檢視 / 新增 / 編輯的動作。
車削刀具	提供使用者針對車削、螺紋、搪孔刀片及組合刀具，進行檢視 / 新增 / 編輯的動作。(注意，車削模組僅有在 SOLIDWORKS CAM Professional 版本才有。)
進給 / 轉速	提供使用者檢視 / 新增 / 編輯有關轉速進給的相關資訊，包含了 1100 種材料及 170 萬筆轉速及進給搭配數據。
設定	提供連結 / 匯入加工技術資料庫的介面。 ● 連結：您可以連結至共用的加工技術資料庫。 ● 匯入：您可以將舊版本的加工技術資料庫匯入新版本。
關於	提供關於 SOLIDWORKS CAM 的版權及授權資訊。

指令TIPS 技術資料庫

- CommandManager：**SOLIDWORKS CAM →技術資料庫**。
- 功能表：**工具→ SOLIDWORKS CAM →技術資料庫**。
- 工具列：**技術資料庫**。

9.2 使用者定義刀具

在先前章節，我們學習了如何使用圓角刀來加工圓角特徵，而圓角刀就是一種典型的成型刀具。對於某些類型的加工，我們往往會使用特殊成型刀具來進行加工，例如像是木工，為了一次性加工出複雜的曲面，我們會使用成型刀具，一次將外型切削出來，而非使用球刀，像刻模具一樣一層一層的加工。又或者像是階級孔，我們也可以使用成型刀具一次加工出多階的孔洞。善用成型刀具能有效節省加工時間、提升工作效率、減少加工成本。

要建立使用者定義刀具，首先您必須先到 SOLIDWORKS 當中繪製刀具外型的草圖及中心線，然後透過旋轉填料，變成一個實體。

草圖注意事項

使用者定義刀具必須得是旋轉填料繪製而成，不能使用其他的特徵，例如伸長填料或倒角。因此在建構旋轉填料的斷面時，應注意以下事項：

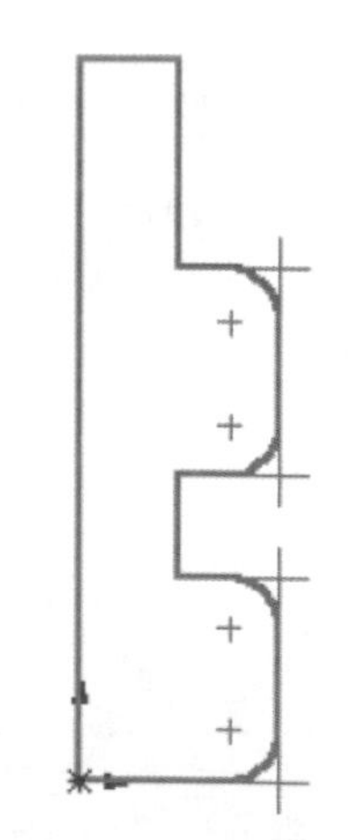

有效的草圖

- 草圖必須建立在 SOLIDWORKS 標準的基準面，例如前基準面或右基準面。
- 幾何的部分只能包含直線或圓弧，不支援不規則曲線。
- 刀具的中心線，必須從 X0 的地方開始繪製，不可偏移。
- 刀具的底部中心點，必須從 0,0 點位置開始。繪圖時，建議在草圖的第一象限開始繪製，其 X 值必須為正值，但 Y 方向則沒有限制。（即便 Y 方向草圖超過 0,0 點，且方向為負值，計算程式時，仍舊會以 0,0 點作為刀具路徑中心，不會以端面中心做為程式計算的原點。）
- 草圖的中心線，必須為垂直線，且通過 0,0 點。

草圖的幾何必須為封閉，遵循上述幾點並旋轉填料產生的實體，才能作為使用者定義刀具。

使用者定義刀具 / 夾頭

使用者定義刀具 / 夾頭的指令允許您將 SOLIDWORKS 當中所繪製的圖形，儲存至技術資料庫當中，作為刀具或夾頭的類型。當您執行刀具路徑模擬時，就可以看到所自建的刀具或夾頭。

點選指令**使用者定義刀具 / 夾頭**開啟對話框。可以在模擬刀具路徑時真實呈現刀具切削後的外型，是非常重要的。無論是使用成型刀具切削後的外型，是否有過切或者是殘料，都可以在模擬時清楚看見，亦或者當您加工一個較深的特徵時，刀具的伸出量是否足夠；夾頭的部分，是否又會碰撞到工件，都可以藉由軟體提前偵測碰撞，避免發生危險。

- **SOLIDWORKS CAM 是如何計算使用者定義刀具的刀具路徑呢？**

使用者定義刀具的刀具路徑計算與端銑刀相同。SOLIDWORKS CAM 會根據我們所給予的刀具直徑（使用者定義刀具通常不會只有一個直徑值），來計算刀具的左右補正量。而刀具的 Z 軸，也是與端銑刀相同，通常是以刀尖跟隨著路徑。唯一不同的就是並非所有的刀具端面都是平整的，您可以能需要給予刀具一個「刀唇偏移」，讓刀具能往上或往下進行長度的補正。但多數的情況下，這個值為 0，這也意味著刀具的路徑中心，仍舊是以刀具的尖點為主。

假設我們給予了一個刀唇偏移的距離，在執行刀具路徑模擬的時候，仍舊會以沒有偏移的情況下進行模擬。但是刀具路徑的 Z 值將會因為刀尖的參考位置修改了而跟著變化，下圖範例說明了加入刀唇偏移後的差異。在執行刀具模擬的時候，因模擬時會以刀唇偏移 0 的情況下進行模擬，所以您會看到刀具停留在最下緣的地方。但在比對程式碼的時候，因為我們給予了刀唇偏移，因此 Z 軸的座標位置，將會根據刀尖偏移。

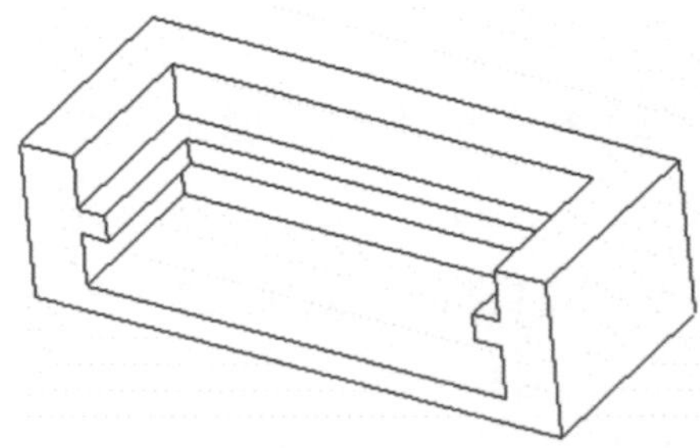

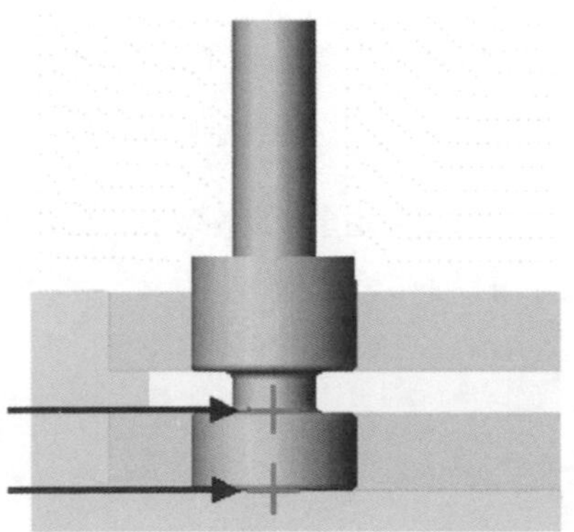

如果刀唇偏移不為0，則程式碼以偏移後的位置為準

如果刀唇偏移為0，則程式碼以刀具端面為準

操作流程

如何建立使用者定義刀具 / 夾頭？

1. 使用 SOLIDWORKS 繪製刀具或夾頭的斷面草圖，並使用旋轉填料將其變為實體。
2. 儲存零件檔案。請注意，自定義刀具及夾頭並非使用 *.sldprt 的格式，但是儲存原檔有助於後續修改維護。
3. 點選**自定義刀具 / 夾頭**。
4. **自定義刀具 / 夾頭**的對話框將會自動開啟。如果您的草圖可以被作為刀具或夾頭，則在預覽的視窗中，會以 2D 的型式顯示其外型。如果草圖不可被作為刀具或夾頭，則在預覽的視窗會以空白的方式呈現。
5. 在下方檔案類型的欄位，透過下拉選擇將您所繪製的檔案，儲存為銑削刀具（*.mt）或夾頭（*.mh）。
6. 點選「瀏覽」，另存新檔的對話框將會開啟。
7. 透過另存新檔的對話框，指定您自定義的刀具 / 夾頭希望儲存的位置。您可以將刀具或夾頭的檔案放置於同一個資料夾以便管理。舉例來說，假設您有一個檔案使用到了使用者定義刀具，那麼您可以將此零件檔與刀具檔案放置在同一資料夾。日後當您需要重新使用到這把刀具時，刀具的資料就不會遺失了。
8. 在檔案名稱的欄位中，輸入這把刀具的命名。刀具的命名可與原始 SOLIDWORKS 零件檔案不相同。但是預設的的檔案名稱，會與零件檔案相同。
9. 點選**存檔**的選項，則此時**另存新檔**的對話框將會關閉，在底下儲存於→檔案名稱的欄位，將會顯示其儲存位置及名稱。
10. 點選**自定義刀具 / 夾頭**的確認，來儲存我們所自定義刀具或夾頭檔案，此時 SOLIDWORKS CAM 將會驗證幾何是否符合。

    如果自定義刀具或夾頭的內容符合要求，則軟體會將 *.mt 或 *.mh 儲存於指定的位置，並關閉對話框。

    如果自定義刀具或夾頭的內容不符合要求，則會出現警告訊息「幾何無效，草圖線段必須包含 0,0 點」。

點選**確定**，關閉警告訊息。畫面回到自定義刀具 / 夾頭，點選取消來關閉對話框，並重新檢視草圖是否有不正確的地方。

11. 將剛剛建立的刀具，儲存於加工技術資料庫。根據類型的不同，儲存至使用者定義刀具的資料庫，或夾頭的資料庫。

指令TIPS 使用者定義刀具 / 夾頭 

- CommandManager：**SOLIDWORKS CAM →自定義刀具 / 夾頭**。
- 功能表：**工具→ SOLIDWORKS CAM →自定義刀具 / 夾頭**。
- 工具列：**自定義刀具 / 夾頭**。

9.2.1 範例練習：建立使用者定義刀具

在此範例中，我們將練習使用 SOLIDWORKS 零件檔案建立成使用者定義刀具，並且加入至技術資料庫當中。然後利用這把刀具來進行切削。

STEP 1 開啟檔案

請至範例資料夾 Lesson 09\Case Study，並開啟檔案「mill2ax_customtool.sldprt」。這個檔案將作為我們要設定的使用者定義刀具。

STEP 2 自定義刀具

請至 CommandManager 點選**自定義刀具 / 夾頭**。在自動開啟的對話框中的**預覽**視窗中，您可以看到刀具的預覽圖形。

檔案類型的部分透過下拉選擇**銑削刀具（*.mt）**。點選瀏覽指定存檔位置。

點選**確定**。

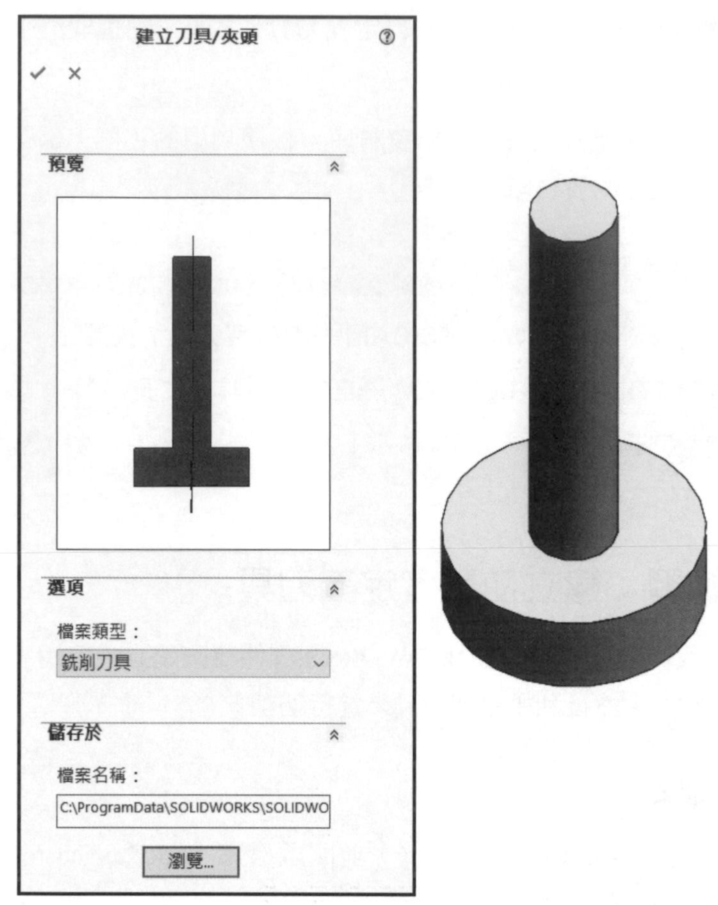

加入至加工技術資料庫

請至 CommandManager 點選「技術資料庫」開啟對話框。在左側的選項中點選「銑削刀具」的選項，進入編輯畫面。在此，我們可以調整刀具的各項細節，例如刀具大小、切削條件、搭配夾頭…等訊息。在理想情況下，我們可以將公司內部所有會使用到的刀具，建立到技術資料庫，甚至將多把刀具組合成刀塔，減少挑選的時間。在技術資料庫內已經包含了市面上所有常見的加工刀具，如果技術資料庫內沒有我們所需的刀具，可以透過自建的方式，將其加入至技術資料庫。接下來我們就來看看該如何將自定義刀具加入技術資料庫。

- **將刀具加入至資料庫：**透過加工技術資料庫，我們可以將自定義刀具加入至資料庫當中。請點選**銑削刀具→成型刀→使用者定義刀具**。

以下欄位將用於定義刀具外型及相關加工參數：

欄位	描述
已啟用的	當此選項被勾選時，您可以在刀具資料庫當中找到此把刀具並拿來使用。
刀具 ID	此欄位可以填入刀具的 ID 號碼，您可以用於填入公司內部採購料號。
標稱	您填入在此欄位的註解，將會顯示在加工計劃管理員的樹狀結構上。
切削直徑	當產生刀具路徑的時候，軟體會根據您所填寫的切削直徑，偏移一個半徑值。
刀柄直徑	此欄位主要用於定義刀柄的直徑，當您執行刀柄的碰撞偵測，軟體會根據您的刀柄大小是否接觸到工件，而出現警告訊息。
刀尖長度	以鑽頭為例，鑽頭的刀尖具有尖銳的夾角，因此刀尖的直徑會小於刀具的直徑。因此當我們在加工鑽孔時，必須要決定是否加入刀尖長度，確保加工出來的孔，有效深度能符合我們的預期。在加工特徵選項的分頁當中，您可以透過勾選「加入刀尖長度」來決定是否加入此數值。
總長	刀具的總長度，包含了切刃及非切刃的部分。
刀刃長度	刀刃長度決定了刀具可以拿來切削長度有多少。
伸出端	此欄位決定刀具從端面到夾頭的距離，刀具的伸出量應小於刀具的總長，且大於刀具的切刃長度。

欄位	描述
刀刃肩部長度	此欄位決定刀具從端面到刀柄的距離。
刀尖偏移	定義刀具路徑中心的偏移量，在預設的情況之下，刀具路徑中心應該是以刀尖為主。但是如果今天刀具路徑中心對應的並非刀具的尖點，您可以透過刀尖偏移，給予一偏移量。如此一來刀具的路徑中心，將會是以偏移後的位置，來跟隨著程式的座標點移動。在多數的情況之下，刀尖偏移不會為負值。因為這將導致刀具的路徑中心不在刀具上，而是超出刀具之外。
切刃方向	這將決定當刀具旋轉時，應是順時針旋轉 (M03)，或者是逆時針旋轉 (M04)。
切刃數量	切刃數量會影響刀具的進給率。F= 切刃數量 x 每刃切削量 x 主軸轉速。
刀具材質	此欄位主要用於定義刀具的材質，如果您的轉速進給值是根據材料，則不同的刀具材質將會對應到不同的轉速進給。
註解	針對刀具的描述，通常會伴隨著 NC 碼一同輸出，增加程式的可閱讀性。
刀具名稱及路徑	點選瀏覽按鈕，您可以透過檔案總管，找到自行繪製的 *.mt 格式。

STEP 3 開啟技術資料庫

請至 CommandManager 點選**技術資料庫**。在開啟的對話框中點選**銑削刀具→成型刀→使用者定義刀具**。

STEP 4 建立新刀具

從清單上挑選一把現有刀具，並點選**複製**。此時，在刀具清單的最底下，會加入一把複製的刀具。請將其修改為我們所需要的刀具。

STEP 5 設定刀具參數

從**刀具名稱及路徑**的選項點選瀏覽，並至您存檔的資料夾中選擇 mill2ax_customtool.mt。

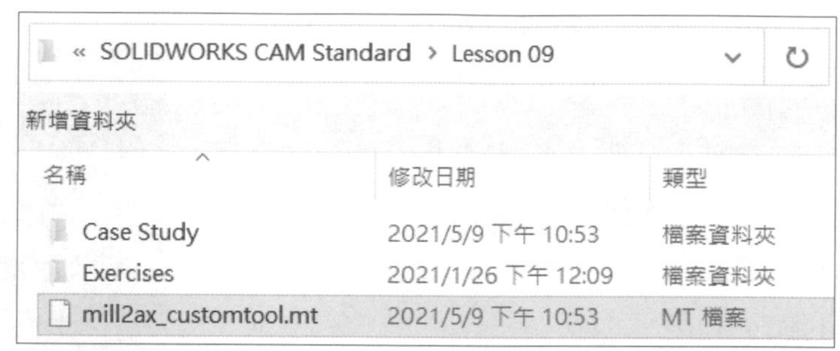

點選**開啟**。根據下圖，設定刀具參數：

- **刀具 ID**：Custom-Tool-1。
- **標稱**：Custom Tool。
- **切削直徑 (D1)**：1.5。
- **刀柄直徑 (D2)**：0.5。
- **刀尖長度**：0。
- **總長 (L1)**：3。
- **刀刃長度 (L2)**：0.5。
- **伸出端 (L3)**：2.5。
- **刀尖偏移**：0。
- **切刃方向**：右手。
- **切刃數量**：4。
- **刀具材質**：Carbide。
- **註解**：Custom Tool。

點選**儲存**，關閉對話框。

STEP 6 關閉檔案

關閉零件檔案 mill2ax_customtool.sldprt，且不儲存檔案。

STEP 7 開啟檔案

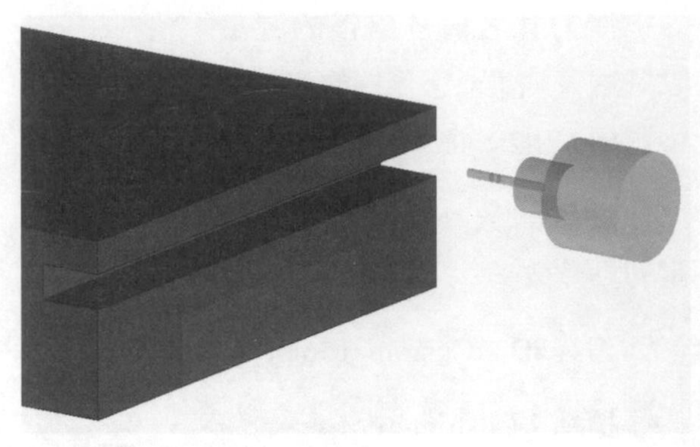

請至範例資料夾 Lesson 09\Case Study，並開啟檔案「mill2ax_parttool.sldprt」。

在銑削工件加工面 4 上，我們已經建立好了特徵矩形轉角開放槽 2，並且針對此特徵配置了一個粗加工及一個輪廓銑削的加工計劃。

STEP 8 建立轉角開放槽特徵

請至 SOLIDWORKS CAM 加工特徵管理員，於銑削工件加工面 4 上按滑鼠右鍵，並選擇 **2.5 軸特徵**。

特徵類型：**轉角開放槽**。並且選擇特徵的底面作為外型的參考。

點選**終止條件**。

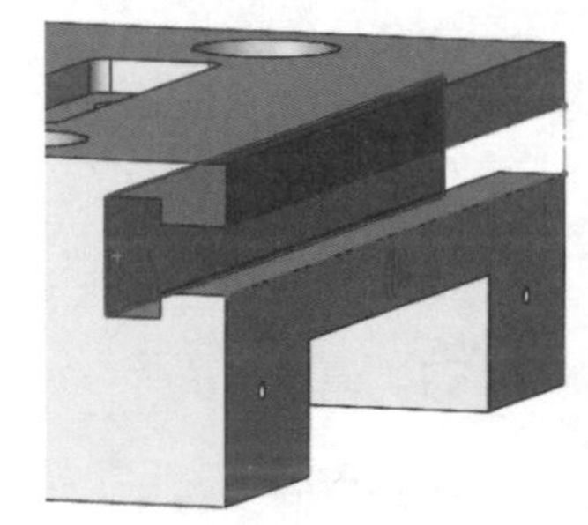

策略：Rough。

參考下圖，**終止條件**設定為此 T 型槽穴的上緣。

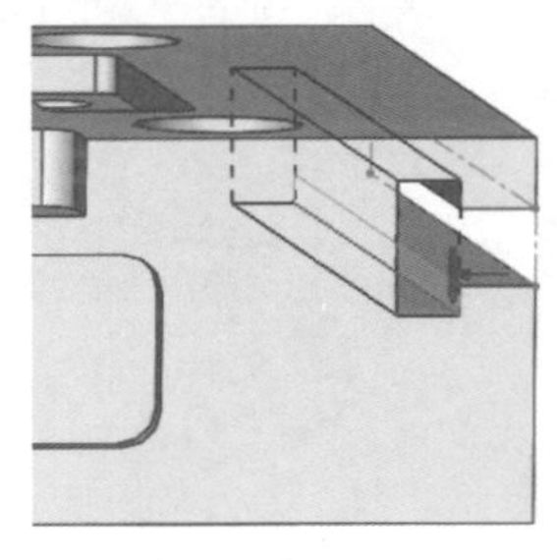

點選**確定**。特徵矩形轉角開放槽 3 設定完成。

STEP 9 產生加工計劃

請至矩形轉角開放槽 3 上按滑鼠右鍵，並選擇**產生加工計劃**。粗銑 9 將自動產生。

STEP 10 加入並選擇使用者定義刀具

請至粗銑 9 上按滑鼠右鍵，並選擇編輯定義。並至**刀具→刀塔**的分頁，點選**加入**按鈕。

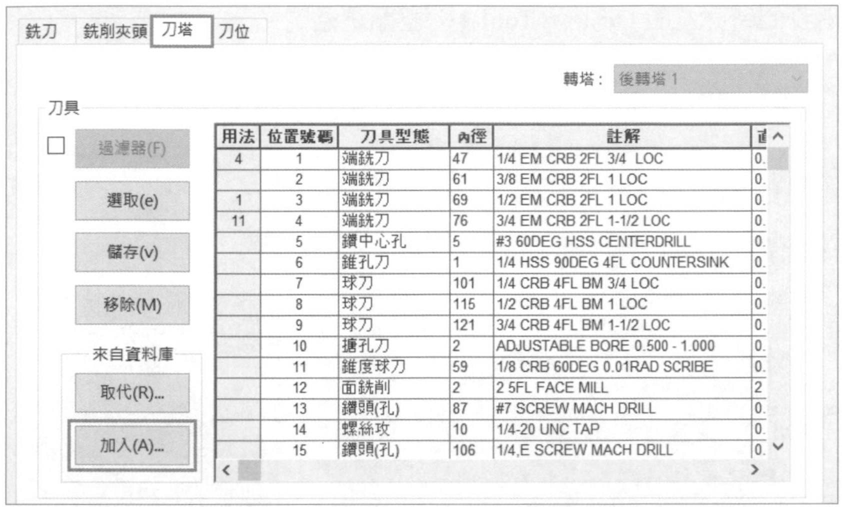

在**刀具選擇過濾器**中，透過下拉式選單，將刀具類型設定為**使用者定義刀具**。

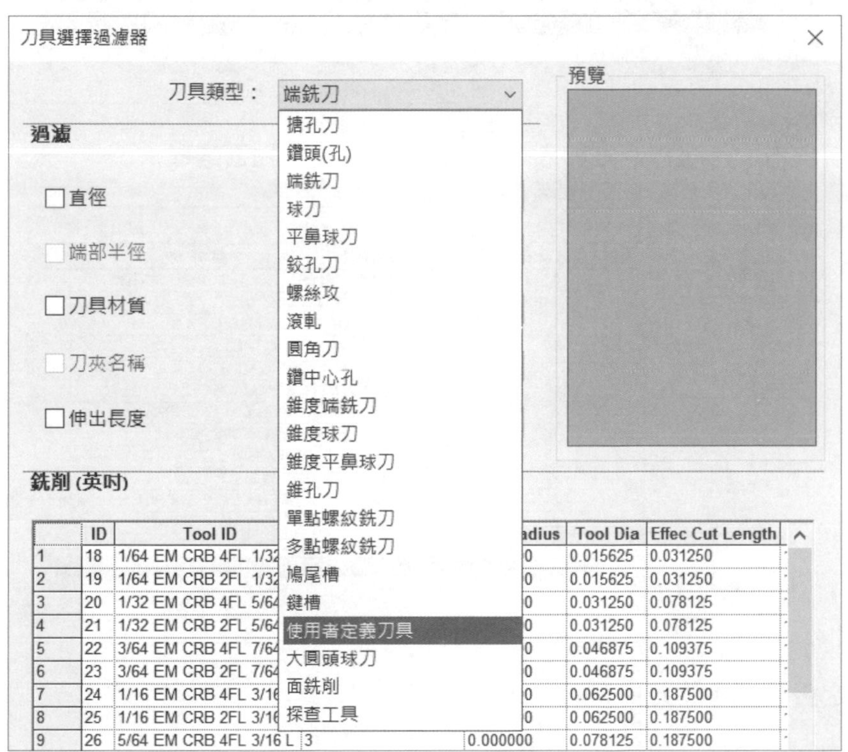

選擇剛剛我們所建立的 Custom-Tool-1，並點選**確定**。

回到刀塔的畫面，選擇剛剛加入的 Custom-Tool-1 並點選**選取**。

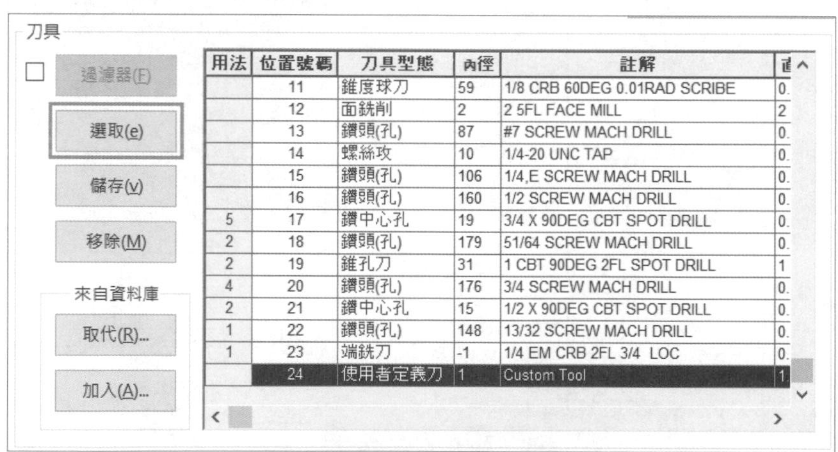

點選**確定**替換原本的刀具夾頭。

將畫面切回到**粗加工**的分頁

第一刀切削量：0.5in。

最大切削量：0.5in。

深度參數

方法(W): 等距

底部裕留量(R)： 0in

島嶼裕留量(V)： 0in

% 第一刀切削量(F)： 0.5in

% 最大切削量(M): 0.5in

最後切削量(N)： 0in

最小切削進給量(U)： 0.03in

接著再將畫面切換至 **NC** 的分頁，**相對平面**修改為**素材頂端** 0.1in。

點選**確定**。

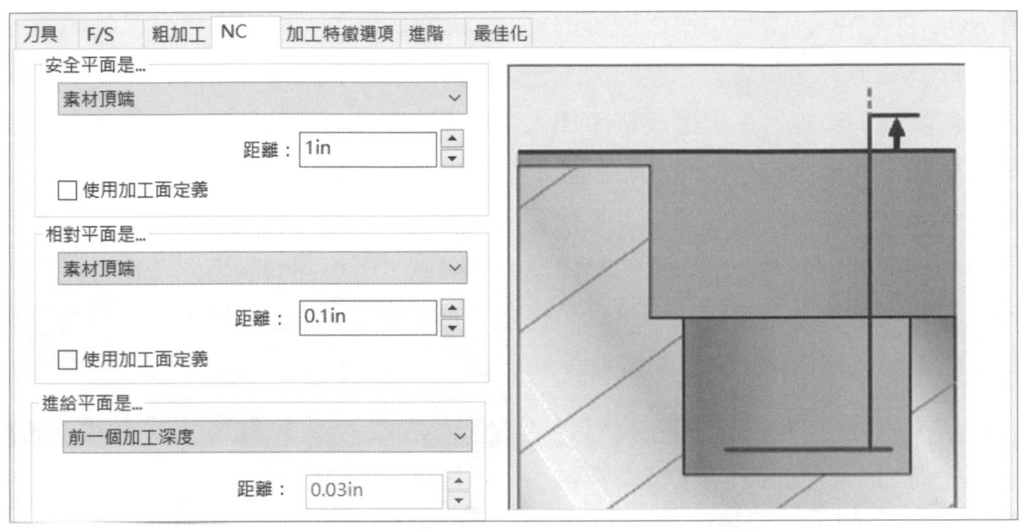

STEP 11 產生刀具路徑並模擬刀具路徑

請至粗銑 9 上按滑鼠右鍵，並選擇**產生刀具路徑**。

請至銑削工件加工面 4 上按選滑鼠右鍵，並選擇**模擬刀具路徑**。

剛剛所建立的刀具將可被用於此 T 型槽穴的加工上。

關閉刀具路徑模擬。

STEP 12 儲存並關閉檔案

9.3 銑削→機器

在 SOLIDWORKS CAM 當中，您可以在技術資料庫內，新增屬於自己的機器，而設定機器的好處在於它可以將您習慣的加工方式及參數儲存於技術資料庫內。舉例來說，您可以將廠內現有的設備，如車床或銑床加入至技術資料庫。以銑床為例，銑床可能會有不同的加工軸數，有些機器可能是 3 軸設備，有的加了旋轉軸變成了 4 軸的設備，甚至除了旋轉軸外也多了傾斜軸，因此變成了 5 軸設備。而我們必須定義這些機器的可用軸數，甚至明確規範旋轉或傾斜軸個別對應的軸向及角度限制，而不同的設備同時也會搭配不同的後處理。因此，您於技術資料庫中建立了機器，當您選擇了這台機器，它所對應的軸數、使用的後處理、切削條件，將自動被選取。

在接下來的範例中，我們將在技術資料庫中試著新增一台機器。請至技術資料庫點選銑削的分類，並選擇機器→ Mill-Metric(Default)。

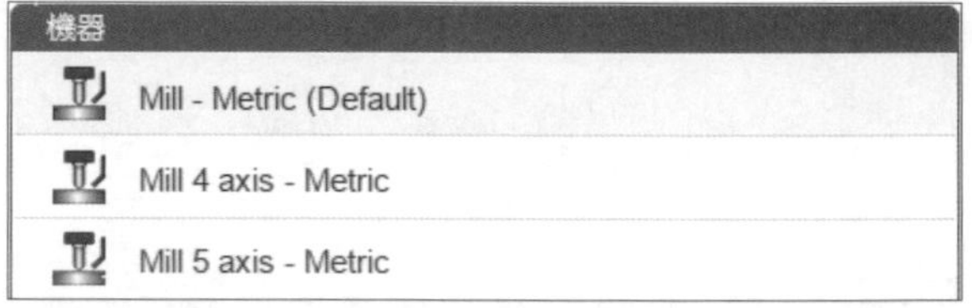

當您選擇了機器，則關於機器的對話框將自動顯示。

儲存 複製 刪除(I)

一般

默認機床：☑
機器名稱：Mill - Metric
機器 ID：Milling Machine Metric
描述：Sample Milling Machine
後處理程序：M3Axis-Tutorial.CTL
機器機能：Medium duty
預設特徵策略：Default

副程式

銑削操作的輸出副程式：☐
特徵樣式和工件的輸出副程式：☐
（工件模式：特徵樣式的輸出副程式）
（組合件模式：工件和特徵樣式的輸出副程式）

由...輸出多重工件

刀具：◉
特徵：○
零件：○

規格

一般

馬力：30 hp
平均轉塔時間：0.05 min
索引軸：無
4與5軸一起移動：☑

您可以在銑床的選項當中執行以下功能：

- **複製**：您可以將現有的機器複製並修改為新的機器。
- **儲存**：您可以將修改機器的參數儲存回技術資料庫。
- **刪除**：您可以把不需要的機器，透過刪除的選項將其刪除。

在安裝完 SOLIDWORKS CAM 後，軟體預設會有 3 台機器。而這 3 台機器的目的主要可以讓您作為自定義機器的範本。您可以透過複製或修改，將其修改成符合廠內的機器。關於機器的參數，請參考以下說明：

項目	描述
一般	您可以在此欄位修改機器的名稱、預設使用的後處理範本、甚至是機器的機能。這會影響到後續當您設定轉速進給時，軟體為您匹配的切削條件。
規格	您可以在規格的欄位設定與加工時間相關的參數。例如刀具更換的時間、刀具快速移動的進給率、切削時最大進給率…。確保軟體計算出來的加工時間可以更貼近實際。而在規格的欄位，您同時也能定義床台的長、寬。
轉塔	您可以將常用的刀具組織成一個轉塔，也就是我們常說的刀具庫。並在此欄位中決定這台設備預設使用的刀具庫為何。
主軸	主軸的欄位主要定義此設備的最高轉速上限，確保您轉出程式碼時，不會超過此上限。
加工面	假設您使用 4 軸加工設備或 5 軸加工設備，您可以在此欄位決定旋轉與傾斜軸匹配的軸向為何，以及角度限制幾度，當您進行多軸加工的時候，軟體會自動為您計算對應的角度。請注意，定軸加工的功能，僅有在 SOLIDWORKS CAM Professional 才能使用。

9.3.1 範例練習：於技術資料庫新增機器

在此範例中，藉由複製及修改參數的方式，我們將練習新增一台 Tormach PCNC 440 於技術資料庫中，並根據以下條件設定機器。

STEP 1 開啟技術資料庫

請至 CommandManager 點選技術資料庫的圖示，以開啟**技術資料庫**。

STEP 2 新增機器

於右上角您會看到單位的選項，點選 inch 或 mm 可以切換單位。

此範例我們使用 **inch 單位**，請點選**銑削**選項，在**機器**下選取 **Mill-Inch(Default)**，並點選**複製**，將 Mill-Inch(Default) 複製為新的機器，並修改參數。

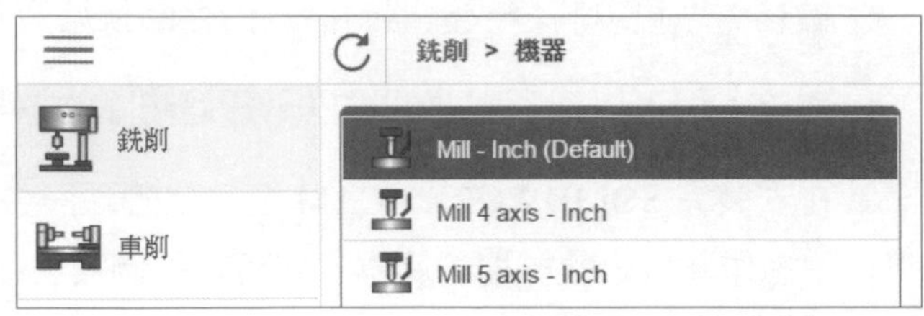

STEP 3 修改機器一般參數

請根據以下條件，修改機器**一般**參數：

- **機器名稱**：Tormach PCNC 440(No ATC)。
- **機器 ID**：Tormach PCNC 440 Inch。
- **描述**：Tormach 440 Mill-Inch(No ATC)。
- **後處理程序**：TORMACH_440_PATHPILOT.CTL。
- **機器機能**：Light duty。

提示 由於此範例會使用到後處理，煩請至資料夾「PostProcessors」將後處理檔案複製至 C:\ProgramData\SOLIDWORKS\SOLIDWORKS CAM 20xx\Posts\Mill。

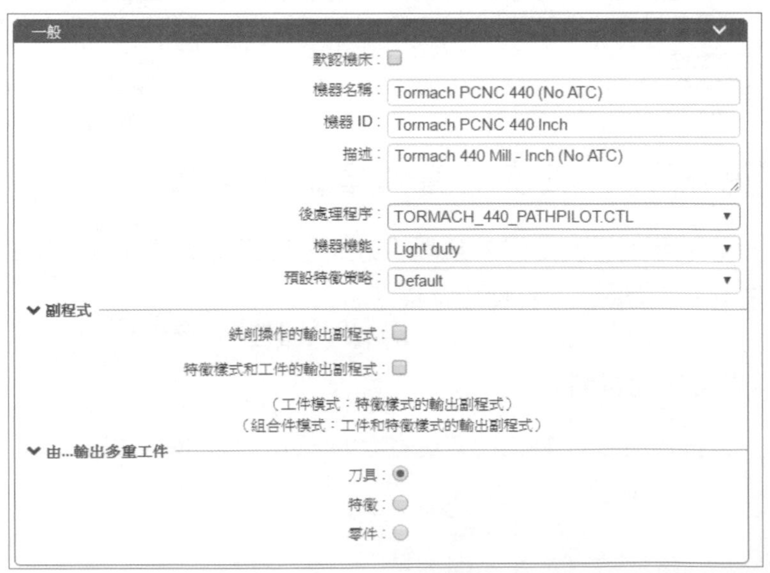

注意 此後處理範本僅供教育訓練使用，請勿將其用於量產！

STEP 4 修改機器規格參數

根據以下條件，修改機器**規格**參數：

在**一般**中：

- **馬力**：0.75。

在**進給率**中：

- **最大進給率**：110。
- **快速進給率**：135。
- **進給加速率**：15。
- **進給減速率**：15。
- **快動加速率**：15。
- **快動減速率**：15。

在**工作台行程**中：

- **X**：10。
- **Y**：6.25。
- **Z**：10。

STEP 5 修改轉塔參數

根據以下條件，修改機器**轉塔**參數：

- **主軸錐度**：R8。

在**刀具交換時間**中：

- **刀具交換時間**：600。

STEP 6 修改主軸參數

根據以下條件，修改機器**主軸**參數：

在**加速至**中：

- **最大 RPM**：10000。

STEP 7 儲存修改

點選**儲存**。您可以看到，在機器的欄位當中會出現我們所建立的第四台機器。

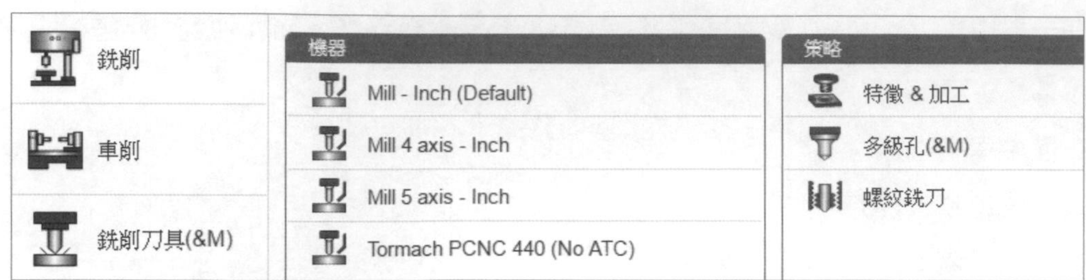

當您下次開啟一個新的零件檔案時，在機器的選單中將會看到剛剛我們所建立的機器，且相關的轉數、進給率、機器機能等，都會如我們剛剛所制定的。(注意！機器的單位會根據零件的單位決定，如果您的零件檔案為 inch，對應到的機器為 inch 資料庫的機器。)

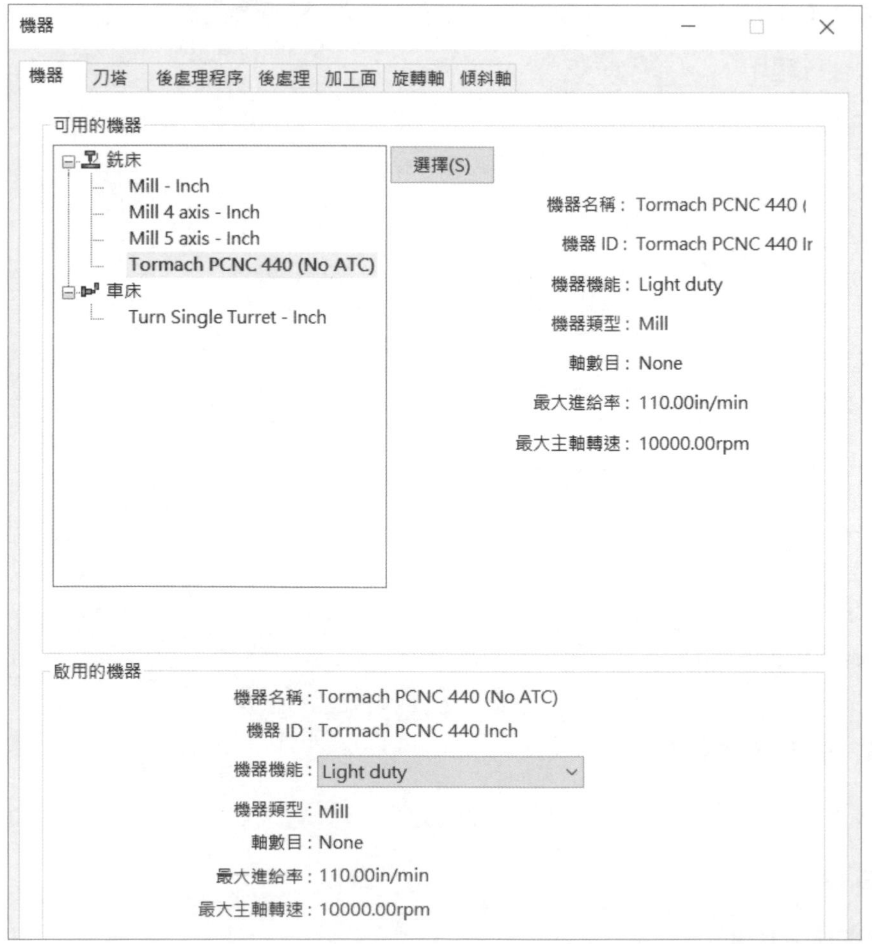

9.4 銑削刀具

在技術資料庫的選項中，也提供了銑削刀具的選項，您可以在銑削刀具的選項中新增建立自己的銑削刀具。而它包含了刀具的外觀幾何、切削參數、對應的刀具夾頭…。在理想的情況下，您可以將廠內現有的刀具建立至技術資料庫。當您選擇這把刀具的同時，刀具的加工參數也會自動帶入，減少您重複設定的時間，也確保切削條件的正確性。而在刀塔的部分也羅列了常見的刀具，如果刀塔內沒有您需要的刀具，您也可以再額外加入至刀塔。

將銑削刀具儲存至技術資料庫，可以幫助您：

- 自動地帶入切削條件。
- 正確地模擬刀具路徑。

9.4.1 範例練習：於技術資料庫新增刀具

在此範例中，藉由複製及修改現有刀具，我們將加入一把新的刀具至技術資料庫。並且將此刀具及在上一個練習當中我們所建立的自定義刀具加入至刀塔。

STEP 1 開啟技術資料庫

請至 CommandManager 點選技術資料庫的圖示，以開啟**技術資料庫**。

請注意，在此範例我們將使用公制單位 mm。

STEP 2 加入銑削刀具

請至畫面左側點選**銑削刀具**的選項，並進一步選擇**端銑刀**類型。在端銑刀的類型底下又可細分為端銑刀、球刀、面銑刀…，在此選擇**端銑刀**。

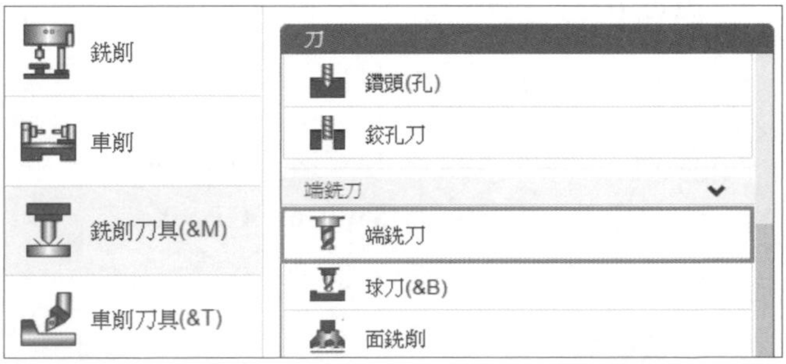

選擇刀具 ID 25 的端銑刀 20MM CRB 4FL 38 LOC，並**複製**它。

內	已啟用的	刀具 I D	次- 類型	刀柄類型	直徑 (D1)
15	✓	10MM CRB 4FL...	粗加工 & 精加工	直進式	10
16	✓	12MM CRB 2FL...	粗加工 & 精加工	直進式	12
17	✓	12MM CRB 4FL...	粗加工 & 精加工	直進式	12
18	✓	16MM CRB 2FL...	粗加工 & 精加工	直進式	16
19	✓	16MM CRB 4FL...	粗加工 & 精加工	直進式	16
20	✓	18MM CRB 2FL...	粗加工 & 精加工	直進式	18
21	✓	18MM CRB 4FL...	粗加工 & 精加工	直進式	18
22	✓	14MM CRB 2FL...	粗加工 & 精加工	直進式	14
23	✓	14MM CRB 4FL...	粗加工 & 精加工	直進式	14
24	✓	20MM CRB 2FL...	粗加工 & 精加工	直進式	20
25	✓	20MM CRB 4FL...	粗加工 & 精加工	直進式	20
26	✓	25MM CRB 4FL...	粗加工 & 精加工	直進式	25
49	✓	3.5MM CRB 4F...	粗加工 & 精加工	直進式	3.5
50	✓	4.5MM CRB 2F...	粗加工 & 精加工	直進式	4.5
51	✓	7MM CRB 4FL ...	粗加工 & 精加工	直進式	7
52	✓	7MM CRB 2FL ...	粗加工 & 精加工	直進式	7
53	✓	9MM CRB 4FL ...	粗加工 & 精加工	直進式	9
54	✓	11MM CRB 4FL...	粗加工 & 精加工	直進式	11
55	✓	11MM CRB 2FL...	粗加工 & 精加工	直進式	11
70	✓	1.5MM CRB 4F...	粗加工 & 精加工	直進式	1.5
81	✓	25MM CRB 2FL...	粗加工 & 精加工	直進式	25
82	✓	6MM CRB 2FL ...	粗加工 & 精加工	直進式	6

複製的刀具，將會被加入至清單的最底下。

81	✓	25MM CRB 2FL...	粗加工 & 精加工	直進式	25
82	✓	20MM CRB 4FL...	粗加工 & 精加工	直進式	20

STEP 3 修改新刀具的參數

根據以下條件，修改機器主軸參數：

- **刀具 ID**：24MM CRB 4FL 38 LOC。
- **直徑 (D1)**：24。
- **刀柄直徑 (D2)**：25。
- **註 解**：24mm Square End Mill Standard Length HTC 950-4945 4 Flute GP 30° Uncoated。

點選**儲存**。

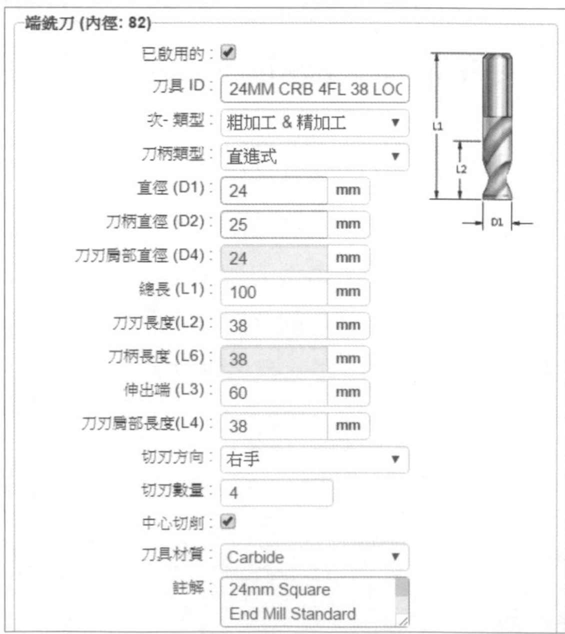

下次當您新增一把刀具時，透過**刀具選擇過濾器**，您會在端銑刀的分類中找到這把刀具。

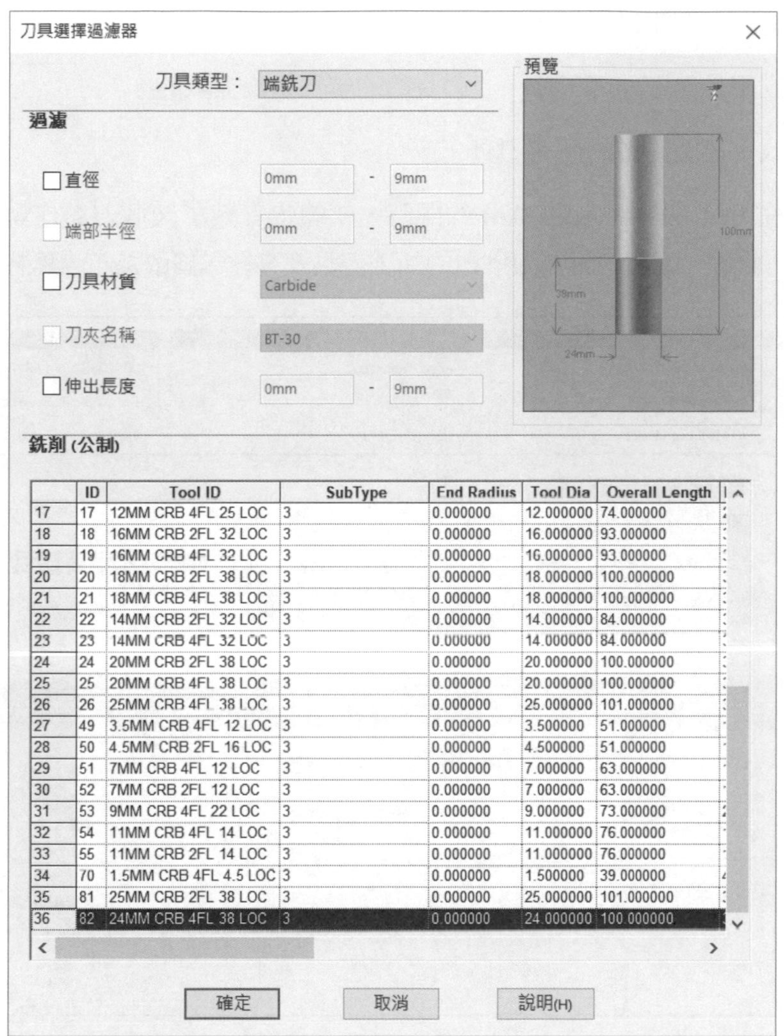

9.4.2 刀塔

刀具的切削條件往往是根據機台決定的，強度好的設備可以使用比較有效率的條件進行切削，反之則必須要使用較保守的條件切削。因此，刀塔在樹狀結構的分類是在於機器之下，確保每台機器都能選擇到適合的刀具及切削條件。當您在 SOLIDWORKS CAM 當中要去加工一個零件，您可以在刀塔的選單中設定此刀塔的刀具具有優先權，當您點選產生加工計劃的同時，軟體會優先以刀塔內現有的刀具為優先考量。而刀塔可容納的刀具是沒有上限的。現實面來說，假設您的 CNC 銑床的刀庫有 30 把刀具的儲位，但實際上這台設備會使用到的刀具為 50 把。您可以將這 50 把刀通通加入至刀塔，當編輯刀具路徑時，軟體會自動從這 50 把刀具挑選出適合的刀具。

使用刀塔能為您帶來以下好處：

- 您可以創立屬於自己的刀具庫，且刀具的的儲位是沒上限的。
- 新增、修改、刪除刀塔的所有刀具。

在您安裝完 SOLIDWORKS CAM 的同時，軟體也安裝了幾個刀塔作為修改範本。您可以透過複製、修改、編輯，將其刀塔內的加工刀具及參數，修改為符合廠內設備的參數。

STEP 4 加入刀具至刀庫

請注意，此範例我們將使用公制單位 mm。

請至畫面中左側點選**銑床**的分類，再到右上方的對話框選擇**刀塔 Tool Crib 2(Metric)**。點選**新增**，並下拉選擇**端銑刀**類型。

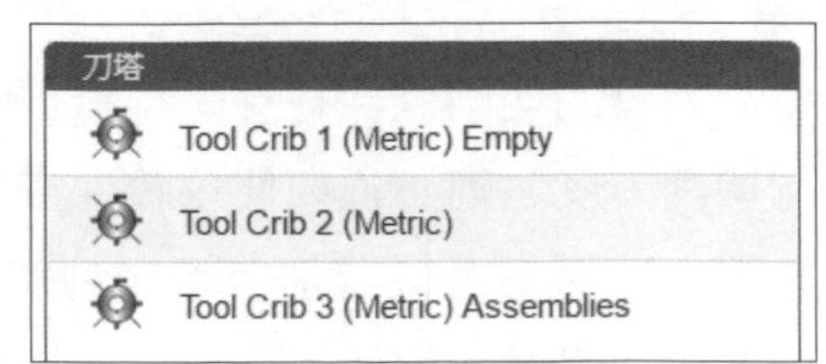

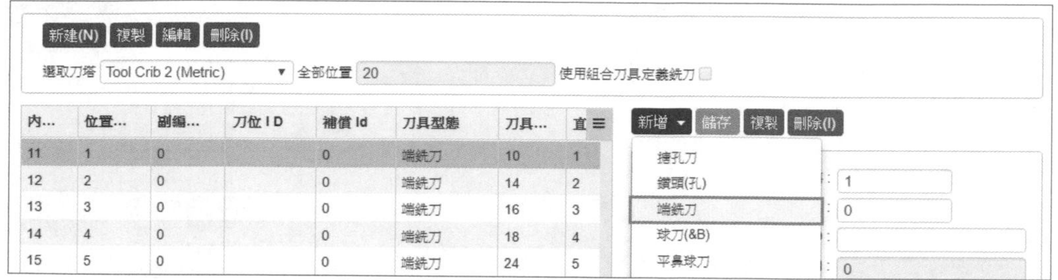

於對話框的最下方，找到剛剛修改的刀具：24MM CRB 4FL 38 LOC，並點選**選擇**。

位置號碼：14。

Holder ID：20。

點選**儲存**。

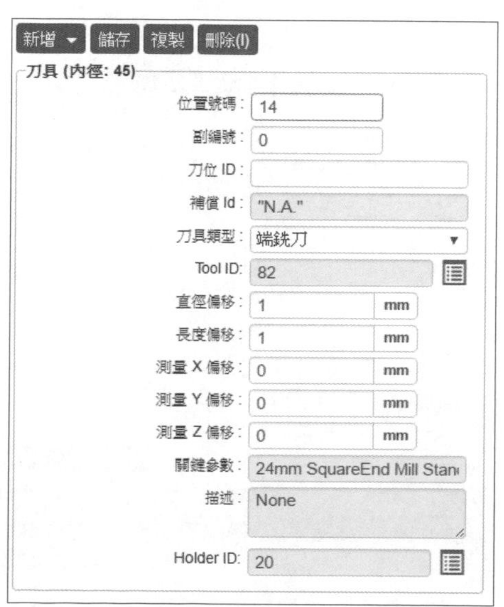

之後當您開啟一個新的零件檔案時，在刀具樹狀圖的分頁，您會看到我們剛剛所加入的端銑刀。

9.5 策略

技術資料庫當中的策略，允許您新增或修改用於特徵的策略，包括刀具組合及排序，以及預設的加工參數。

特徵及加工計劃

特徵及加工計劃可決定當您遇到每一種特徵及每一種情境時，其對應的加工方式。舉例來說，當您遇到孔特徵且孔為通孔時，其對應的刀具順序為鑽中心孔及鑽孔，且因為通孔的關係，加工特徵選項的欄位會預設加上刀尖長度。

關於特徵條件的篩選條件，請參考以下說明：

<table>
<tr><th>特徵條件</th><th>描述</th></tr>
<tr><td>次 - 類型</td><td>此欄位決定特徵的中止條件，例如：給定深度、貫穿或已鑽孔。</td></tr>
<tr><td>策略</td><td>一個特徵可以有超過一種以上的加工策略，例如同樣都是孔特徵，會因為您的精度需求，可以選擇鑽孔、搪孔或鉸孔，且因為策略不同，因此對應的加工方式也會有所不同。</td></tr>
<tr><td>本特屬性</td><td>此選項主要運用於 2.5 軸特徵。如果您的特徵底部具有圓角，可能會導致特徵辨識對於特徵外型的差異。因此如果您的特徵底部具有圓角，您可以將此選項設定為底部半徑，且對應的刀具為平鼻銑刀而非端銑刀。</td></tr>
<tr><td>素材材質</td><td>類似於素材當中的材質設定，您可以針對不同的材質給予不同的加工條件。</td></tr>
<tr><td>外框寬度 ></td><td rowspan="6">您可以根據特徵的大小及深度來決定對應的加工策略。例如我們加工一個長度及寬度較大的特徵時，會選用較大的刀具來提升加工效率。或者當您加工一個孔時，如果今天孔徑超過一定大小，您也可以選擇用銑削的方式而非鑽孔的方式來加工此孔洞。深度較淺的孔可以搭配 G81 直上直下的方式，較深的孔則搭配 G73/G83 等啄鑽的方式來加工。</td></tr>
<tr><td>外框寬度 <=</td></tr>
<tr><td>直徑 ></td></tr>
<tr><td>直徑 <=</td></tr>
<tr><td>特徵深度 ></td></tr>
<tr><td>特徵深度 <=</td></tr>
</table>

其他需要修改的部分，包括：

- **加工刀具選項**：在此欄位，您可以決定刀具的選用，刀具的選用可以是固定也可以是浮動的。以端銑刀為例，刀具的大小可以是無論特徵大小都使用同一把刀具，或者軟體根據最小的圓角，並搭配運算式，來決定使用刀具的大小。
- **加工深度選項**：與刀具相同，在此欄位您可以決定加工的深度。以盲孔為例，加工的深度可以等同特徵的深度。但如果是通孔的話，加工深度可以加上刀尖長度或者加上一固定距離。如果是攻牙，則加工深度必定要小於特徵深度，您可以扣除一固定距離，確保螺絲攻不會斷裂。
- **加工法參數**：加工法參數主要控制加工條件，如轉速進給、分層量、裕留量、進退刀…。適度的調整加工法參數可以幫助我們在產生加工計劃時，重複設定相同參數的時間。

9.5.1 範例練習：建立並應用加工策略

在此範例中，我們將針對矩形島嶼建立一個圓角加工的策略，並且利用它產生加工計劃及刀具路徑，完成此範例檔案的圓角加工。

STEP 1 開啟技術資料庫

請至 CommandManager 點選技術資料庫的圖示，以開啟**技術資料庫**。在此我們將使用 inch 單位。

STEP 2 建立策略—圓角加工

在銑削的選項中，您會看到**特徵 & 加工**的選項，進入選項後，我們在**特徵**的地方透過下拉式選單，選擇**矩形島嶼外形**的特徵。

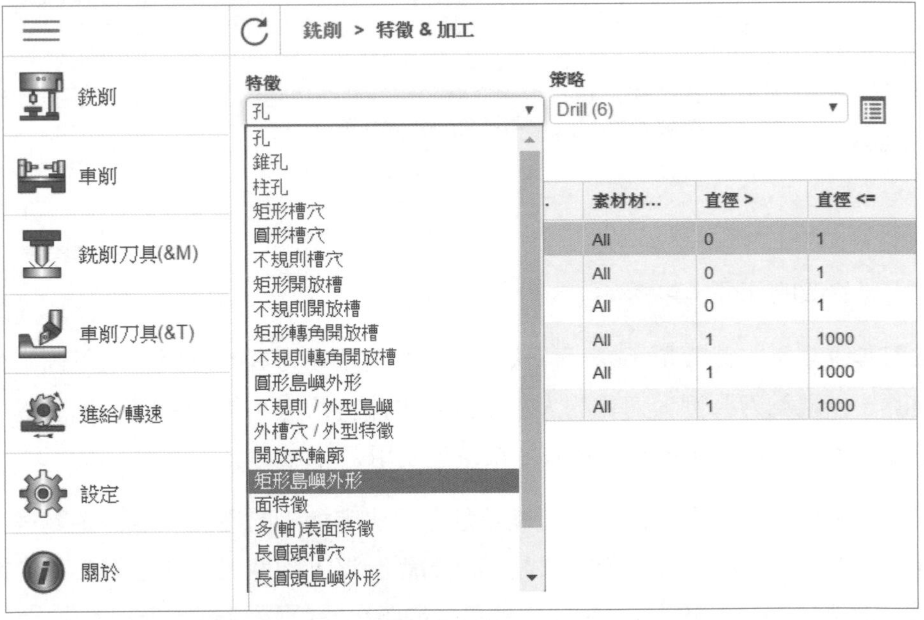

點選定義**策略**的按鈕 ▤ 來加入一個新的策略。

特徵：矩形島嶼外形　策略：Finish (2)

複製　刪除(I)　新建(N)

特徵條件

內徑	穴-類型	本體屬...	素材材...	特徵深...	特徵深...	外框寬...	外框
167	給定深度	無	All	0	1000	0	1000
168	給定深度	底部半徑	All	0	1000	0	1000

點選**新建**。

策略的名稱命名為：Finish, Corner Round。

描述的部分，輸入：1/4” Finish, Corner Round。

點選**確定**。

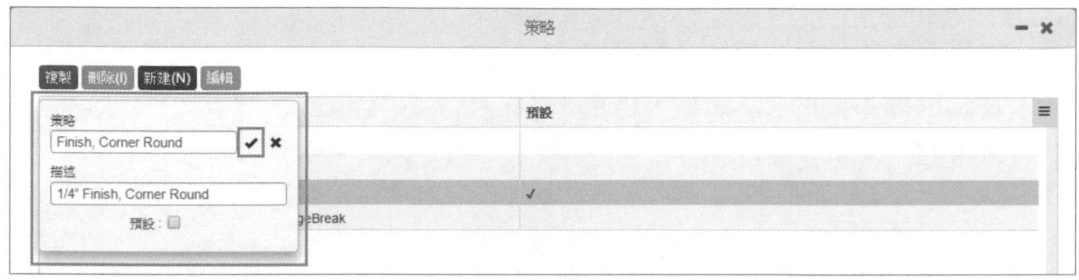

您可以看到，新策略已經加入至策略清單。關閉對話框。

複製　刪除(I)　新建(N)　編輯

內徑	策略	預設
73	Coarse	
74	Fine	
369	Finish	✓
412	Finish-EdgeBreak	
416	Finish, Corner Round	

STEP 3　針對新策略定義加工條件

回到特徵 & 策略，於**策略**的下拉式選單，選擇剛剛所建立的策略 Finish, Corner Round。於**特徵條件**的部分，選擇**新建**。

根據以下條件，設定**特徵條件**：

- **次 - 類型**：給定深度。
- **策略**：Finish, Corner Round。

點選**儲存**。

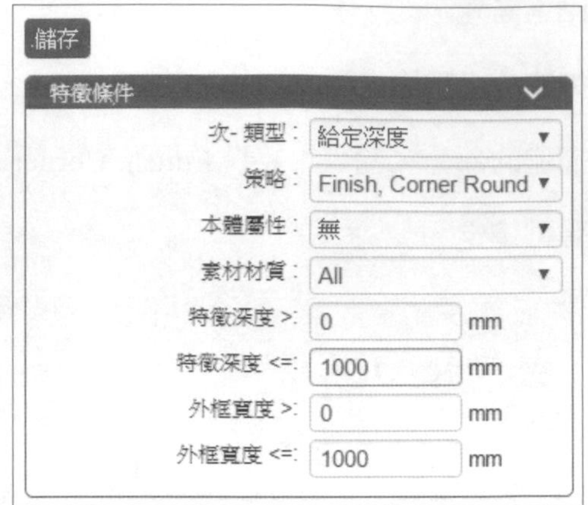

提示 如果**儲存**的按鈕為灰色，您可以嘗試選擇不同的次 - 類型，再重新選擇一次給定深度。

STEP 4 針對此特徵條件制定加工計劃

於底下**加工法**的欄位點選**新建**，並選擇加入一**輪廓銑削**。

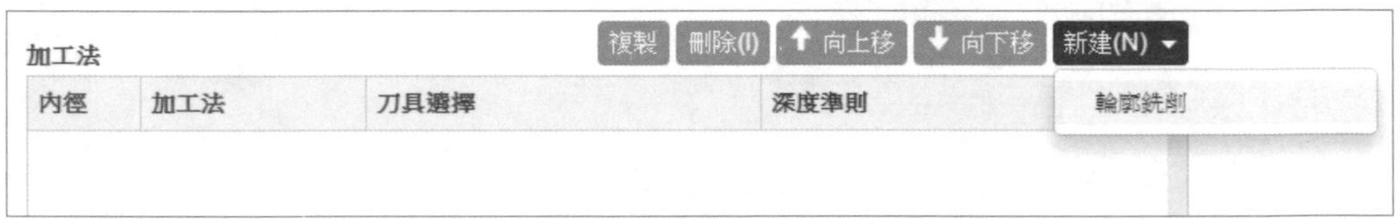

新的加工計劃**輪廓銑削**已成功地加入至加工法的欄位內。

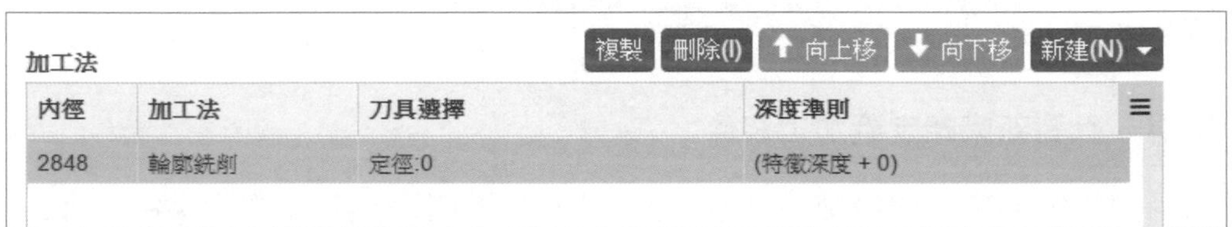

根據以下條件，設定**加工刀具選項**：

- **刀具類型**：端銑刀。
- **使用等距**：等距 0.5。

根據以下條件，設定**加工深度準則**：

- **特徵尺寸**：特徵深度。

點選**儲存**。

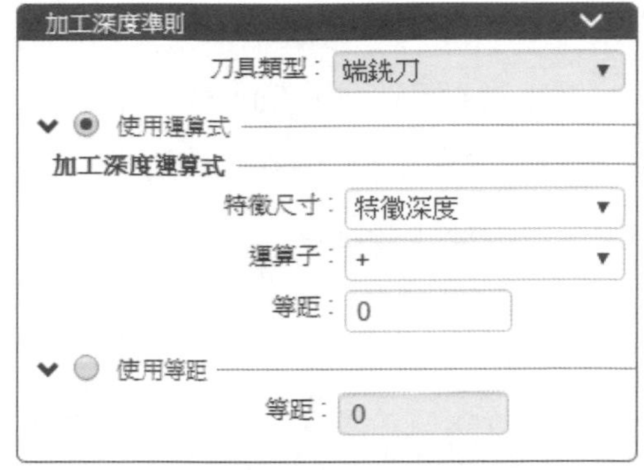

請至加工法底下，再次點選**新建**，並根據以下條件，設定**加工刀具參數**：

- **刀具類型**：圓角刀。
- **選擇刀具**：1/4R Corner Round。

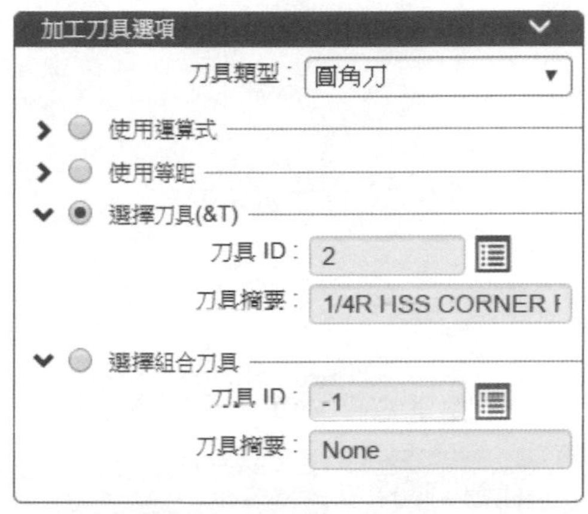

根據以下條件，設定**加工深度準則**：

- **特徵尺寸**：特徵深度。

點選**儲存**。

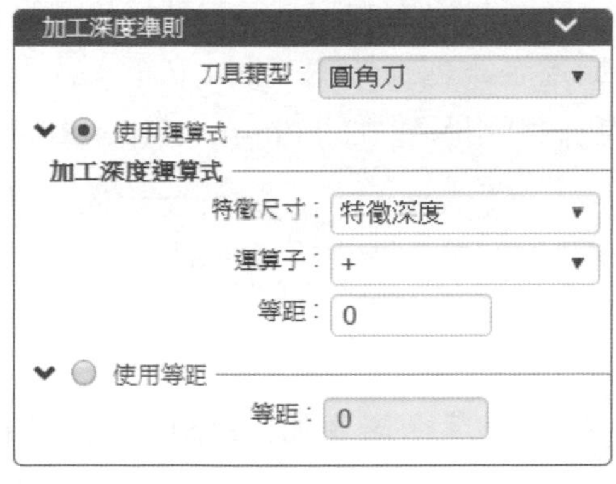

STEP 5 開啟檔案

請至範例資料夾 Lesson 09\Case Study，並開啟檔案「TechDB_RectangularBoss.sldprt」。在此範例中，機器、素材、座標系統及加工面皆已設定完畢。

STEP 6 建立島嶼外形特徵並使用新策略

請至銑削工件加工面 1 上按滑鼠右鍵，並選擇 **2.5 軸特徵**。

類型：島嶼外形。

並選擇零件的底面，作為特徵外型的參考。

點選**終止條件**。

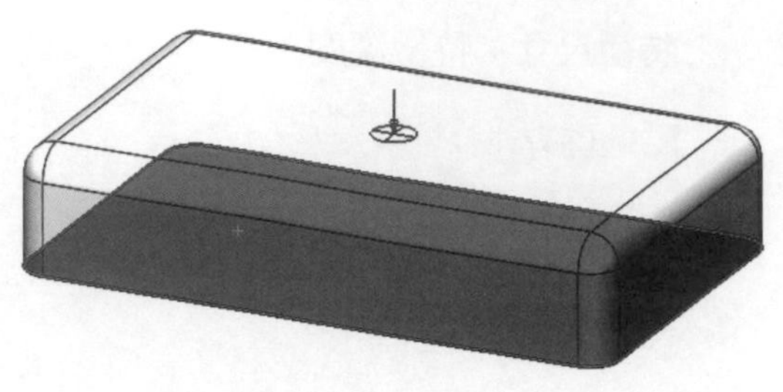

策略：Finish, Corner Round。

並點選零件頂面，作為**終止條件**。

點選**確定**。

您可以看到矩形島嶼外形特徵已經被加入至銑削工件加工面 1 底下，且策略為我們剛剛所建立的 Finish, Corner Round。

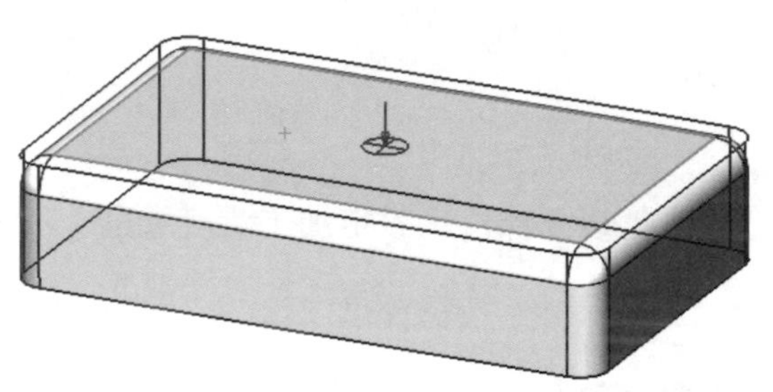

Mill Part Setup1
矩形島嶼外形1 [Finish, Corner Round]
Recycle Bin

STEP 7 產生加工計劃、刀具路徑並模擬

點選**產生加工計劃**。

點選**產生刀具路徑**。

模擬刀具路徑並確認結果。

Mill Part Setup1 [Group1]
輪廓銑削1[T03 - 0.5 端銑刀]
矩形島嶼外形1 [Finish, Corner Round]
輪廓銑削2[T17 - 0.25 圓角刀]
矩形島嶼外形1 [Finish, Corner Round]
Recycle Bin

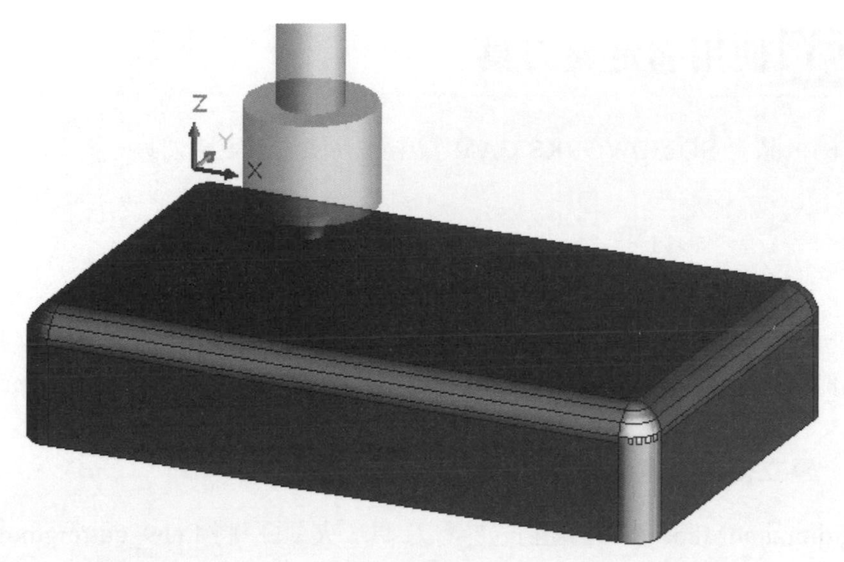

點選**確定**並關閉模擬。

STEP 8 儲存並關閉

練習 9-1 使用者定義刀具

藉此範例，請至 SOLIDWORKS CAM 當中建立使用者定義刀具。

操作步驟

STEP 1 開啟檔案

請至範例資料夾 Lesson 09\Exercises，並開啟檔案「Lab9_cuttingtool.sldprt」。

STEP 2 建立使用者定義刀具

請至 CommandManager 點選自定義刀具 / 夾頭，將 Lab9_cuttingtool.mt 儲存於 Exercises 資料夾。

點選**確定**。

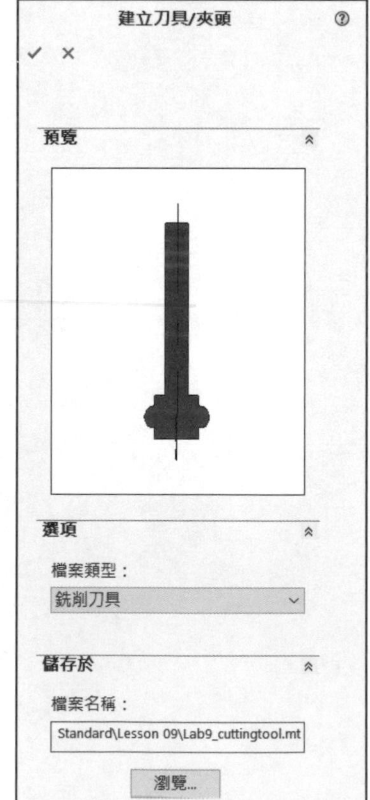

STEP 3 加入刀具至技術資料庫

開啟**技術資料庫**。選擇**銑削刀具→成型刀→使用者定義刀具**。

選擇任一刀具，並點選**複製**。於**刀具名稱 & 路徑**，透過瀏覽選擇我們剛剛所儲存的刀具。

點選**開啟**。

根據以下條件，設定自定義刀具：

- **刀具 ID**：Custom-Form-Tool-1。
- **標稱**：Custom Form Tool。
- **切削直徑 (D1)**：0.5。
- **刀柄直徑 (D2)**：0.25。
- **刀尖長度**：0。
- **總長 (L1)**：2.5。
- **刀刃長度 (L2)**：0.5。
- **伸出端 (L3)**：2。
- **刀尖偏移**：0。
- **切刃方向**：右手。
- **切刃數量**：4。
- **刀具材質**：Carbide。
- **註解**：Custom Form Tool。

點選**儲存**，並關閉技術資料庫對話框。

STEP 4 關閉零件檔案

STEP 5 開啟檔案

請至範例資料夾 Lesson 09\Exercises，並開啟檔案「Lab9_formtool-Roughed.sldprt」。

STEP 6 建立特徵－開放式輪廓

建立**開放式輪廓**特徵。參考下圖，點選模型的**邊線**，作為特徵的參考線。

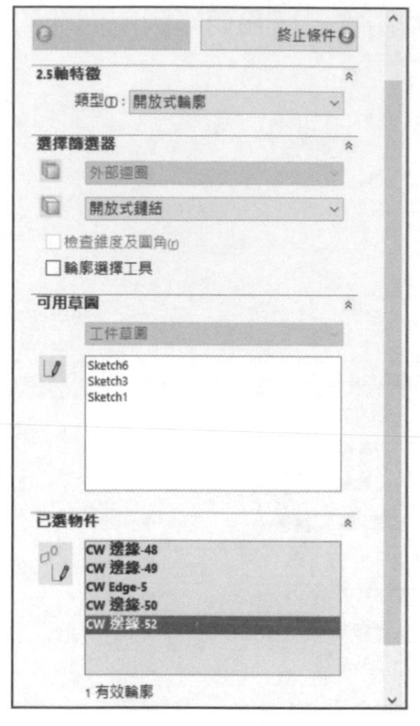

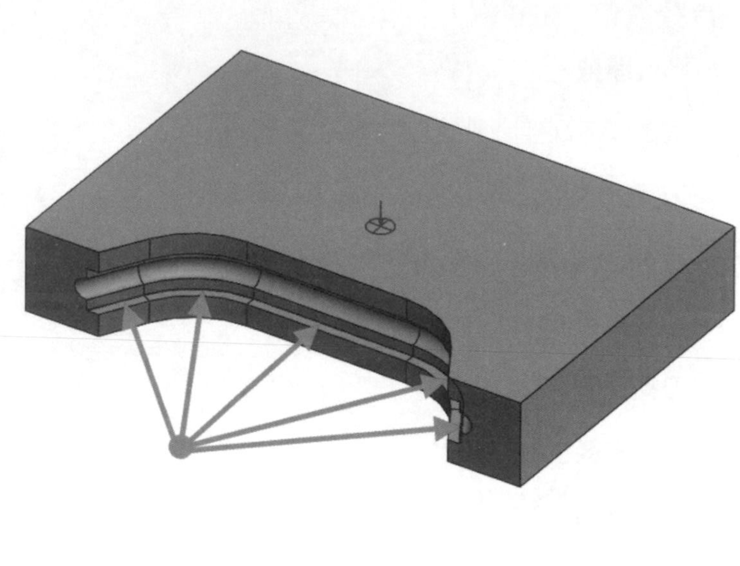

點選溝槽的上頂面，作為**終止條件**。

點選**確定**。

STEP 7 使用自定義刀具建立加工計劃

針對開放式輪廓特徵加入輪廓銑削的加工計劃。

請至加工計劃**輪廓銑削**上按滑鼠右鍵，並選擇編輯定義。在刀具中，選擇使用者定義刀具，並找到剛剛所儲存的刀具。

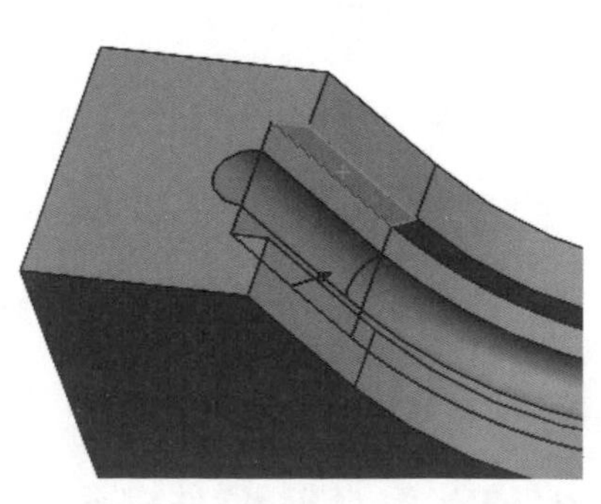

點選**確定**。

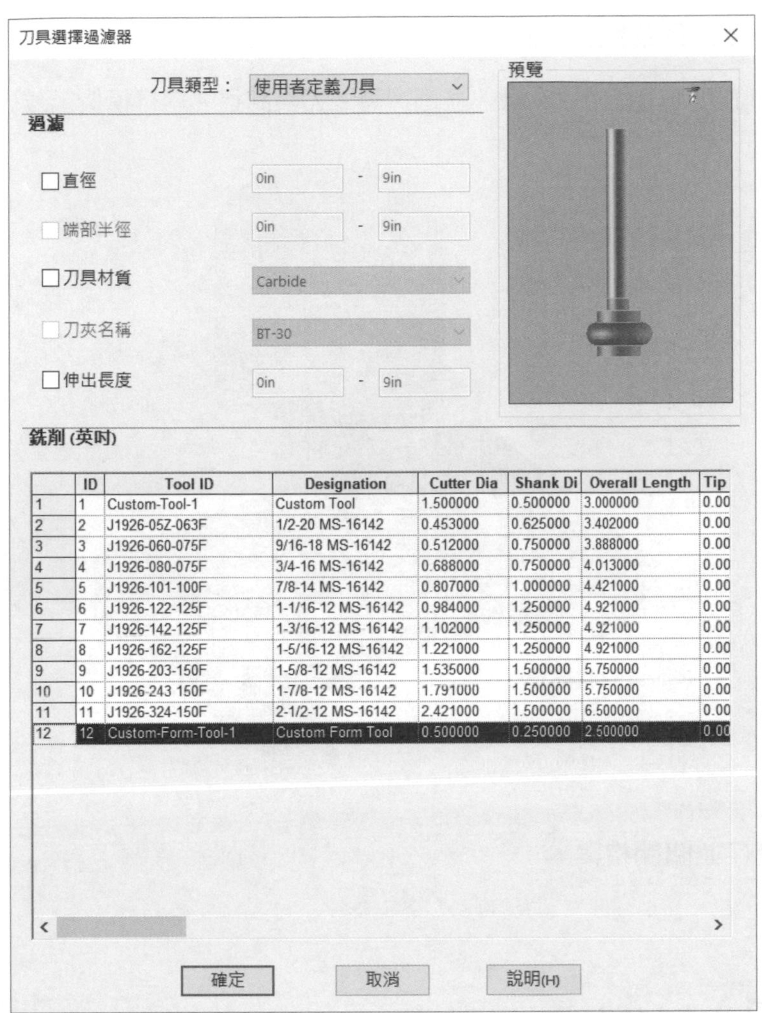

	ID	Tool ID	Designation	Cutter Dia	Shank Di	Overall Length	Tip
1	1	Custom-Tool-1	Custom Tool	1.500000	0.500000	3.000000	0.00
2	2	J1926-05Z-063F	1/2-20 MS-16142	0.453000	0.625000	3.402000	0.00
3	3	J1926-060-075F	9/16-18 MS-16142	0.512000	0.750000	3.888000	0.00
4	4	J1926-080-075F	3/4-16 MS-16142	0.688000	0.750000	4.013000	0.00
5	5	J1926-101-100F	7/8-14 MS-16142	0.807000	1.000000	4.421000	0.00
6	6	J1926-122-125F	1-1/16-12 MS-16142	0.984000	1.250000	4.921000	0.00
7	7	J1926-142-125F	1-3/16-12 MS 16142	1.102000	1.250000	4.921000	0.00
8	8	J1926-162-125F	1-5/16-12 MS-16142	1.221000	1.250000	4.921000	0.00
9	9	J1926-203-150F	1-5/8-12 MS-16142	1.535000	1.500000	5.750000	0.00
10	10	J1926-243 150F	1-7/8-12 MS-16142	1.791000	1.500000	5.750000	0.00
11	11	J1926-324-150F	2-1/2-12 MS-16142	2.421000	1.500000	6.500000	0.00
12	12	Custom-Form-Tool-1	Custom Form Tool	0.500000	0.250000	2.500000	0.00

STEP 8 編輯加工計劃

請選擇**輪廓**的分頁，設定**深度參數**：

- **第一刀切削量**：100%。
- **最大切削量**：100%。

切換至**進刀**的分頁。

進刀類型建議：**平行**。**退刀類型**：**與進刀相同**。

點選**確定**。

STEP 9 產生刀具路徑並模擬

請至銑削加工面 1 上按滑鼠右鍵，並選擇**產生刀具路徑**。執行模擬，並確認刀具路徑。

STEP 10 儲存並關閉檔案

練習 9-2 客製化技術資料庫

藉此範例，試著加入一台新的機器於技術資料庫。

操作步驟

STEP 1 開啟技術資料庫

請至 CommandManage 點選**技術資料庫**。

STEP 2 加入新機器

在對話框的右上角會看到單位的選項，請點選 inch 或 mm 可以切換單位。

在此將使用 inch 單位。請至機器的選項中，選擇 Mill-Inch(Default)，並點選複製。

STEP 3 修改機器參數

根據以下條件，修改機器一般參數：

- **機器名稱**：Tormach PCNC 1100。
- **機器 ID**：Tormach PCNC 1100 Inch。
- **描述**：Tormach 1100 Mill-Inch。
- **後處理程序**：TORMACH_440_PATHPILOT.CTL。
- **機器機能**：Light duty。

提示 我們將使用後處理 Tormach 440 作為示範，請勿將其用於正式生產製造。

請至資料夾「PostProcessors」將後處理檔案複製至 C:\ProgramData\SOLIDWORKS\SOLIDWORKS CAM 20xx\Posts\Mill。

STEP 4 修改機器規格參數

根據以下條件，修改機器規格參數：

在**一般**中：

- **馬力**：1.5。

在**進給率**中：

- **最大進給率**：110。
- **快速進給率**：75。
- **進給加速率**：15。
- **進給減速率**：15。
- **快動加速率**：15。
- **快動減速率**：15。

在**工作台行程**中：

- X：18。
- Y：9.5。
- Z：16.25。

STEP 5 修改機器轉塔參數

根據以下條件，修改機器轉塔參數。

- **主軸錐度**：R8。

在**刀具交換時間**中：

- **刀具交換時間**：600。

STEP 6 修改機器主軸參數

根據以下條件，修改機器主軸參數：

在**加速至**中：

- **最大 RPM**：5100。

STEP 7 儲存修改

點選**儲存**。當您開啟一個新的 SOLIDWORKS 零件檔案，於機器的選項，您會看到剛剛所建立的新機器，將會列於機器清單之中。

A

水刀、電漿及雷射切割

順利完成本章課程後，您將學會：

- 如何於 SOLIDWORKS CAM 中使用水刀、電漿及雷射切割等其他應用

A.1 水刀、電漿及雷射切割

SOLIDWORKS CAM 除了支援銑床之外，同時也可以支援像是水刀、電漿及雷射切割…等兩軸設備。

在 SOLIDWORKS CAM 當中，您可以透過客製化技術資料庫，將其加工參數調整成適合水刀、電漿及雷射切割的條件。在此附錄，我們將來探討如何於 SOLIDWORKS CAM 設定這些加工細節。

- **素材**：首先我們最先考慮的是素材，在以上的切割類型，通常都是使用較大的板材，將零件沿著外型輪廓切割下來。您可以透過外觀邊界或者是草圖，作為素材的外型，且不需要增加 Z 軸方向的的厚度，因為板材的板厚通常就是成品的厚度，我們只需要關注板厚與功率的問題即可。另外板材的材質也與功率有相當的關係，您也可以根據不同材質，制定不同的功率。
- **刀具**：這類型的切割工具，通常都是使用很小的端銑刀來模擬像是水刀的出水口。甚至在進行此類型的加工方式時，刀具的半徑補正不需要透過 CAM 軟體做計算。我們只需要提供輪廓的原始外型尺寸，補正的部分則交由控制器自動調整，因此刀具的資訊、補正方向跟代碼，都必須透過後處理程序輸出至 NC 碼，確保切削下來的零件精度能符合我們需求。
- **加工特徵**：無論是水刀、電漿或是雷射切割，通常都是搭配板材的下料，因此您可以用槽穴特徵搭配輪廓銑削來得到您所需要的刀具路徑。考慮到實際上的切削，假設切削之後您不需要考慮到殘料的問題，您可以直接設定刀具路徑繞一整圈，將其材料切除。如果您需要成品與素材之間保留些許殘料，確保切除的材料還會連結在板材上，避免材料飛出造成機械或人員的傷亡，您可以於輪廓的選項，設定保留的點數及距離。
- **加工計劃**：僅有使用輪廓銑削。粗銑、鑽孔、搪孔、攻牙、螺紋銑削…等加工計劃，並不適用此設備。
- **刀具路徑**：如加工特徵中我們所提到的，在刀具路徑的選項，除了刀具的補正之外，最重要的就是此零件是一次環繞將材料切除，或者分為多段切削，避免殘料飛出。
- **儲存加工計劃**：針對您常使用的參數內容，您可以將其儲存至技術資料庫，減少重複設定的時間。

- **後處理程序**：對應到不同的設備，以銑床來說可能著重在刀具、轉速、進給，而雷射切割的話則是對應不同的雷射頭、功率、焦耳數…。因此您可以聯絡您的代理商索取對應的後處理，確保機器順利運作。

A.1.1 範例練習：以電漿加工為例

在此範例中，我們將示範如透過傳統的操作流程，來產生電漿加工的刀具路徑。

STEP 1 開啟技術資料庫

請至 CommandManager，點選**技術資料庫**。

STEP 2 加入端銑刀

從開啟的對話框中，點選左側的**銑削刀具**。在端銑刀的分類中，選擇**端銑刀**。選擇刀具 ID 1 的刀具 1MM CRB 2FL 4 LOC，並點選**複製**。

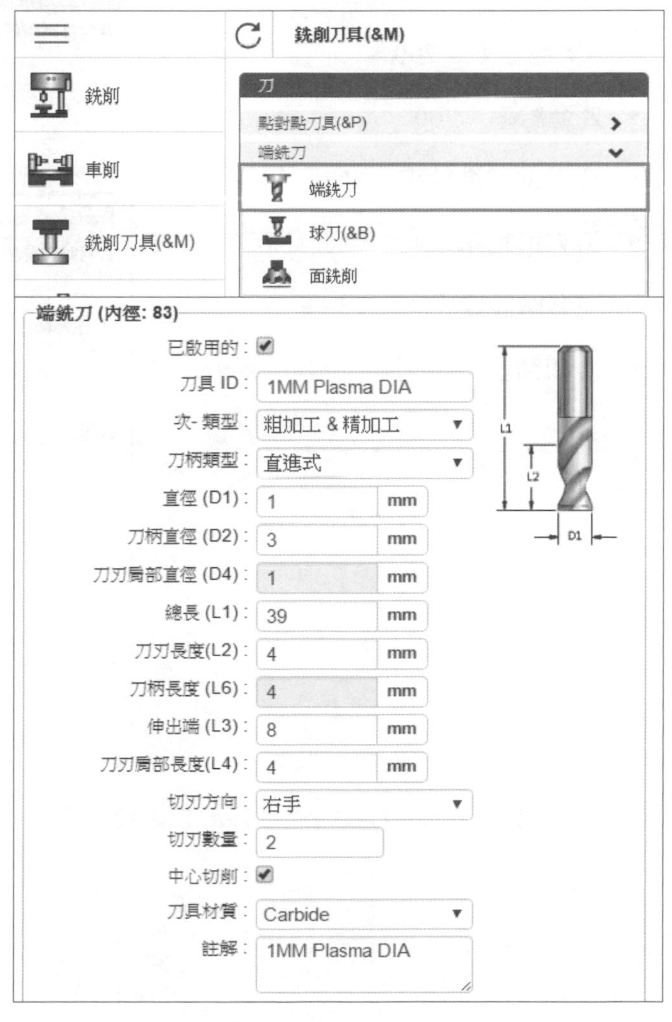

STEP 3 修改新刀具參數

根據以下條件，修改刀具參數：

- **刀具 ID**：1MM Plasma DIA。
- **直徑 (D1)**：1。
- **註解**：1MM Plasma DIA。

在**切削參數**的**素材材質群組名稱**中，點選**新增**，並加入材料 Low Carbon Alloy Steel。

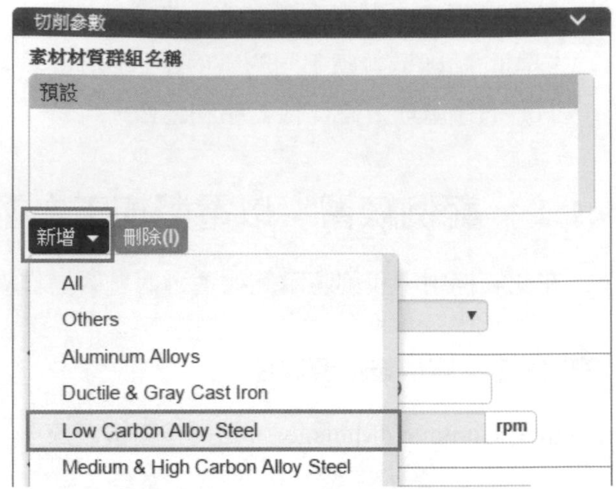

在**進給率**中：

- **XY 進給率**：700。
- **Z 進給率**：700。
- **導引進刀進給率**：400。
- **退刀進給率**：400。

在**參數設定**中：

- **冷卻類型**：關閉。

點選**儲存**，則新刀具將被儲存於技術資料庫中，再關閉技術資料庫。

STEP 4 開啟零件並將刀具加入刀塔

請至範例資料夾 Appendix A\Case Study，並開啟檔案「mill2ax_plasma.sldprt」。根據之前章節所述，將新刀具加入至刀塔。

STEP 5 建立銑削工件加工面

點選此零件的頂面，作為銑削工件加工面的參考。

STEP 6 針對內部輪廓建立槽穴特徵

請至銑削工件加工面 1 上按滑鼠右鍵，並選擇 **2.5 軸特徵**。

2.5 軸特徵→類型：：槽穴。

選擇篩選器：內部迴圈。

並點選零件頂面，軟體會自動將所有的內部輪廓一次選擇起來，無須逐一選取。

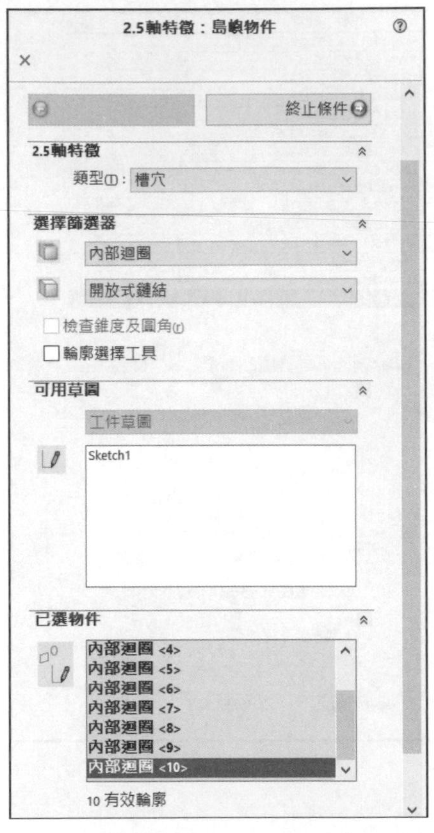

點選終止條件，設定直到素材。

策略：Finish。

點選**確定**。10 個不規則槽穴特徵將自動建立。

STEP 7 針對外部輪廓建立島嶼外形特徵

請至銑削工件加工面 1 上按滑鼠右鍵，並選擇 2.5 軸特徵。

2.5 軸特徵→類型：：島嶼。

點選此零件的外部邊線，作為島嶼外形特徵的參考。

終止條件：直到素材。

點選**確定**。島嶼外形特徵將自動建立。

STEP 8 產生加工計劃

請至銑削工件加工面 1 上按滑鼠右鍵，並選擇**產生加工計劃**，則軟體會自動為每一個特徵加入一個輪廓銑削的加工計劃。

請注意，依照軟體的預設值，前 10 個加工計劃所搭配的刀具為我們剛剛所加入的 T14-1mm 端銑刀。因板材加工所有的切削都是使用相同的電漿噴頭，因此在下個步驟我們將所有的加工計劃結合成單一個加工計劃。

STEP 9 結合加工計劃

因為所有的加工計劃都是使用相同的加工參數，因此我們可以將所有的加工計劃結合在一起，以便進行編輯。

請使用 Shift 鍵選取所有加工計劃，並按滑鼠右鍵選擇結合加工法。

使用輪廓銑削 1 的加工參數，作為所有特徵的加工參數。

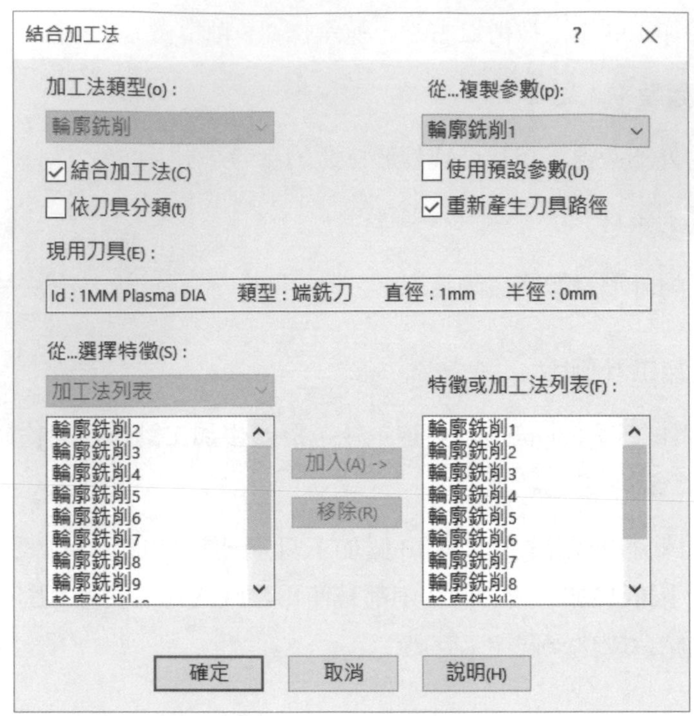

點選**確定**。所有加工計劃將合併為單一加工計劃。

STEP 10 產生刀具路徑

在輪廓銑削 1 上按滑鼠右鍵，並選擇**產生刀具路徑**。您可以看到所有特徵的加工路徑都將自動生成，且每一個特徵都會分層切削，一層一層的切割下去。

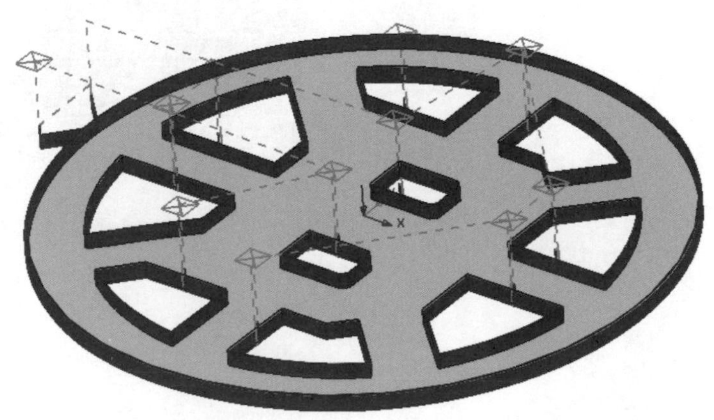

凸出端加工

當您在進行切割的時候，為避免切割後的素材飛出，而造成不良品或人員的傷亡，有時我們會在成品與素材之間保留些許肉厚，確保成品與素材之間仍能連繫在一塊，後續再使用其他的方式將其拆解。為了達到這樣的目的，您可以在**輪廓**的分頁底找到凸出端加工的選項。在此，我們可以指定連接的相關參數。

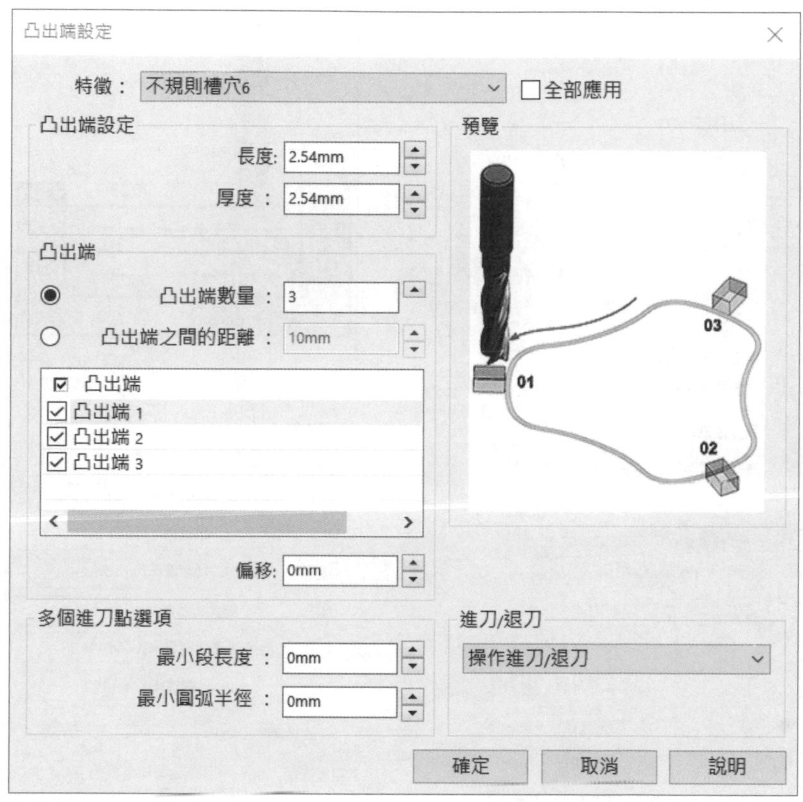

當您設定了凸出端加工，則凸點的部分將會被視為**避讓之區域**。

在開始設定凸出端之前，首先我們先調整輪廓銑削的參數，將每個特徵的刀具路徑其調整為一刀切割。

STEP 11 修改加工參數

在輪廓銑削 1 上按滑鼠右鍵，並選擇編輯定義。於**輪廓**的分頁，設定深度參數：

- **第一刀切削量**：10mm。
- **最大切削量**：10mm。

提示 切削的深度請參考機器的切削能力來決定，如果電漿噴頭的切削深度最深為 0.5mm，則請將第一刀切削量及最大切削量設定為 0.5mm。而板材如果為 5mm，您可以將特徵深度設定為 10mm，確保切削深度足夠。

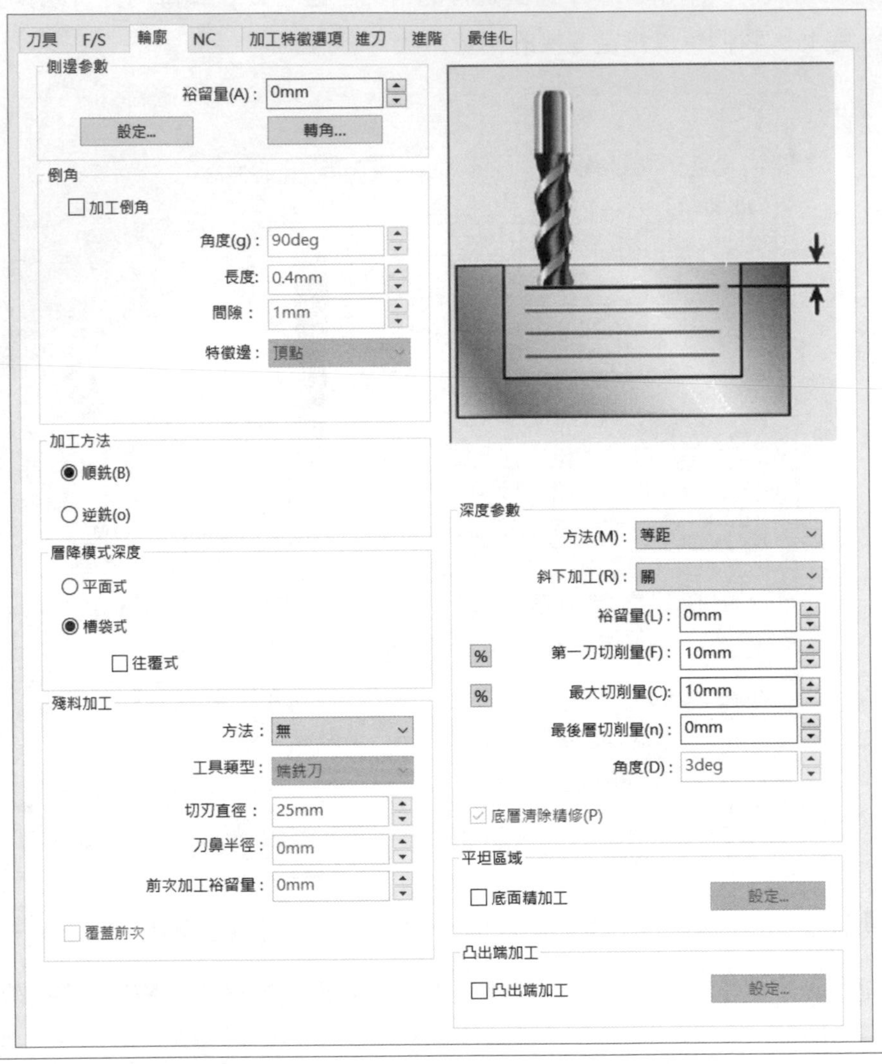

於側邊參數，點選**設定**，進入側邊參數的細部設定。

在**精加工路徑**中，**最後切削量**：10mm。

點選**確定**。

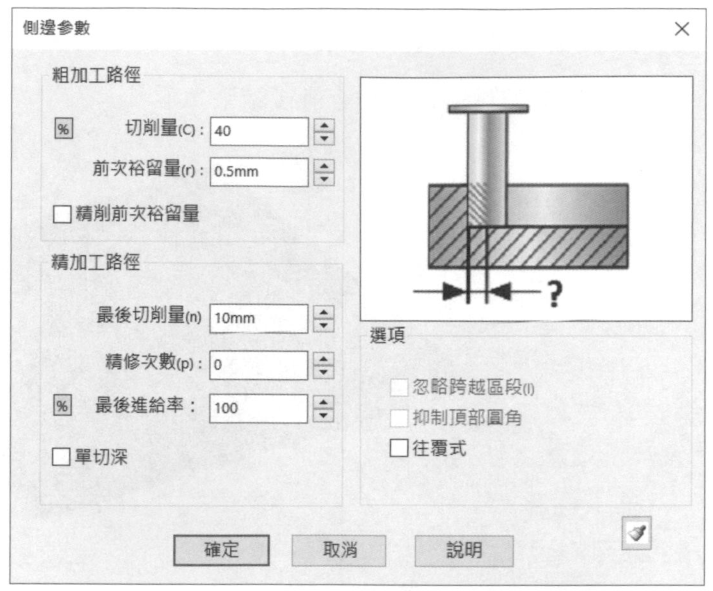

切換至**進刀**的分頁。

選擇**進刀類型**：垂直。

設定**進刀重疊量**：1mm。

勾選**套用進 / 退刀至所有**。

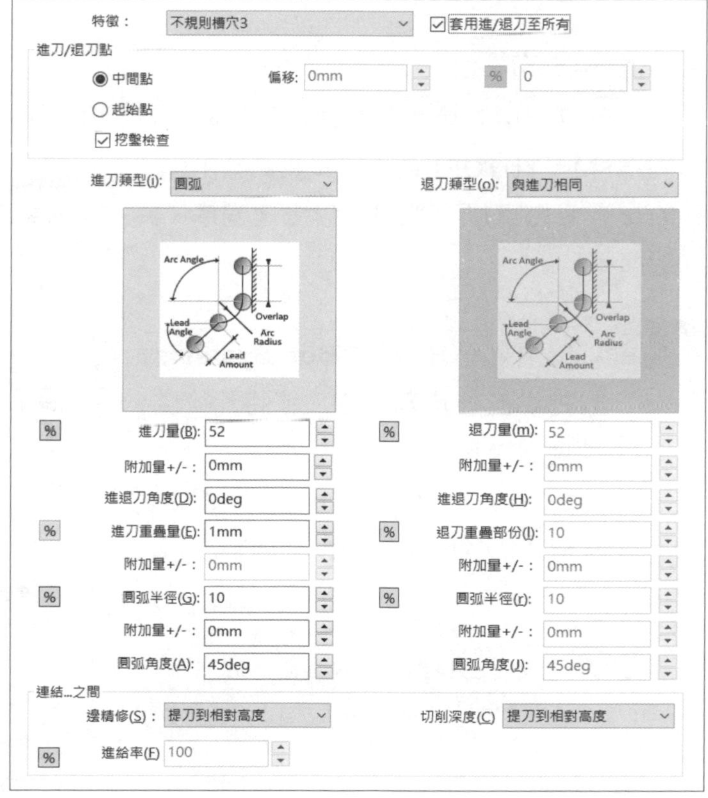

因為下料的工序為最後一個工序，您可以展開輪廓銑削 1，並將島嶼外形特徵拖曳至最後一個順位。

STEP 12 模擬刀具路徑

執行模擬刀具路徑並檢查最後結果。

STEP 13 儲存並關閉檔案

後處理程序

您可以利用範例資料夾提供的後處理範本 PLASMA TUTORIAL，作為我們輸出程式碼的參考。您可以至**機器→後處理程序**，將其選擇。

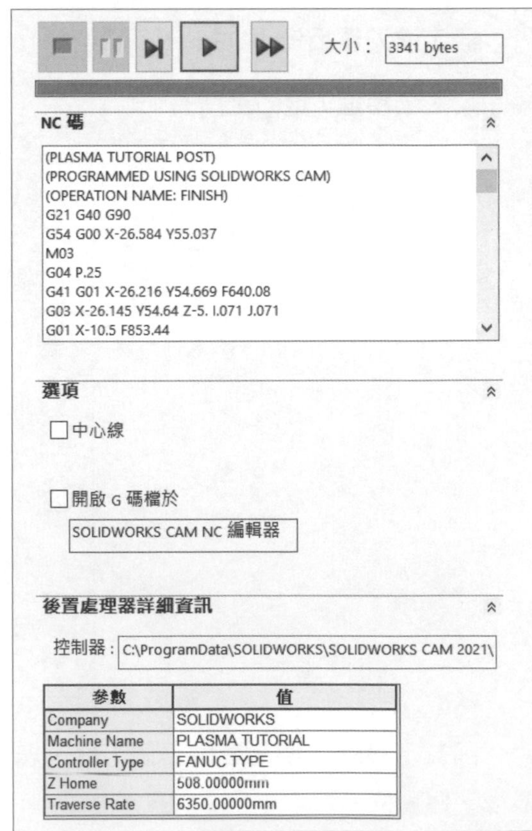

> **提示**
> 特別感謝 **Hawk Ridge Systems** 提供此後處理範本。請將此後處理器複製到：
> C:\ProgramData\SOLIDWORKS\SOLIDWORKS CAM 20XX\Posts

> **注意**
> 此後處理僅供教育訓練使用，請勿將其用於正式生產。

後處理資訊：

- 此後處理僅輸出 XY 座標，不輸出 Z 軸座標。
- 當開始位移並切割之前，會輸出 M03 開啟電漿噴頭。切割完畢，當快速移動之前，會輸出 M05，關閉電漿噴頭。
- 支援 G41/G42 等刀具半徑補正，G40 關閉補正。
- 使用 G54 作為座標系統的原點。
- 關於 G 碼及 M 碼的詳細資訊，您可以參考後處理文件 PLASMA_TUTORIAL_S.rtf。

關於輪廓切割設備的基礎資訊：

- 部分的機器會需要輸出 Z 軸座標，來驅動機器的 Z 軸高度，但部份的設備不見得需要。有些設備是透過控制火焰的高度，並讓機器自動控制 Z 軸的高度。針對 Z 軸的部分您必須根據您設備的需求，來輸出正確的程式碼，有時候甚至也可能需要在後處理當中修改 Z 軸的正負方向，有時候可能需要透過特徵，來修改加工深度。一旦使用了錯誤或不匹配的後處理，將有可能會發生撞機的危險。
- 根據操作手法的不同，有些人會習慣透過偏移座標系統的方式來得到加工的原點，例如它們會將座標系統設置在機械座標的原點，並透過 G92 X Y 來偏移加工圖案的位置。減少校正原點的時間，但有些人習慣在每次加工之前會先校正機器的程式原點，並透過 G54 寫入原點位置。因此您可以選擇您習慣的方式來輸出程式。
- 通常像是這類型的輪廓切割設備，會需要在轉彎或轉角的地方進行降速，確保切割出來的外型輪廓能符合我們的要求。因此您可以透過軟體介面設定降速的值或百分比，並且在後處理當中調整排版，當輸出 G02/G03 時，則輸出降速後的 F 值。
- 當您在加工板材時候，最重要的就是板材的厚度，它將決定我們使用多大的功率來切割它。但因為 SOLIDWORKS CAM 主要是運用於銑床的加工，因此您可以透過後處理器，將轉速及進給修改為切割速度或雷射功率…等對應的參數。而板材的厚度也可以寫在後處理器內，當輸出程式碼時，程式碼會自動帶出板材的厚度。

NOTE

基於公差的加工 (Tolerance Based Machining)

順利完成本章課程後，您將學會：

- 使用 SOLIDWORKS CAM 基於公差的加工（TBM），直接從 3D 模型的 GD & T 訊息產生 CNC 程式，並與您預定義的規則驅動，達到加工製造最佳實踐

B.1 什麼是 Tolerance Based Machining

加工與公差有著密不可分的關係，根據加工精度的不同，對應的加工方式也應有所不同。

Tolerance Based Machining（TBM）是 SOLIDWORKS CAM 當中的一支應用程式，它可以直接讀取 3D 模型上的尺寸標註，並根據尺寸精度的需求選擇適當的加工計劃，來達到最佳化加工的應用。它適用於所有 2.5 軸加工特徵，例如槽穴、島嶼及孔…等特徵。TBM 之所以可以達到這樣的效果，主要是因為：

- 它可以讀取 SOLIDWORKS DimXpert 尺寸。
- 它可以讀取 SOLIDWORKS Machining Based Definition（MBD）資訊。
- 它可以讀取表面註記。
- 根據它所讀取到的尺寸、資訊及註記，於技術資料庫選擇最適當的加工計劃。

使用 TBM 的先決條件

所使用的 3D 模型，必須使用 SOLIDWORKS 進行繪製，並包含 Machining Based Definition（MBD）或者產品製造資訊 Product Manufacturing Information（PMI）。而您可以透過 SOLIDWORKS DimXpert 來為其 3D 模型加入尺寸、註記及公差。

當您使用 SOLIDWORKS CAM TBM 時，MBD 和 PMI 資料對於以下各項至關重要：

- 在 TBM 當中，您可以找到「基於公差的加工（銑削）- 設定」的選項。在此選項，您可以決定根據公差範圍的不同，對於每一種特徵應搭配什麼樣的加工策略。
- 在「基於公差的加工（銑削）- 設定」的選項中，可以針對基軸制 / 基孔制定義不同等級的精度範圍，應搭配什麼樣的加工策略。而基軸制 / 基孔制的配合公差，則是根據國際標準 ISO268。
- 在 SOLIDWORKS CAM Professional 版本中，您可以找到選項「基於公差的加工（車削）- 設定」，並在此選項定義不同的精度範圍，應對應何種的車削策略。
- 與銑床相同，在 SOLIDWORKS CAM Professional 版本中，針對「基於公差的加工（車削）- 設定」，您同樣可以針對車削外徑（軸）、車削內徑（孔），根據不同的配合公差，制定不同的加工策略。而軸孔的配合公差，則是根據國際標準 ISO268。

多曲面特徵

SOLIDWORKS CAM TBM 提供了根據不同的表面粗糙度，可以指定不同的加工計劃及參數功能。您可以透過 SOLIDWORKS 的註記功能，針對您要加工的表面給予指定的表面粗糙度。當您執行 TBM 時，軟體會根據您指定的表粗度，自動匹配技術資料庫內對應的加工計劃。

操作流程

請根據以下操作流程，開啟並執行 SOLIDWORKS CAM TBM 功能：

1. 開啟一個新的零件檔案。
2. 請至 CommandManager 點選 **Tolerance Based Machining** 分頁並開啟。

3. 請確定您的檔案具有 Machine Based Definition（MBD 標註），或者是具有產品製造資訊 Product Manufacturing Information（PMI）。如果沒有，您可以透過 SOLIDWORKS DimXpert 標註其加工尺寸及公差範圍。如過您需要加工曲面特徵，您也可以透過加入註記來增加表面粗糙度。
4. 點選**基於公差的加工（銑削）- 設定**開啟對話框。您可以針對每個特徵，訂定數個特徵公差範圍，並針對每個公差範圍，制定對應的加工策略。點選**確定**，關閉此對話框，並且將您修改的參數儲存至技術資料庫。
5. 點選**基於公差的加工（銑削）- 運行**開啟對話框。 根據選項，您可以勾選：識別公差範圍、識別 ISO286 極限與配合、識別曲面精加工識別多曲面特徵、識別 GD&T。勾選完畢，並點選**確定**，軟體將會啟動自動特徵辨識，並依序產生加工計劃及刀具路徑。

指令TIPS 基於公差的加工（銑削）

- CommandManager：**SOLIDWORKS CAM →基於公差的加工（銑削）**。
- 工具列：**SOLIDWORKS CAM TBM**。

B.1.1 範例練習：Tolerance Based Machining

在此範例中，我們將練習利用 Tolerance Based Machining（TBM）來建立加工特徵、加工計劃及刀具路徑。然後，我們將修改矩形槽穴的公差及表面粗糙度，並再次執行 TBM 更新加工計劃。

STEP 1 開啟檔案

請至範例資料夾 Appendix B\Case Study，並開啟檔案「mill2ax_TBM_Example.sldprt」。

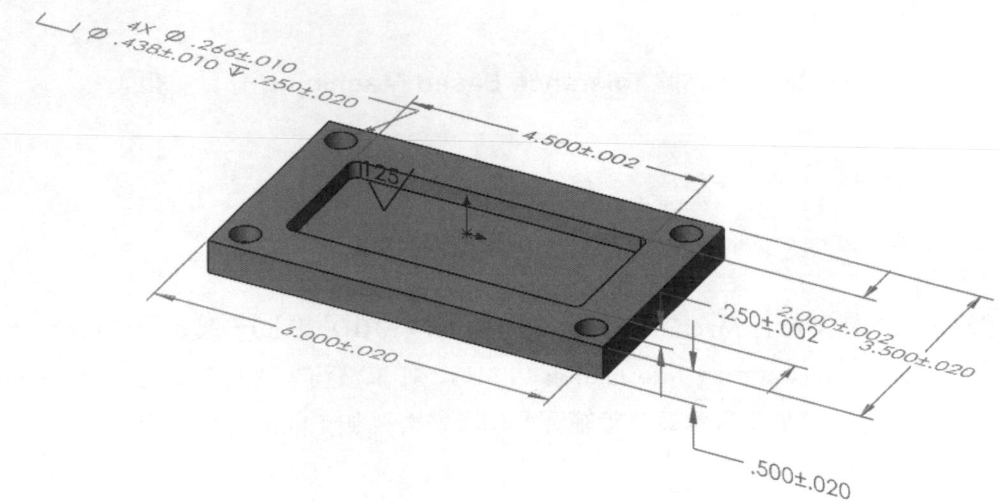

STEP 2 開啟 TBM 選項

請至 CommandManager 的 SOLIDWORKS CAM 分頁中，點選**基於公差的加工（銑削）**，啟動 SOLIDWORKS CAM TBM 的選項。

基於公差的加工（銑削）

STEP 3 修改矩形槽穴的預設加工計劃

點選**基於公差的加工（銑削）- 設定**開啟對話框。

請至**公差範圍 銑削（英寸）**的分頁，並選擇矩形槽穴特徵。

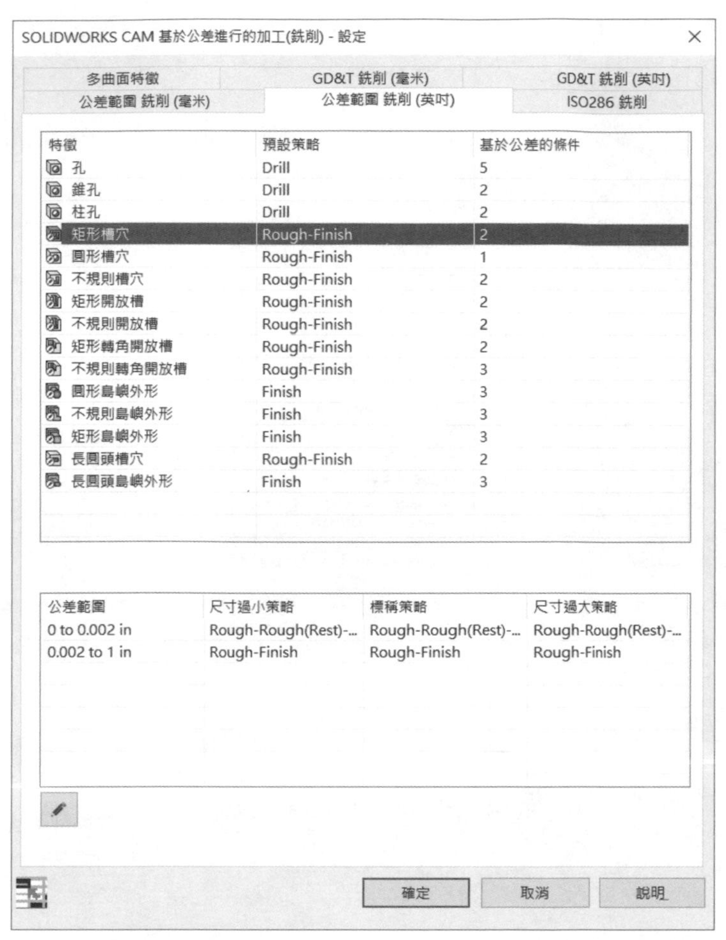

點選**編輯公差範圍**，選擇 0.002 並按鍵盤 **Delete** 鍵，將 0.002 刪除。

並於底下欄位輸入 0.005，並點選 。

點選**確定**。

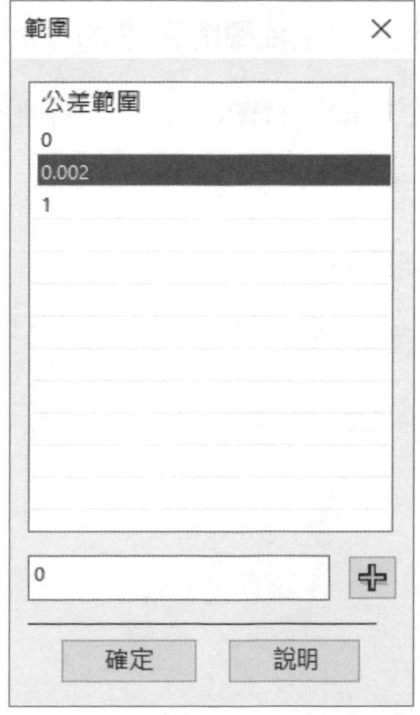

針對**公差範圍** 0.005~1 in，將**尺寸過大策略**修改為 Rough-Finish。

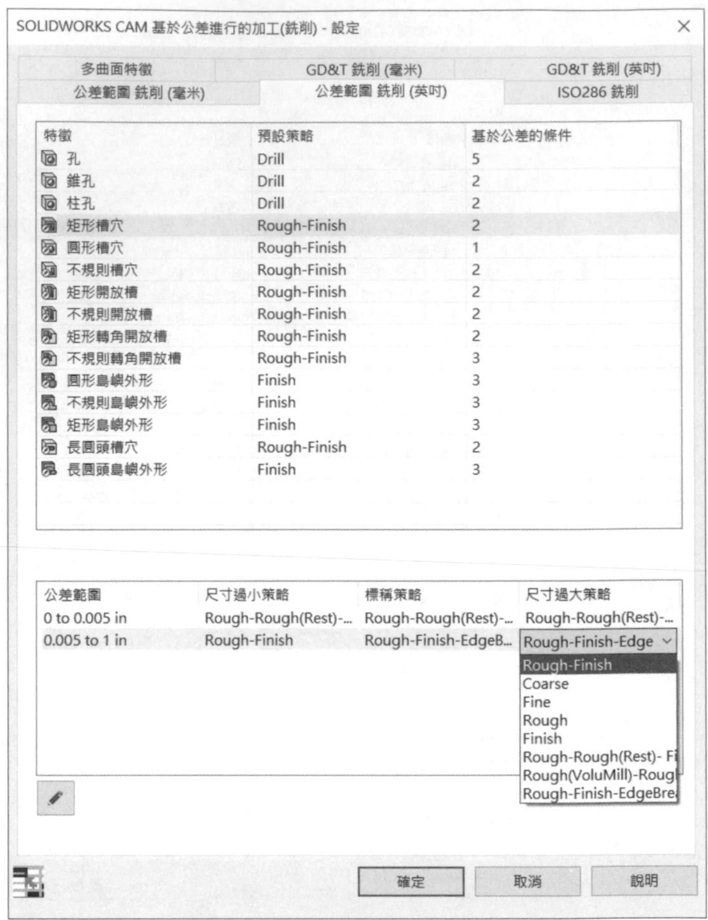

STEP 4 修改多曲面特徵的預設加工計劃

將畫面切換至**多曲面特徵**的分頁。點選**顏色**，並根據以下圖示，變更顏色。

- 10 to 50：黃色。
- 50 to 100：淺藍色。
- 100 to 160：深藍色。
- 160 to 300：綠色。

點選**確定**。

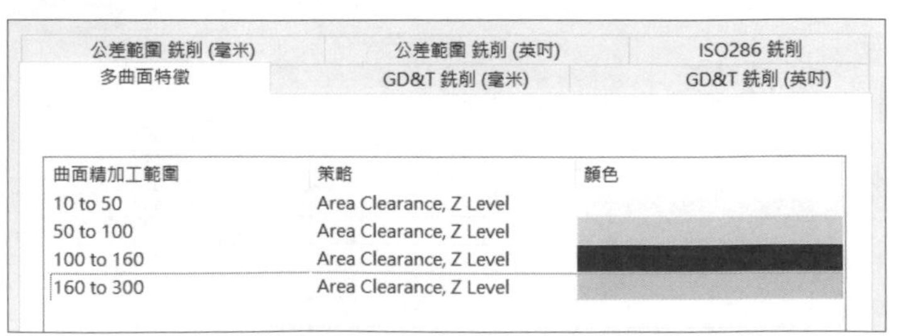

STEP 5 設定運行選項

點選**基於公差的加工（銑削）- 運行**，選擇運行的分頁。再根據以下圖示，設定運行選項：

- 識別公差範圍。
- 根據曲面精加工識別多曲面特徵。
- 將顏色套用於多曲面特徵。

SOLIDWORKS CAM 基於公差進行的加工(銑削) - 運行
運行 公差範圍 銑削 (英吋) 多曲面特徵
選項
☑ 識別公差範圍
☐ 識別 ISO 286 極限與配合
☑ 根據曲面精加工識別多曲面特徵
☑ 將顏色套用於多曲面特徵
☐ 識別 GD&T
☐ 覆蓋尺寸公差範圍和 ISO-286

STEP 6 執行 TBM

請將畫面切換至**公差範圍銑削（英制）**分頁。點選提取可加工特徵，軟體將會執行特徵辨識。

點選**確定**。

STEP 7 確認結果

銑削工件加工面1
矩形槽穴1 [Rough-Rough(Rest)- Finish]
柱孔 群組1 [Drill]
多(軸)表面特徵1_SurfFinish_100-160 [Area Clearance, Z Level]
Recycle Bin

請將畫面切換至 **SOLIDWORKS CAM 加工特徵管理員**。

在這邊您可以看到矩形槽穴的預設策略為 Rough-Rough(Rest)-Finish。主要是因為矩形槽穴特徵的公差為 +/-0.002。

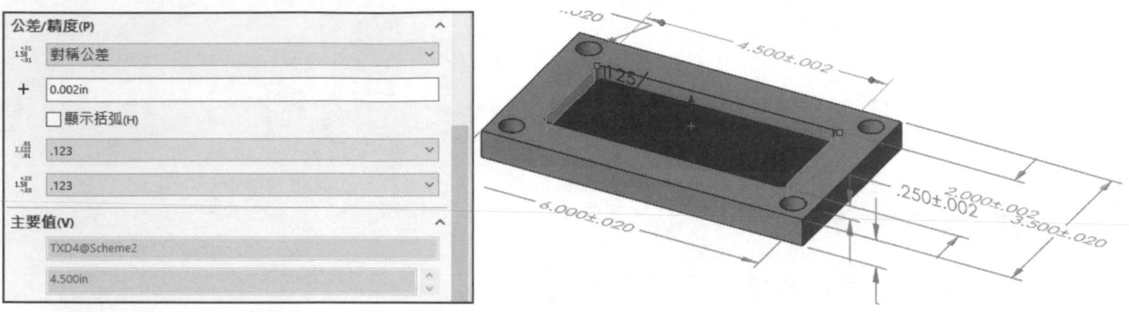

除此之外，您會看到矩形槽穴底面的曲面特徵為深藍色，因為其表面粗糙度為 125。

這些數值都來自於圖面預設值。

STEP 8 修改矩形槽穴公差及表面粗糙度

將下圖的三個尺寸，修改其公差為 +/-0.2。並將表面粗糙度從 125 修改為 250。

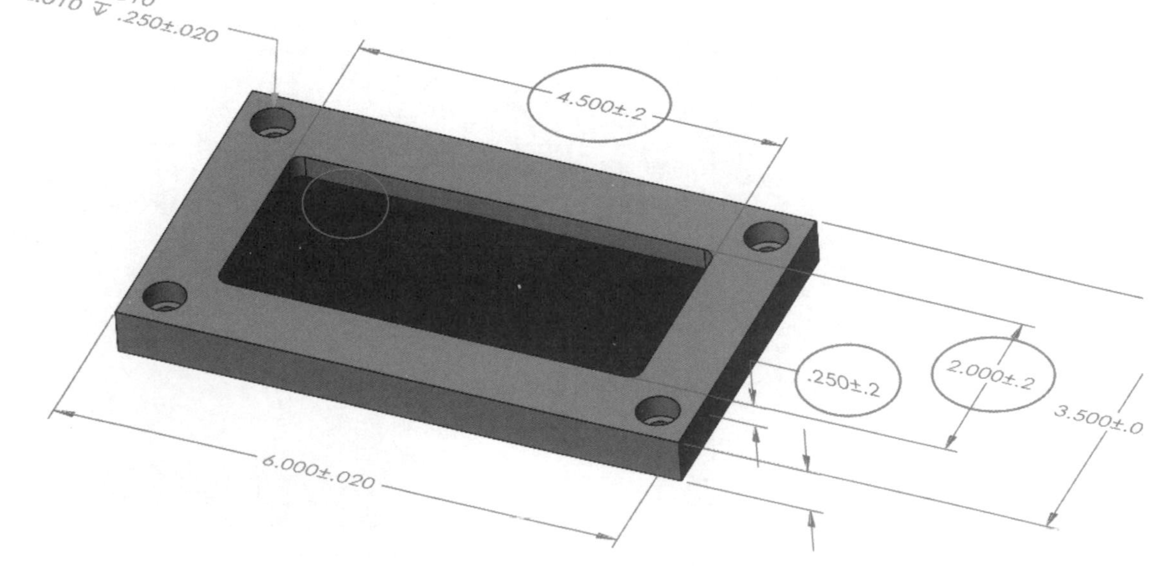

STEP 9 執行 TBM

點選**基於公差的加工（銑削）- 運行**，將畫面切換至**公差範圍銑削（英制）**分頁，並點選提取可加工特徵。

點選**確定**。

STEP 10 確認結果

請將畫面切換至 SOLIDWORKS CAM 加工特徵管理員。

在這邊您可以看到矩形槽穴的預設策略為 Rough-Finish。主要是因為矩形槽穴特徵的公差修改為 +/-0.2。且因為表面粗糙度修改為 250，因此曲面特徵的顏色將顯示為綠色。

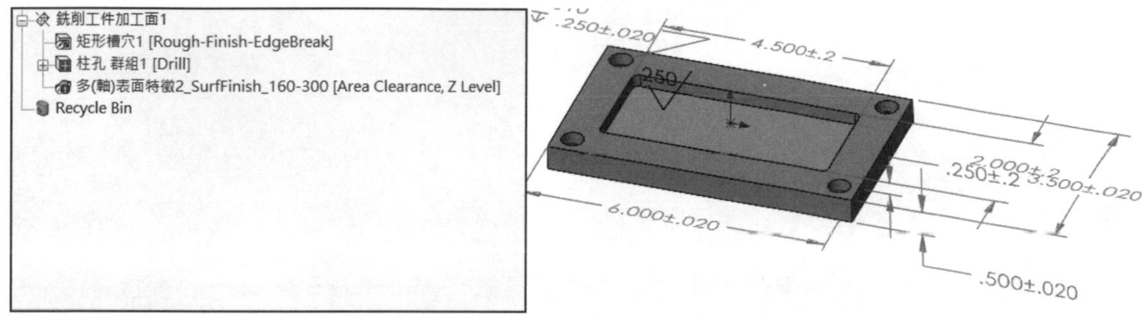

STEP 11 儲存並關閉檔案

NOTE